丁坝—水流—河床的相互作用

于守兵　韩玉芳　著

黄 河 水 利 出 版 社

·郑州·

内 容 提 要

本书建立了基于平面非结构网格和垂向 σ 坐标系的三维浅水紊流模型,针对三维丁坝水流模拟中的动边界、陡坡、高程间断和边壁阻力问题提出了相应处理方法;经过水槽试验资料验证,采用三维水流模型研究具有迎水边坡、背水边坡和坝头端坡的丁坝在不同淹没程度与端坡系数条件下对附近流场和单宽流量分布的影响;通过动床模型试验,研究单丁坝和丁坝群作用下的河床调整过程、潮汐往复流条件下的丁坝群作用特点以及丁坝在调整宽浅河床地形中的作用,并对潮汐河口航道整治的一些基本原则问题进行了探讨。

本书可作为水利专业人士和大中专院校人员的参考用书。

图书在版编目(CIP)数据

丁坝—水流—河床的相互作用/于守兵,韩玉芳著.—郑州:黄河水利出版社,2011.12
ISBN 978-7-5509-0175-9

Ⅰ.①丁… Ⅱ.①于…②韩… Ⅲ.①丁坝-水流模拟-研究 Ⅳ.①TV863

中国版本图书馆 CIP 数据核字(2011)第 263368 号

出 版 社:黄河水利出版社
地址:河南省郑州市顺河路黄委会综合楼 14 层 邮政编码:450003
发行单位:黄河水利出版社
发行部电话:0371-66026940、66020550、66028024、66022620(传真)
E-mail:hhslcbs@126.com
承印单位:河南省瑞光印务股份有限公司
开本:850 mm×1 168 mm 1/32
印张:8.25
字数:205 千字　　印数:1—1 000
版次:2011 年 12 月第 1 版　　印次:2011 年 12 月第 1 次印刷

定价:25.00 元

前　言

丁坝的布置改变了原有河床过水断面的形态,引起周围水流结构的改变,并导致河床的重新调整。河床形态的改变反过来又对水流结构发生作用。在丁坝影响下水流与河床发生的相互作用,最终必然达到二者的相互协调与平衡。作为一种典型的航道整治建筑物,丁坝常以群体出现,组成一定规模和某种形态的整治线。其中,整治线宽度研究的关键就在于整治建筑物对水流和河床的调整作用。本书即围绕这两个重要的问题进行研究。

丁坝可以按照很多标准进行分类,其中按照坝顶高程与水位的关系可分为淹没丁坝和非淹没丁坝。当坝顶高程低于水位时,坝顶出现越坝水流,这时丁坝被称为淹没丁坝;反之,被称为非淹没丁坝。在内河航道整治中,坝顶高程通常按整治水位确定,此类丁坝在汛期被淹没。在以前进波为主的潮汐河口航道整治中,通常采用中潮位整治的原则,丁坝交替处于淹没状态。淹没条件下受坝顶溢流影响,丁坝附近流态更为复杂。在众多的影响因素中,淹没程度是影响淹没丁坝附近水流结构的一个重要参数。

实际工程中应用的丁坝与水槽试验中较多采用的规则的长方体丁坝有很大不同,通常有一定的迎水边坡、背水边坡和坝头端坡,另外,附近还铺设一定的护底。端坡的存在能够显著影响坝头附近水流结构,并对单宽流量分布起一定的调节作用,进而影响丁坝局部冲刷形态、冲刷深度和冲刷的动态调整过程。护底的存在能够减少或削弱丁坝头部无效冲刷,增加河床主流区的有效冲刷,使得整治工程实施后河床调整基本上是均匀的。为实现试验成果与实际工程应用的相似性,必须考虑坝头型式和护底铺设。

由于坝头附近水流形态的复杂性,采用一般的水槽试验不足以提供详细的流场变化信息,尤其是与底床冲刷有关的底部流速和切应力等的变化,而三维水流数学模型则能够满足这些要求。本书建立了基于平面非结构网格和垂向 σ 坐标系的三维浅水有限体积模型,并就丁坝水流模拟中存在的三维动边界、陡坡、边壁模拟和高程间断等难点提出相应的处理方法。

在动床水槽试验中,运用先进的仪器设备记录了丁坝对流场和河床的调整过程,以动态、变化的观点从新的角度对丁坝的作用进行了深入研究。通过往复流水槽试验,研究局部冲刷坑的形态、最大深度和发展过程,并对潮汐河口的航道整治的一些基本原则问题进行探讨。结合实际工程丁坝布置的概化试验,研究了丁坝群在调整宽浅河床地形中的作用,研究了潮汐河口航道整治中运用丁坝群调整河槽形态的实际可能性。

本书由于守兵和韩玉芳共同撰写。具体分工如下:第1、7章由于守兵和韩玉芳撰写,第2章至第5章由于守兵撰写,第6章由韩玉芳撰写。于守兵负责本书的撰写组织工作。在撰写过程中,我们查阅了大量外国学术论文和专著,在此向这些文献的作者表示由衷的感谢!

由于作者水平有限,书中难免存在不足之处,敬请各位读者给予批评指正!

作　者

2011年9月于郑州

目　录

主要符号说明

B　水槽宽度
b　丁坝下游回流区宽度
b_t　淹没丁坝坝轴断面横向流动影响范围
b/L　相对回流宽度
D　丁坝坝体高度
F_{diffH}　σ 坐标系下水平扩散项
H　水深
h　静水深
k　单位质量水体紊动动能
k_s　粗糙高度
L　丁坝长度(有端坡时为按阻挡面积折算的有效近似长度)
L/B　丁坝断面束窄比
L_0　丁坝坝顶长度
l　丁坝下游回流区长度
l/L　相对回流长度
m　丁坝坝头端坡系数
m_1　丁坝迎水边坡系数
n　糙率
Q　总流量
Q_0　淹没丁坝坝顶过流量
Q_0/Q　淹没丁坝相对坝顶过流量
Q_b　丁坝阻挡流量
Q_b/Q　流量压缩比
q　单宽流量

q/q_{in} 相对单宽流量
q_{in} 上游控制边界处单宽流量
q_{max}/q_{in} 最大相对单宽流量
u 纵向流速
u_* 底摩阻流速
u/V_0 纵向相对流速
V 平面流速($V=\sqrt{u^2+v^2}$)
V_0 行近流速
V/V_0 相对流速
v 横向流速
w 直角坐标系下垂向流速
x 直角坐标系下纵向分量
x/L 直角坐标系下相对纵向坐标
y 直角坐标系下横向分量
y/L 直角坐标系下相对横向坐标
z 直角坐标系下垂向分量
z/D 直角坐标系下相对垂向坐标
ΔH 坝顶水深
$\Delta H/H$ 淹没程度
ε 单位质量水体紊动动能耗散率
ζ 水位
κ 卡门常数
λ_j 丁坝局部水头损失系数
λ_{jm} 端坡对局部水头损失的影响系数
ν_t 紊动黏性系数
σ 垂向拟合坐标系
τ_b 底床切应力
τ_0 未布置丁坝时的底床切应力

τ_b/τ_0 相对底床切应力

$\tau_{b\max}/\tau_0$ 最大相对底床切应力

ω σ 坐标系下垂向速度协变量

η 潮汐河口航道整治线宽度的沿程放宽率

第1章 绪 论

1.1 研究背景及意义

1.1.1 丁坝的分类

丁坝是一种典型的水工建筑物。坝根与河岸连接,坝体伸入河中。丁坝轴线与水流的方向呈正交或斜交,在平面上与河岸构成丁字形,并因此而得名。按不同的标准,丁坝可分为:长丁坝和短丁坝;上挑丁坝、正挑丁坝和下挑丁坝;航道整治丁坝和护岸丁坝等;透水丁坝和不透水丁坝;单丁坝和丁坝群等。

其中,按照坝顶高程与水位的关系,丁坝可分为淹没丁坝(又称漫水丁坝)和非淹没丁坝(又称不漫水丁坝)。当坝顶高程低于水位时,坝顶出现越坝水流,这时丁坝被称为淹没丁坝;反之,被称为非淹没丁坝。在内河航道整治中,坝顶高程通常按整治水位确定,此类丁坝在汛期被淹没。在潮汐河口航道整治中,在以前进波为主的河段,通常采用中潮位整治的原则。当水位超过中潮位时,丁坝便处于淹没状态。因此,在工程实践中,淹没丁坝对水流及河床的作用是不可忽视的实际工况。

1.1.2 丁坝在航道整治中的应用

航道整治是根据河床演变的趋势,把冲淤导向有利的方向,使河床冲淤达到相对稳定。具体来说,就是利用整治建筑物调整水流结构,增强浅段的输沙能力,将多余的泥沙输送出去或改变泥沙的输移方向,使其淤至航道以外,或使泥沙淤积到深潭中,以改善航道水深,从而获得较为稳定的航道。丁坝是航道整治中使用最为广泛的整治建筑物。

航道整治设计工作从拟定整治线(或治导线)开始。整治线设计主要包括整治水位、整治线宽度和曲率半径。整治水位是指确定整治建筑物顶部高程的水位。当水位降至整治水位时,水流被束至整治线宽度范围内,水流加速冲刷河床,达到增深航道的目的。整治线宽度是指整治水位时的河面宽度。对于具体河段,整治水位和整治流量根据有关的工程规范确定,而整治线宽度和平面形态的确定则较为复杂。

在浅滩整治中,丁坝用于调整水流冲刷浅区从而实现整治目的。王益良等[1]探讨了各种类型丁坝在国内典型河段浅滩整治中的应用。荷兰境内莱茵河航道整治中的对口丁坝发挥了束窄河道、壅高水位、增加航运水深和保护河岸的作用,将经常发生洪灾破坏的天然河道改造成重要的航运干道[2]。

在潮汐河口航道整治中,常运用丁坝群形成一定规模和某种形态的整治线。整治线必须根据现场资料分析、理论研究和试验研究的结果确定。对于大江大河及其入海河口,由于径流、潮流、波浪等动力因素的随机性及其组合情况的复杂性,以及河(海)床边界条件的多样性,整治工程实施后的现场观测至关重要。根据观测结果,对工程作适当调整,是达到良好治理效果的重要措施。丁坝是比较易于进行调整的整治建筑物。正在建设中的长江口深水航道治理工程,整治建筑物包括南北槽分汊口、南导堤、北导堤和导堤内 19 座丁坝(见图 1.1),其中丁坝是实现航道整治工程治导线的重要组成部分[3]。1998 年开工以来,进行过 3 次调整,主要是通过改变丁坝长度实现的。

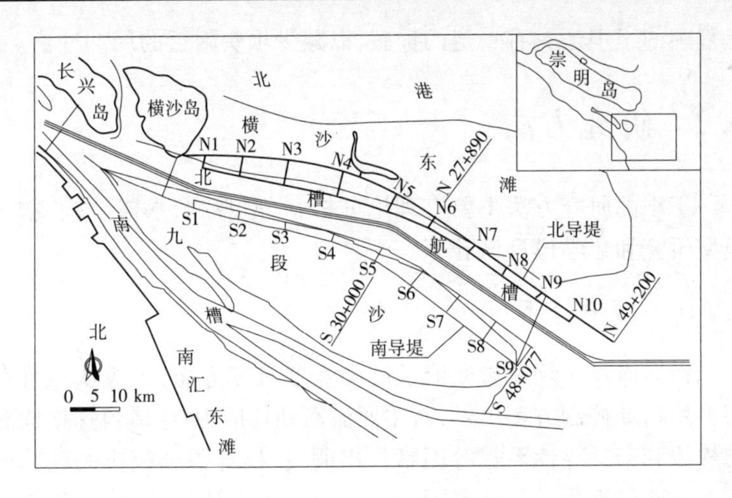

图 1.1 长江口北槽深水航道治理工程示意图[3]

1.1.3 丁坝—水流—河床相互作用

整治线宽度研究的关键在于整治建筑物对河床的调整作用。作为最常用的整治建筑物,丁坝群对河床的调整作用研究对确定整治线具有重要意义。而单丁坝作用研究是丁坝群研究的基础,对单丁坝作用的深入研究有助于加深对丁坝群作用的认识。

已有的研究表明,丁坝的布置改变了原有河床过水断面的形态,引起周围水流结构的改变,并导致河床的重新调整。河床形态的改变反过来又对水流结构发生作用。在丁坝或丁坝群影响下水流与河床发生的相互作用,最终必然达到二者的相互协调与平衡。

恰当地运用丁坝群引起的河床普遍冲刷是一般整治工程所要达到的目的,而丁坝头部的局部冲刷一般是对整治工程不利的。坝头局部冲刷一方面危及坝体自身的稳定和安全,另一方面使较多流量集中于坝头,不利于主流区河床的普遍冲刷。关于坝头防护措施已有很多研究。实际工程中,丁坝头部通常设置一定的端坡,通过改变局部水流结构达到控制局部冲刷的目的。另外,实际工程中的丁坝还具有一定的护底,以减少坝头附近的局部冲刷。

1.2 研究方法

丁坝的研究方法主要有理论分析、原型观测、水槽试验、物理模型研究和数学模型试验等。

1.2.1 理论分析

在非淹没丁坝下游回流长度和宽度研究方面,一般从二维水深平均运动控制方程出发,对主回流紊动切应力、主流流速横向分布规律和紊动黏性系数等因素作出假设,推导得到相应的计算公式。这些计算公式包括窦国仁正挑直立丁坝计算公式[4]、程年生有边坡丁坝计算公式[5]、冯永忠错口丁坝计算公式[6]、乐培九计算公式[7]和李国斌计算公式[8]等。

在丁坝附近流速分布研究方面,孔祥柏等[9]借助无界的理想流体中平板的平面绕流推导出矩形渠道中丁坝断面流速分布公式;Lu 等[10]根据丁坝下游流速分布的自相似性,将水深平均二维雷诺方程转化为常微分方程,并求解常微分方程得到丁坝下游流速分布公式;应强等[11]推导出淹没丁坝下游主流区流速沿程变化公式。

此外,孔祥柏等[12]应用平面绕流和旋涡理论,推导出非淹没单丁坝的局部水头损失系数公式。Azinfar 等[13]研究淹没单丁坝的阻水效应,并推导出丁坝阻力系数的计算公式。

1.2.2 原型观测

原型观测是直接观测丁坝所处河段的天然变化,掌握水流与河床变化的第一手资料,也是研究自然水流现象的最好手段。Muto[14]采用大尺度 PIV 法对日本 Yodo 河上坝田区内流速进行观测。Wu 等[15]研究了黄河下游丁坝群的护岸效果。Anlanger 等[16]采用声学 Doppler 流速仪对德国 Spree 河上的 7 条淹没丁坝进行定点流速测量。

1.2.3　水槽试验

水槽试验是将丁坝对水流或河床的作用经适当概化以后进行系统的试验研究,以揭示各种因素之间的内在联系的重要技术手段之一。

在较早的有关丁坝的研究中,多采用旋桨流速仪进行流场的定点测量。但是,旋桨流速仪只能测量流速大小,而不能测量流向,因此难以全面反映流场变化。有的研究者采用示踪剂观察流线,只能获得部分流场信息。近些年来,粒子测速技术的出现使得大范围流场测量成为可能,但是也只能提供表层流场。三维声学多普勒流速仪(ADV)和三维激光颗粒动态分析仪(3D-PDA)[17]很好地解决了丁坝附近三维流速测量问题。颜料示踪和油膜技术等先进的可视化试验手段[18]的运用同样有助于深入揭示丁坝近体的三维流动图像。

1.2.4　物理模型研究

物理模型研究是按照相似准则,把原型水流及其河床边界特征按相似比尺制成模型;在模型上复演自然水流现象,并进行观测分析;然后把观测结果换算到自然水流,以解决生产实践问题。如在长江口深水航道整治工程中,运用了整体物理模型、局部物理模型和正态系列物理模型对丁坝等整治建筑物的平面布置、高程以及放宽率等进行多组试验论证[19]。

1.2.5　数学模型试验

数学模型试验是指以计算机为工具,从数学方程及其相应的定解条件出发,采用合适的数值计算方法,将在空间上连续的物理量用有限个离散点上的值的集合来代替。

近几十年来,随着高性能计算机和数值模拟理论的飞速发展,数学模型发展很快。与水槽试验相比,三维数学模型能够提供平面和垂向流场。另外,可视化技术与数学模型相结合,使得计算过程和结果更直观。因此,数学模型在研究丁坝引起的水流变化和河床变形中发挥着越来越大的作用。

1.3 研究进展

1.3.1 非淹没单丁坝对水流和河床的作用

1.3.1.1 非淹没丁坝附近流态

在水流中设置丁坝后,水流的速度场和压力场都发生变化。上游水流直接冲击丁坝迎水面,受丁坝阻挡,一部分绕向坝头而下,另一部分则沿坝面垂直下降而后绕向坝头下泄。丁坝上游形成突然收缩区,下游则骤然扩大。从平面上看,丁坝的水流可分为四个区域:丁坝断面上游的壅水区、丁坝断面下游从丁坝头部到对岸的主流区、丁坝后面的回流区和位于两者之间的混合区(见图 1.2)。在描述与丁坝有关的流程尺度时,为具有对比意义,通常以丁坝长度 L 的倍数表示。

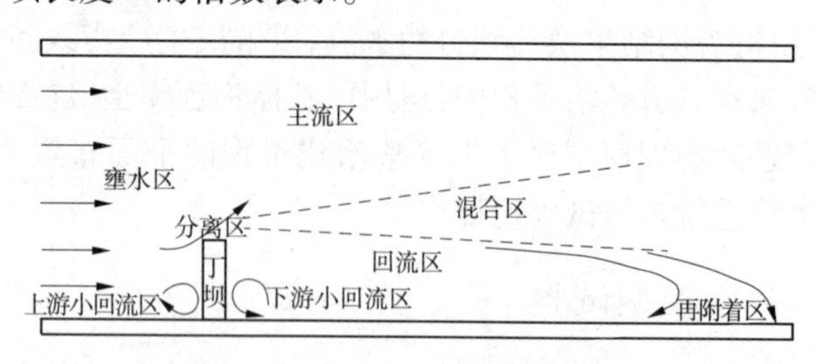

图 1.2 丁坝附近水流形态示意图

丁坝上游近坝水流在(1/2 ~ 2/3)L 处分成两部分[9],一部分沿水面折向坝根一侧,形成上游小回流区,其长度一般为(1.1 ~ 1.4)L[5];另一部分绕过坝头下泄,与主流汇合。水流受坝体阻挡后回转折向底部,而后呈螺旋流流向坝头。至坝头附近与丁坝头部受阻水流汇合后,产生一股较强的下沉水流冲击槽底。

丁坝下游回流区存在两个旋转方向和尺度不同的回流区。尺度较小的回流区(又称角涡)靠近丁坝,其中心距丁坝约 L。小回流区内流速很小,在天然河道中不会导致河岸和河床的冲刷,根据程年生等[5]的研究是护岸的最理想区域。尺度较大的回流区在小回流区下游,距丁坝约 $6L$,是工程上重点研究的区域,简称回流区。

再附着区是主流重新附着岸壁的区域。根据 Chen 等[20]的研究,其范围从距丁坝 $6L$ 到距丁坝(11 ~ 17)L;再附着区通常被简化为时均流速为零的一个点,单丁坝回流区的附着点在时均位置附近周期性摆动,摆动周期约为旋涡周期的 2 倍,与 Re 无关。

1.3.1.2 非淹没丁坝下游回流区

丁坝下游回流区是工程实践中很关心的一个重要区域。在工程设计时计算回流区的长度和宽度及其边线对了解回流的掩护范围、决定丁坝间距和预估工程的效果等都是很有必要的。下面表述中以 l 表示回流区长度,以 l/L 表示相对回流长度。

早在 20 世纪 50 年代初,国外已开始相关的试验和理论研究。20 世纪 70 年代,窦国仁[4]从水流运动方程和连续方程出发,推导出回流边线方程、回流长度和宽度的计算公式。应强等[21]总结了丁坝回流区尺度的理论及试验研究成果,包括挑角、边坡、岸坡和断面形状对回流区尺度的影响以及弯道丁坝、丁坝群和错口丁坝的回流尺度计算。

回流区长度受坝头端坡和坝头形式的影响。根据程年生[22]的研究,实际工程中有端坡丁坝 l/L 一般为 7 ~ 11,而矩形薄板丁

坝 l/L 一般为 10 ~ 14；当坝长相同时，圆形坝头丁坝的坝头边界层分离点比方形坝头的丁坝更为靠近下游，回流区范围也相应地变小。

回流区长度受丁坝迎水边坡和背水边坡的影响。程年生等[5]从水流控制方程出发，对水面纵比降作适当假设后，推导出直立和有边坡丁坝的回流区长度及最大回流宽度公式，并发现迎水边坡对回流区长度影响比背水边坡的影响大。

回流区长度受丁坝透水性影响，杨元平[23]根据基于沿水深方向积分的二维水流运动方程组，推导出透水丁坝下游回流区长度计算公式。当透水量等于 0 时，公式自动退化为李国斌公式[8]。

然而，相关的理论和试验成果与实际工程中丁坝的布置原则存在很大差异。一般认为，实际工程中 l/L 为 2 ~ 4，而水槽试验和理论计算的 l/L 一般在 10 左右，甚至达到 13。关于这种差异存在以下解释。

丁坝试验研究多是在矩形水槽中进行的，未布置丁坝时水深沿横断面基本相等，侧壁影响不大。而天然河道断面形态以抛物线居多，近岸单宽流量较河道中间的小得多。为此，孔祥柏提出“丁坝水力长度”，即丁坝阻挡的流量与坝头外未设置丁坝时的单宽流量之比。采用丁坝水力长度在一定程度上缩小了上述差异。

天然河流的平面尺度远大于垂直尺度，尤其在河口地区，宽深比 B/H 大于 500 的情况很常见。而水槽试验因场地所限，一般 $B/H<500$。韩玉芳等[24]研究了不同 B/H 下的回流长度，发现 l/L 随 B/H 的增大而减小。

更重要的是，关于丁坝回流尺度的试验很多都是在定床条件下进行的。而在天然河道中，丁坝的布置会引起附近河床进行调整，尤其是在坝头部分由于水流过分集中出现局部冲刷坑。河床的调整对回流区尺度产生很大影响。

乐培九等[7]和韩玉芳等[24]采用动床模型试验研究了丁坝局

部冲刷对回流区长度的影响过程。河床的调整引起水流条件的改变:①压缩断面和回流区内沿程流速分布和流向发生显著改变;②坝轴断面水深加大,过水面积增加,丁坝 Q_b/Q 减小;③河床形态发生改变,水流阻力增大。随着坝头冲刷坑的形成,上述三方面的变化均导致回流长度的减小。乐培九等观测到冲刷坑的形成使得 l/L 由 11 ~ 12 减小为 3。韩玉芳等观测到冲刷坑基本平衡后的回流区长度减小为试验开始时的一半。曹艳敏等[25]对已形成的冲刷坑内的流场进行三维测量,发现冲刷坑的存在使得 l/L 由平底时的 10 减小为 7。

河床调整后的回流区变化不仅表现在回流区范围的减小,还表现在回流区内回流流速和回流强度的明显减小。因此,对于实际工程,应充分考虑到河床调整对丁坝作用的影响。

1.3.1.3　非淹没丁坝附近流速分布

丁坝断面作为丁坝布置后的直接受影响断面,其流速分布研究具有重要意义。一般地,丁坝轴线上流速变化剧烈,坝头流速接近零;坝头向外,流速迅速增加并达最大值,然后逐渐减小。

孔祥柏等[9]借助无界的理想流体中平板的平面绕流问题推导出矩形渠道中丁坝断面流速分布公式,并提出丁坝水力长度概念,以丁坝水流压缩系数为自变量,将不同断面形态、不同糙率与流速分布不均匀的河道中丁坝断面的流速分布规律统一起来。

主流区内由于丁坝的束窄作用流速增加,试验中观测到坝头附近流速最大可以达到 $1.5V_0$[26-27]。

坝头附近的垂线流速分布发生变形,自水面向槽底流速增大,流向偏角也同样是自水面向底部加大[9-28]。这主要是受丁坝阻挡的部分水流折向河底并绕过坝头所致。

1.3.1.4　非淹没丁坝附近河床变形

非淹没丁坝附近河床变形主要表现为坝头局部冲刷和下游混合区内的局部淤积,以及丁坝作用范围内其他部分河床的调整。

一般认为,坝头单宽流量的集中、底层流速的增大和马蹄形旋涡的产生是坝头冲刷的主要原因。坝头局部冲刷直接关系到丁坝的稳定,其形成机理和冲刷深度已有很多研究。由于在外形和作用上与桥墩相似,许多桥墩的研究成果也被用于丁坝冲刷研究中。

Rajaratnam 等[29]研究了正挑丁坝周围流场和底床雷诺应力分布,最大床面剪切力出现在丁坝头部上游,是行近水流断面床面剪切力的 3 ~5 倍。Muneta 等[28]计算了丁坝附近沿水深平均的雷诺应力分布。

水流绕过坝头时,其流线曲率、速度旋度的垂直分量及压力梯度都很大。因此,绕过一定角度后边界层发生分离,坝头是旋涡的发源地[28,30]。在丁坝前面,出现靠近水流表面的头波(Bow Wave)和由行近水流停滞引起的下沉流。由于水流分离,在局部冲刷坑中出现马蹄形的旋涡,在丁坝下游处出现尾涡列[31]。Osman 等[32]采用 Π 定理分析认为旋涡的尺度与 Fr、束窄比、挑角和丁坝坡度有关,并得到相应的经验公式。高桂景[33]绘出了丁坝附近脉动动能、脉动压力的分布图,发现二者最大的区域基本上就是冲刷最严重的区域。

坝头最大冲刷深度因其在工程中的重要性已有很多研究成果。而近些年来,冲刷深度的研究转向不确定性因素、动态发展过程、透水率以及边坡的影响。

Johnson 等[34]将影响冲刷的不确定因素进行分类,并提出基于 Monte Carlo 方法的计算程序。Yasi[35]讨论了泥沙输运中的不确定因素,对底床剪切力和推移质输沙率进行修正。Prohaska 等[36]采用随机临界剪切力方法计算丁坝附近冲刷,分析表明有效的临界剪切力比平均值要小,随机方法得出的冲刷深度比经验方法的大。

天然河流是非恒定的,采用最大冲刷深度公式计算天然河流上的丁坝局部冲刷时,要注意局部冲刷往往达不到动态平衡。

Coleman 等[37]通过定义一个函数,将与时间有关的冲刷深度和平衡冲刷深度联系起来,预测冲刷深度随时间的变化。Dey 等[38]根据泥沙质量守恒,考虑马蹄形旋涡体系为冲刷的起动因素,得到冲刷深度随时间变化公式。

丁坝的透水率也对局部冲刷产生影响。Nasrollahi 等[39]试验研究发现最大冲刷深度随丁坝透水率的增加而减小,提出相应的计算公式,并研究了冲刷深度随时间的变化情况。

最大冲刷深度计算公式大多是关于直立型丁坝的,很少考虑坡度的影响。Melville[40]提出有边坡丁坝型建筑物冲刷的大于1:1.5的坡度因子,Rahman 等[41]将其推至大部分冲积平原河流上常见的坡度小于1:1.5 的情况。韩玉芳[42]试验研究了迎水边坡和背水边坡同时存在时不同 m 下的冲刷形态。在阻水面积相同时,m 的增加,引起坝头附近水流分离角增大,并使得最大冲刷深度减小,冲刷范围扩大,最大冲深点位置下移。

1.3.2　淹没单丁坝对水流和河床的作用

丁坝被淹没时,坝顶到自由表面的距离称为淹没深度 ΔH,淹没深度与平均水深 H 的比值 $\Delta H/H$ 称为淹没程度。淹没程度是描述淹没丁坝对水流结构调整作用的一个很重要的参数。

1.3.2.1　淹没丁坝附近流态

与非淹没丁坝相比,淹没丁坝坝头和坝顶同时存在水流分离现象,其强弱随 $\Delta H/H$ 的不同而变化。在 $\Delta H/H=0$ 时(也即非淹没时),坝顶无溢流作用,坝头挑流作用最强。随着 $\Delta H/H$ 的增加,坝顶溢流作用增加,坝头挑流作用减弱。下面分别从水位、丁坝上下游水流运动和涡系阐述非淹没丁坝与淹没丁坝附近流态的差异。

(1)丁坝一侧,上游水位普遍低于非淹没状态。坝上游出现局部壅水,壅水高度远低于非淹没丁坝。下游水位仍有明显跌落,致使坝顶部水面比降加大，呈堰流状态。丁坝下游纵向水面线呈下凹型曲线，应强[43]认为下凹幅度反映了动能与势能的转化程度，并推导出水面纵比降的表达公式。丁坝迎水面与背水面的水位差与 $\Delta H/H$ 密切相关。当 $\Delta H/H=0$ 时，水位差最大。随着 $\Delta H/H$ 增加，水位差减小。

(2)淹没丁坝上游，因表层水流经坝顶下泄，非淹没情况下出现的上游小回流区范围大大减小或不复存在。底部水流行近丁坝时，部分上升越过坝顶流向下游，并有向坝头方向扩散的趋势；部分绕过坝头下泄。

(3)淹没丁坝附近水流受迎水边坡、背水边坡和端坡的影响，方达宪等[44]经观察分析认为，迎水边坡的存在使得坝前水流的下潜能力减弱，边坡系数越大，下潜能力越弱；下潜水流的减弱引起局部冲刷深度的减小，冲刷形态逐渐呈长条带状；当迎水边坡系数大于 2 时，边坡对冲刷深度的削减作用已不明显；背水边坡系数的改变对水流结构没有明显影响；坝头 m 的增加相当于而又不完全等同于丁坝有效长度的增加，并导致坝头涡系紊动强度的增加。

(4)淹没丁坝下游存在两个不同旋转方向的回流区：横轴回流区和竖轴回流区。流经坝体的水流明显地被分为面流和底流两部分(见图 1.3)。坝顶以上的面流基本保持原水流方向不变，在坝体附近及其下游，受底流影响，流速有所减小，流向也稍向坝头方向偏转。坝顶以下的底流形成一个很强的横轴回流区，回流区长度为$(4\sim6)h_D$。同时，丁坝上游底流绕过坝头后，形成一个类似非淹没情况下游回流区的竖轴回流区，但其范围已大大削弱。面流、底流和两个回流区的存在，消耗了大量的动能。观测表明，淹没丁坝近岸范围内流速已大为减小。

受坝顶溢流影响，丁坝下游附近表层流速均向下游流动。坝顶溢流至两倍坝长附近流速减缓，水流开始平顺，并出现较大范围回流区，l/L 约为 3。当 $\Delta H/H$ 增加到一定程度时，整个坝下游区

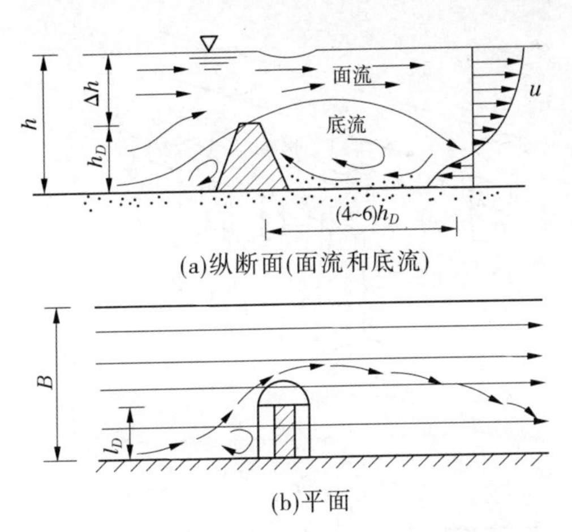

(a)纵断面(面流和底流)

(b)平面

图1.3 淹没丁坝水流结构示意图[45]

内的表层水流均流向下游。

(5)淹没丁坝附近的涡系除有与非淹没丁坝相同的马蹄形涡系和栈涡系外,还有由坝顶水流分离产生的曳行涡系(见图1.4)。

(6)随着 $\Delta H/H$ 的不同,丁坝附近流态也发生很大变化(见图1.5)。完全淹没时,丁坝上游底床附近出现一个小涡,经过丁坝后变成另一个涡。其他流层以不同的纵向流速向下游运动。恰好淹没时,丁坝上游底床附近水流以较大流速横向运动绕过丁坝,没有小涡出现。

1.3.2.2 淹没丁坝附近流速分布

沿坝轴断面,当 $\Delta H/H$ 超过某一临界值时,表层最大流速出现在坝顶中央附近[9]。在相同坝长、流量和水深条件下,淹没情况下上游壅水高度和迎、背水面的压差远低于非淹没情况[12]。

坝头相对流速(即坝头垂线平均流速与未建坝流速之比)随相对坝长及相对坝高的增加而增加,与水流条件无关[48-49]。主流区水流流速沿程增加,应强等[43]推导出淹没丁坝下游主流区流速沿程变化公式,提出淹没状况下收缩断面与丁坝断面的距离表达式。

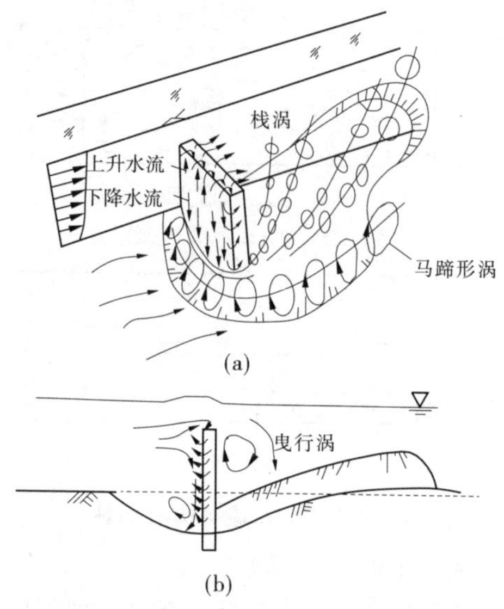

图 1.4　淹没丁坝坝头附近涡系[46]

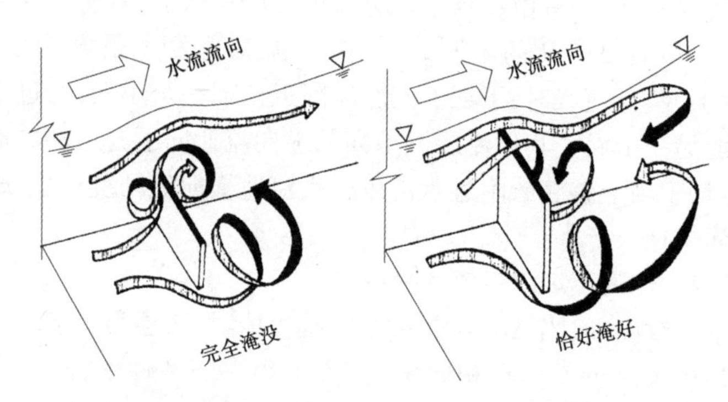

图 1.5　正挑丁坝完全淹没和恰好淹没条件下的流态示意图[47]

Kuhnle 等[50]采用声学 Doppler 流速仪详细测量了定床淹没梯形丁坝周围三维流速分布。临底纵向流速，在丁坝对岸侧平缓增加，在丁坝侧经过丁坝后明显减小；在丁坝头部，出现逆向的分离区。表层纵向流速，在丁坝对岸侧平缓增加；在丁坝侧，行近丁坝时减小,经过坝顶时增加,经过坝顶后明显减小。这与 Zhang 等[51]观测计算结果类似。受坝顶溢流和梯形外形影响,l/L 明显小于非淹没状况,为1.6。

1.3.2.3 淹没丁坝坝顶溢流量

坝顶溢流量 Q_0 是描述淹没丁坝水力作用的一个重要参数。B. B. 切格恰辽夫、李国斌[49]、赵连白[52]和应强[43]等进行了相关的研究工作,认为 Q_0 与横向束窄程度 L/B、$\Delta H/H$ 和水流方向与丁坝轴线的交角等有关。

(1)坝顶相对溢流量 Q_0/Q(即坝顶溢流量与总流量的比值)及相对溢流面积(即坝顶的溢流面积与丁坝轴线河道过水面积之比)和丁坝轴线与水流方向的夹角有关,如 B. B. 切格恰辽夫、李国斌和赵连白经验关系式。

(2)坝顶相对溢流量 Q_0/Q 由 $\Delta H/H$、L/B 和断面宽深比决定,如应强[43]等研究成果。汪德胜[53]采用分流比例线的方法,导出淹没丁坝的坝顶与坝头分流计算公式,应用此公式可计算通过坝顶和主流区的流量。

(3)上游丁坝群对下游丁坝 Q_0 的影响与丁坝相对间距(即丁坝间距与坝长之比)有关[43]。

1.3.2.4 淹没丁坝局部水头损失系数

天然河道中的护岸丁坝在汛期洪水位较高时被淹没。淹没丁坝壅水作用加剧了洪水的危险程度,如在过去的一个世纪里,Missouri河建造了很多丁坝工程,洪水季节相同的流量情况下水位上升了2~4 m。因此,丁坝壅水问题研究具有较强的工程实践意义。Mississippi 河的调查报告认为,丁坝的布置增加了河道的糙率,并在水位壅高中起重要作用。

一种研究从实际流体恒定总流能量方程出发,对建坝前后丁坝上游和下游断面建立能量关系式,将壅水水位与丁坝引起的局部水头损失系数联系起来,并将洪水壅水水位问题转化为确定淹没丁坝局部水头损失系数的研究。

影响丁坝壅水的因素主要是丁坝对水流的压缩程度,根据孔祥柏等的研究,这种压缩程度以流量压缩比表示较合适,从而将局部水头损失系数表示为流量压缩比的函数。记 λ_j 为淹没丁坝局部水头损失系数,Q 为总流量,Q_b 为淹没丁坝所阻挡的流量,则

$$\lambda_j = f(Q_b/Q)$$

至此,问题的关键是寻找局部水头损失系数 λ_j 随流量压缩比 Q_b/Q 的变化规律。许多学者采用水槽试验和模型试验研究了淹没单丁坝和丁坝群的局部水头损失系数[49,52,54-55],只是表达公式结构和相关参数有所不同。

还有一种研究从动量方程出发,将丁坝的壅水效应与其对水流施加的拖曳力联系起来,并转化为拖曳力系数的研究。Azinfar 等[13]研究认为,拖曳力系数是丁坝束窄比、$\Delta H/H$、形状比和 Fr 的函数,其中 $\Delta H/H$ 对拖曳力系数的影响最大,Fr 的影响最小。

1.3.2.5 淹没丁坝附近河床变形

张义青等[45]根据对淹没丁坝水流结构和冲刷地形的研究,得出淹没丁坝附近河床变化与非淹没时存在以下差异:

(1)淹没丁坝引起的河床变形与非淹没相比有明显减弱。

(2)淹没丁坝背水面和岸壁之间区域的河床变形主要受横轴回流区控制,形成背水面的淤积。坝头及其下游主要受竖轴回流区控制,形成坝头冲刷坑和与其平行向下游发展的冲沟。

在丁坝长度和形状不变时,张义青等[45]试验得到不同 $\Delta H/H$ 下丁坝冲刷深度与相同条件下非淹没丁坝冲刷深度的关系,也即淹没丁坝减冲系数。根据该系数可通过非淹没丁坝的平衡冲刷深度计算得到相应 $\Delta H/H$ 下的冲刷深度。

Kuhnle 等[56]试验研究了清水淹没条件下正挑丁坝附近冲刷坑大小和平面形态。试验考虑两种坝长 L、两种 $\Delta H/H$ 和两种摩阻流速比 u_*/u_{*c}(摩阻流速与起动摩阻流速之比)。研究结果发

现,这三个因素对冲刷坑的大小和平面形态(见图1.6)影响很大。

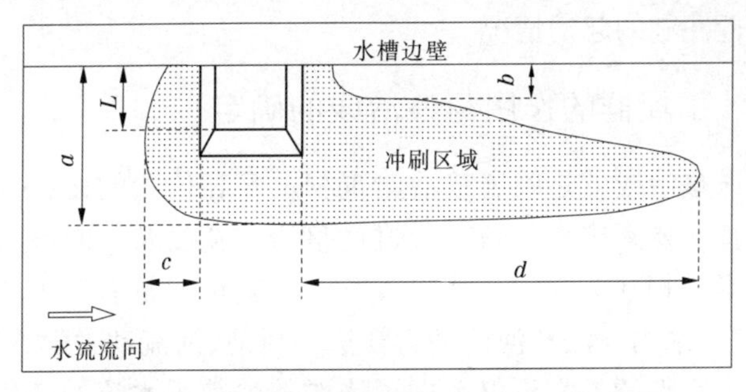

图1.6　淹没丁坝坝头冲刷范围示意图[56]

(1)对于两种L,上游冲刷宽度a/L和长度c/L变化不大。$\Delta H/H$较大时,下游冲刷坑至边壁距离b/L趋近于零,也即丁坝侧岸壁附近也受到冲刷。对于较大的L,下游冲刷长度d/L和冲刷体积率(冲刷坑体积与平面面积之比)也较大。

(2)$\Delta H/H$较小时,最大冲刷深度出现在丁坝上游靠近坝头处。$\Delta H/H$较大时,最大冲刷深度出现在丁坝上游侧距岸边约0.5L处,同时在靠近坝头下游处出现第二个明显冲刷区。

(3)$\Delta H/H$较小时,丁坝形状对冲刷形态影响很大。$\Delta H/H$较大时,坝顶溢流的影响显著增强。

为减小坝顶溢流对岸边的冲刷和获得最大的冲刷坑体积,Kuhnle等[57]探讨了丁坝的最佳挑角布置,发现丁坝正挑布置时对岸边的冲刷最弱,上挑135°时冲刷坑体积最大。

Kuhnle等[50]计算的剪切力分布表明,丁坝至对岸侧剪切力沿纵向平缓增加。最大剪切力出现在靠近坝头下游,此处临底流速最小,这与非淹没情况不同。局部冲刷也应最先出现在此处。动床冲刷试验结果大体与剪切力分布预测的起始冲刷一致,所不同的是靠近坝头上游也同时出现起始冲刷[56]。目前还不能成功预测坝头上游处的起始冲刷。Kuhnle [50]认为坝头上游处的冲刷是在下游处冲刷出现后开始的,时均流速测量结果不足以正确预测丁坝附近冲刷的起动情况。

1.3.3 丁坝群的作用与整治线的确定

航道整治线就是确定整治建筑物尺度和位置的设计标准,它由三个基本要素构成,即整治水位、整治线宽度及其曲率,这三个基本要素是相互关联的。整治线宽度的确定通常有三种方法:经验分析法、水力学法和河流动力学法。目前,河流动力学方法是理论上最为完整的。它不仅考虑了浅滩整治前后水流的变化,而且考虑了泥沙运动及其引起的河床变化,并且综合考虑了丁坝渗流、河床细化等因素,以及航深与断面平均水深的关系。这种方法在工程中应用最多,符合实际情况也相对较好。

已有的整治线宽度的研究着重于航道整治工程的初始和最终形态的确定。Komura[58-59]、Gill[60]、Laursen[61-62]和 Lim[63]就长河段断面缩窄后的河床变形进行了探讨,其中做了很多简化工作,这部分工作也是和整治线的确定相联系的。河床的整体调整过程方面,系统的研究工作做的比较少,散见于一些实际的航道整治工程的模型试验或工程实施后的地形测量中。孔祥柏[64]曾在“七五”攻关期间对弯段航道整治的平面布置进行了研究。结果表明,当水槽中设计弯道的曲率半径一定时,整治流量的改变对实际所形成的弯道形态有着明显的影响。在一定的水流条件下,弯道引导长度的长短直接关系到是否能成功地实现预先设计的弯道形态。在丁坝间距布置的问题上,在弯道曲率沿程不变的条件下丁坝节点必须分布均匀。只有当其分布均匀时,每座丁坝才具有同样大小的控制与引导作用。这时,丁坝坝头附近的深槽才能相互贯通,水流平顺出湾。按这种原则布置的丁坝间距与一般按坝长经验值布置的丁坝间距有较大差别。

1.3.4　丁坝水流模拟研究

丁坝的布置引起流线缩窄以及局部流动结构的剧烈改变，产生强烈的三维紊动流动。对于天然可冲刷河床，局部泥沙冲淤平衡破坏后还会引发新的冲淤变化。由于丁坝附近涉及几种典型的复杂流动——坝头分离流、坝根附近回流、丁坝下游回流、弯曲剪切层流动、高强度紊动和变动边界等，其准确的模拟还有待数值模拟技术的进一步发展。

丁坝附近水流模拟主要研究丁坝回流长度、丁坝附近流场、丁坝上游壅水高度、丁坝附近紊动特征量分布和丁坝附近底床切应力分布等。采用的数值模型主要为平面二维模型和三维模型。

1.3.4.1　二维水流模型

早期的数学模型研究受制于计算机硬件和数值模拟技术的发展，一般从水深平均的控制方程出发，建立平面二维水流模型，研究丁坝附近的垂线平均流场分布。

程年生等[65]、陆永军等[66]采用 SIMPLE 计算程式，研究丁坝附近的垂线平均流场和紊动场。Molls 和 Chaudhry 等[67]开发了 ADI 与显式 MacCormack 相结合的计算丁坝水流的一维模型和二维模型。李中伟等[68]和潘军峰等[69]建立了有别于原变量法的边界拟合曲线坐标变换下的平面二维变水深流函数——涡量数值模型。Molinas 等[70]采用二维有限元模型研究了丁坝附近糙率、水深和能坡对附近流场的影响。黄文典等[71]采用有限元 Galerkin 加权余量法求解平面二维模型，模拟淹没丁坝附近流场。

非淹没丁坝流场模拟中通常把丁坝作为固壁处理。在淹没丁坝流场模拟中却不能将丁坝简单地作为地形处理，其原因在于坝体附近高程突变，简单处理必然造成较大的偏差。淹没丁坝的处理方法主要有堰流系数法[72]、地形反映法[73]、流带模型法[74]和线单元法[75]等。这些处理方法考虑了淹没丁坝附近的地形突变，计算得到的垂线平均流场与实测资料基本吻合。

由于丁坝附近具有典型的三维流动特征,许多学者尝试在水深平均二维模型的基础上,引入修正因子,以反映其三维流动特征。Tingsanchali 等[76]采用水深平均二维模型,引入 $k\text{-}\varepsilon$ 紊流模型修正因子和为提高底床切应力分布模拟精度的 3D 修正项,计算了丁坝附近的河床应力分布。Muneta 等[77]根据平面二维模型计算得到的水深平均流速,采用对数流速分布进行第一次近似,并将结果代入三维运动方程,计算出流速分布。这种方法减小了工作量,并取得较好结果。

平面二维模型具有计算简单、运行速度快等优点,并能反映丁坝附近的平面水流形态,计算得到的垂线平均流速值与实测值符合良好,得到的紊动项的分布较为合理,因此在实际工程实践中得到广泛应用。

1.3.4.2 三维水流模型

由于丁坝附近水流具有很强的三维流动特性,平面二维模型不能反映丁坝附近的垂向流速结构,越来越多的三维模型被提出并用于研究丁坝流动。

三维水流模型中自由表面的处理很重要。常见的处理方法有刚盖假定[49,78-79]、VOF 技术[80-81]、采用平面二维模型确定自由表面位置[82-83]及采用运动边界条件和贴体坐标系确定水位[84-85]等。

较多的三维模型采用静压假定,以简化控制方程的求解,这类模型通常又被称为准三维模型。采用这类模型的有:Muneta 等[77]计算丁坝附近绕流,Mayerle 等[86]模拟丁坝附近流场。

近些年,为更好地考虑垂向压力变化,许多学者放弃静压假定,从雷诺时均 N-S 方程出发,开发非静压假定的全三维模型[84-85,87-90]。

目前,三维模型采用平面网格多为矩形或正交曲线等结构网格,采用非结构网格的还较少。Zhang 等[91]开发了基于非结构网格三维有限体积模型。

1.3.4.3 紊流模拟技术

丁坝附近水流具有很强的紊动特性,紊流的模拟很重要。

一些模型采用较简单的 Prandtl 混合长紊流模型[92]。而更多的模型采用较精细的标准 k-ε 紊流模型。也有一些模型采用更复杂的修正后的 k-ε 紊流模型和非线性紊流模型[78,84]。彭静等[78]比较了线性和非线性紊流模型对淹没丁坝流场的影响,采用非线性模型得到的结果与实测资料符合得更好。

为了更为准确地模拟丁坝附近不同尺度的涡体运动,一些模型放弃雷诺时均方程,直接从 N-S 方程出发,采用技术更为先进的大涡模拟技术[85,93]。

1.3.5 已有研究内容的不足

1.3.5.1 丁坝对水流作用研究

较早的淹没丁坝研究多与防洪设计有关,主要是关于上游壅水高度的确定,为此开展了丁坝局部水头损失系数、水流压缩系数以及坝顶溢流流量研究。近年来,关于淹没丁坝附近流态和河床变形也受到较多关注和研究。然而,目前的研究中还存在一些不足,不能更好地为生产实践服务。

首先,已有的研究更多关注的是丁坝本身的几何尺寸和不同来流条件下对回流区和冲刷形态的研究,而较少关注丁坝附近的流场和流量分配的变化。

其次,工程中实际应用的丁坝往往具有一定的迎水边坡、背水边坡和坝头端坡,与水槽试验中常见的直立丁坝差别较大。这些坡体的存在很大程度上改变了坝头附近的水流结构,从而对丁坝附近的局部冲刷产生很大影响。在航道整治中,往往期望减缓坝头局部冲刷并将丁坝附近集中的流量更多地调整至主流区。

最后,从前面可看出,$\Delta H/H$ 对丁坝附近的流态产生很大影响。在潮汐河口航道整治中，丁坝的 $\Delta H/H$ 也是处于不断变化之中的。不同的 $\Delta H/H$ 下，丁坝对水流结构的调整作用也存在较大差别。如何充分利用这种调节作用以实现对落潮流量的合理引导，对于航道整治具有很强的工程意义。

1.3.5.2 丁坝对河床作用研究

实际工程中具有迎水边坡、背水边坡和坝头端坡的丁坝局部冲刷形态与直立丁坝有显著差别，关于这种形式丁坝对河床的调整作用研究还很缺乏。另外，为限制坝头局部冲刷的发展，工程中的丁坝附近还铺设护底。这也是以往的研究很少考虑到的。

整治建筑物的建设改变了河段原来相对平衡的水沙状态，整治建筑物作用范围内的水流结构和河床形态都将重新进行调整。整治线宽度研究中的关键问题就是整治建筑物作用下的河床调整，但是已有研究只关心了整治前的河床形态和整治后的河床形态，忽略了河床的变化过程。更多地关注这种调整的过程，对获得良好的整治效果来说是很重要的。

已有的丁坝冲刷的研究多是在恒定流水槽中进行的。河口海岸地区整治建筑物作用下河床或海床的演变由于动力条件的不同与内陆河流的河床演变有很大的不同，问题更为复杂。河口地区出口门之后，波浪作用日益加强，这时波浪作用下丁坝的造床作用又有了一些特殊的形态。在砂质海岸丁坝拦截沿岸输沙，造成泥沙在其上游侧淤积；在淤泥质海岸建造丁坝建筑物后，由斜向入射波破碎后在丁坝上游侧形成的水流，将冲刷由细颗粒泥沙组成的岸滩，而在丁坝下游侧的波浪掩护区内，悬沙淤积。在河口或海岸航道整治、护岸和促淤工程中，在波浪作用较强的地区应该综合考虑潮流和波浪的作用。

1.3.5.3 丁坝水流模拟

关于丁坝下游回流区长度的模拟，采用二维模型或三维模型模拟得到下游回流区 l/L 一般为 6 ~ 8，这与水槽试验值相差甚远。

很多研究认为,模拟得到的丁坝下游回流区长度偏小与所采用的紊流模型有关,如标准的 $k\text{-}\varepsilon$ 紊流模型过高估计了丁坝附近的紊动场,因此致力于紊流模型的改进或采用更为先进的雷诺应力模型或大涡模拟技术。

非淹没丁坝上游和下游通常还存在两个小回流区,而通常的模型模拟时或者无意忽略了两个回流区的存在,而更多的是,不能模拟出两个回流区。一般认为,两个小回流区处于边界奇点位置,采用一般的模拟方法很难模拟出来。

工程中使用的丁坝往往具有迎水边坡、背水边坡和坝头端坡,这些坡体的存在给丁坝水流模拟带来三维动边界、陡坡和高程间断等问题,在现有的丁坝数学模型中关于这些问题的处理还存在一定困难。

1.4 研究内容

1.4.1 水槽试验和三维数学模型

水槽试验采用旋桨流速仪进行定点流速测量,并为三维数学模型提供验证资料。

(1)丁坝模型考虑与实际工程中的相似性,具有一定的迎水边坡、背水边坡和坝头端坡,其中迎水边坡系数和背水边坡系数不变。

(2)试验组次考虑四种水深条件和三种 m 的组合。水深分别对应非淹没、恰好淹没、$\Delta H/H$ 较小和 $\Delta H/H$ 较大四种情况。

开发出适用于处理非淹没和淹没丁坝的三维水流模型,经过验证后提供丁坝附近三维流场和单宽流量分布。模型具有以下特征:

(1)平面采用非结构三角形网格剖分计算域,便于丁坝体的表示和局部加密。

(2)垂向采用 σ 坐标变换,以拟合地形起伏和方便计算自由表面的变化。

(3)采用基于 Riemann 间断解的 Roe 格式求解对流通量。

(4)采用较为精细的标准 k-ε 紊流模型封闭雷诺应力项。

(5)解决丁坝水流模拟中的三维动边界、陡坡、高程间断与边壁阻力模拟等问题。

1.4.2　淹没程度对水流结构的影响

在航道整治工程中,丁坝被淹没的情况经常出现。尤其在潮汐河口航道整治中,按中潮位设计的丁坝,在一个潮周期内,交替处于非淹没和淹没状态。在淹没和非淹没状况下,丁坝附近的水流结构有很大差异,并由此引起的河床变形也存在较大差别。因此,很有必要对丁坝在淹没状态下对水流调整作用进行研究。

从已有的研究来看,$\Delta H/H$ 决定着坝顶过流能力,对丁坝附近的旋涡和下游流态产生很大影响,是描述丁坝在淹没状况下水力作用的一个重要参数。

$\Delta H/H$ 对水流结构影响的研究内容有:

(1)$\Delta H/H$ 对丁坝附近平面流场、坝顶以下纵向流速的横向分布、坝轴横断面流速分布和纵剖面流场的影响。

(2)$\Delta H/H$ 对丁坝附近相对单宽流量分布的调整。对于航道整治而言,更有意义的是考虑流速的变化与水深的变化的结合,也即单宽流量的变化。

1.4.3　端坡系数对水流结构的影响

有端坡丁坝存在长度定义问题,即丁坝长度是坝顶的长度,还是坝底的长度,还是在某种意义上的平均。由于试验水槽断面呈矩形,因此采用阻挡面积相等进行定义,即定义有端坡丁坝的有效近似长度 L 为阻挡面积与坝体高度(非淹没时为淹没部分的坝体高度)的比值。

端坡系数 m 对水流结构影响的研究内容有:

(1)非淹没和淹没条件下 m 对丁坝附近平面流场、回流区长度、底层平面流速分布、底床切应力分布、坝轴横断面流速分布和纵剖面流场的影响。

(2)淹没条件下 m 对丁坝附近相对单宽流量分布的调整。

1.4.4 单丁坝和丁坝群作用下的河床调整过程

通过动床水槽试验研究具有迎水边坡和背水边坡丁坝附近水流结构的动态变化过程和河床调整过程及其对水流结构的反馈作用,以及端坡和护底的影响。

(1)单丁坝作用下的河床调整过程,包括回流区长度变化、流场变化、河床的调整、端坡和护底对局部冲刷的影响。

(2)丁坝群作用下流场的变化和河床调整。

1.4.5 潮汐往复流条件下丁坝群的作用

在潮汐河口的航道整治中,水动力和泥沙条件有其特殊的规律性。通过往复流水槽试验和一些整治工程的实例分析了丁坝群在潮汐河口航道整治中的作用。

(1)潮汐往复流条件下丁坝局部冲刷特征。

(2)潮汐往复流条件下河床调整过程。

(3)潮汐河口整治线的放宽率。

1.4.6 丁坝群在调整宽浅河床地形中的作用

天然河床与实验室规则的水槽形态差异显著。结合长江口北槽深水航道整治建筑物的不同布置，在潮汐往复流水槽中进行概化试验，研究丁坝群在调整宽浅河床地形中的作用。

(1)单侧丁坝群的作用。

(2)双侧丁坝群的作用。

(3)不同放宽率试验。

第 2 章　三维浅水紊流模型

2.1　直角坐标系下模型

2.1.1　直角坐标系下控制方程

基于静压假定和 Boussinesq 紊动黏性假定的直角坐标系下的三维浅水流动控制方程为

$$\frac{\partial u}{\partial x} + \frac{\partial v}{\partial y} + \frac{\partial w}{\partial z} = 0 \tag{2.1}$$

$$\begin{aligned}&\frac{\partial u}{\partial t} + \frac{\partial (uu)}{\partial x} + \frac{\partial (uv)}{\partial y} + \frac{\partial (uw)}{\partial z}\\ &= -g\frac{\partial \zeta}{\partial x} + \frac{\partial}{\partial x}\left(\nu_t \frac{\partial u}{\partial x}\right) + \frac{\partial}{\partial y}\left(\nu_t \frac{\partial u}{\partial y}\right) + \frac{\partial}{\partial z}\left(\nu_t \frac{\partial u}{\partial z}\right)\end{aligned} \tag{2.2}$$

$$\begin{aligned}&\frac{\partial v}{\partial t} + \frac{\partial (vu)}{\partial x} + \frac{\partial (vv)}{\partial y} + \frac{\partial (vw)}{\partial z}\\ &= -g\frac{\partial \zeta}{\partial y} + \frac{\partial}{\partial x}\left(\nu_t \frac{\partial v}{\partial x}\right) + \frac{\partial}{\partial y}\left(\nu_t \frac{\partial v}{\partial y}\right) + \frac{\partial}{\partial z}\left(\nu_t \frac{\partial v}{\partial z}\right)\end{aligned} \tag{2.3}$$

式中：x、y 和 z 为直角坐标系的三个分量；u、v 和 w 为相应的流速分量；ζ 为水位；ν_t 为紊动黏性系数；g 为重力加速度，取 9.8 m/s^2。

对于大范围内的浅水流动问题，动量方程的惯性项主要由压力梯度项平衡，为减少计算量，很多模型采用常紊动黏性系数或简单的紊流模型。当流动比较复杂或者需要考虑物质输运时，有必要使用精细的紊流模型。标准 k-ε 紊流模型是最简单的也是应用最广泛的精细紊流模型，其输运控制方程如下：

$$\frac{\partial k}{\partial t}+\frac{\partial(ku)}{\partial x}+\frac{\partial(kv)}{\partial y}+\frac{\partial(kw)}{\partial z}=\frac{\partial}{\partial x}\left(\frac{\nu_t}{\sigma_k}\frac{\partial k}{\partial x}\right)+\frac{\partial}{\partial y}\left(\frac{\nu_t}{\sigma_k}\frac{\partial k}{\partial y}\right)+\frac{\partial}{\partial z}\left(\frac{\nu_t}{\sigma_k}\frac{\partial k}{\partial z}\right)+P_k-\varepsilon \tag{2.4}$$

$$\frac{\partial \varepsilon}{\partial t}+\frac{\partial(\varepsilon u)}{\partial x}+\frac{\partial(\varepsilon v)}{\partial y}+\frac{\partial(\varepsilon w)}{\partial z}=\frac{\partial}{\partial x}\left(\frac{\nu_t}{\sigma_\varepsilon}\frac{\partial \varepsilon}{\partial x}\right)+\frac{\partial}{\partial y}\left(\frac{\nu_t}{\sigma_\varepsilon}\frac{\partial \varepsilon}{\partial y}\right)+\frac{\partial}{\partial z}\left(\frac{\nu_t}{\sigma_\varepsilon}\frac{\partial \varepsilon}{\partial z}\right)+C_{1\varepsilon}\frac{\varepsilon}{k}P_k-C_{2\varepsilon}\frac{\varepsilon^2}{k} \tag{2.5}$$

根据 Kolmogorov-Prandtl 表达式,紊动黏性系数表示为 k 和 ε 的函数,即

$$\nu_t = C_\mu \frac{k^2}{\varepsilon} \tag{2.6}$$

式中:k 为紊动动能;ε 为紊动耗散率;P_k 为紊动动能生成项,其计算式为 $P_k=\nu_t\left(\frac{\partial u_i}{\partial x_j}+\frac{\partial u_j}{\partial x_i}\right)\frac{\partial u_i}{\partial x_j}$;各常数的标准值为 $C_\mu=0.09$,$C_{1\varepsilon}=1.44$,$C_{2\varepsilon}=1.92$,$\sigma_k=1.0$,$\sigma_\varepsilon=1.3$。

2.1.2　直角坐标系下边界条件

在不考虑风应力的情况下,自由表面处的动力边界条件和运动边界条件分别为

$$\rho\nu_t\left(\frac{\partial u}{\partial z},\frac{\partial v}{\partial z}\right)=(\tau_{sx},\tau_{sy})=0 \tag{2.7}$$

$$w|_{z=\zeta}=\frac{\partial \zeta}{\partial t}+u\frac{\partial \zeta}{\partial x}+v\frac{\partial \zeta}{\partial y} \tag{2.8}$$

式中:τ_{sx}和 τ_{sy}分别为自由表面处切应力在 x 方向和 y 方向上的分量。

底床处的动力边界条件和运动边界条件分别为

$$\rho\nu_t\left(\frac{\partial u}{\partial z},\frac{\partial v}{\partial z}\right)=(\tau_{bx},\tau_{by}) \tag{2.9}$$

$$w\big|_{z=-h} = -u\frac{\partial h}{\partial x} - v\frac{\partial h}{\partial y} \tag{2.10}$$

式中：τ_{bx} 和 τ_{by} 分别为底床切应力在 x 方向和 y 方向上的分量。

标准 k-ε 紊流模型适用于离开壁面一定距离的紊流旺盛区域。在壁面附近区域，Spalding 等提出用壁面函数法来处理。其基本思想是把靠近壁面的第一个计算节点布置在黏性底层之外的完全紊流区。最常见的壁函数为对数律壁函数[94]，简单、实用。但是对于低 Re 过渡状态下的紊流边界层或分离流的近壁点，对数律壁函数已不再适用。为此，叶坚等[95-96]提出了解析壁函数和适用于更一般情况的精细壁函数。在紊流随机理论模型中，由于要知道近壁区节点流速的导数项，只能用解析壁函数和精细壁函数[97]。

本模型采用标准壁面函数，用对数率将床面以上某点的流速与底摩阻速度 u_* 联系起来

$$\frac{U_p}{u_*} = \frac{1}{\kappa}\ln\frac{33(z_p - z_0)}{k_s} \tag{2.11}$$

式中：U_p 为临近底床处节点的水平流速大小，$U_p = \sqrt{u^2 + v^2}$；κ 为 Karman 常数，取 0.4；z_p 为节点到底床的距离；k_s 为粗糙高度，没有沙波的平整河床可取 d_{50}；z_0 为按时均流速的对数分布律找到的流速为零的位置，即某一断面的理论零点，位于粗糙颗粒顶端以下的某一位置，z_0/k_s 的取值一般为 0.15 ~0.30（见图 2.1）。

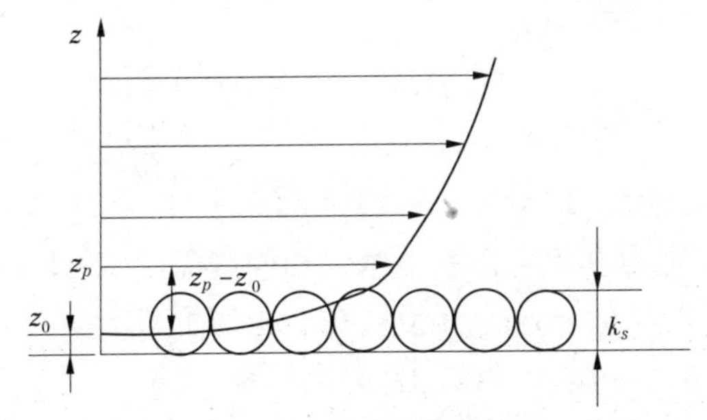

图 2.1　壁面函数中相关参数定义

这样,底床处动力边界条件式(2.9)可表示为

$$\rho\nu_t\left(\frac{\partial u}{\partial z},\frac{\partial v}{\partial z}\right)=\rho\frac{u_*^2}{U_p}(u,v) \tag{2.12}$$

壁面区定义在 $30<z^+<100$ 范围内,其中 $z^+=(z-z_0)u_*/\nu$,ν 为运动黏性系数。空间离散的第一个网格点应位于这一范围内。

固边界处采用“不穿透”条件,沿固边界的法向分量恒为零,即

$$\vec{V}\cdot\vec{n}=0 \tag{2.13}$$

式中:$\vec{n}$ 为固边界的外法向单位向量。

开边界处给出实测水位过程或单宽流量过程,即

$$\begin{aligned}\zeta&=\zeta(x,y,t)\\ q&=q(x,y,t)\end{aligned} \tag{2.14}$$

2.2　σ 坐标系下模型

2.2.1　σ 坐标系下控制方程

引入 σ 坐标系$(\alpha,\beta,\sigma,t^*)$,与原直角坐标系的关系为

$$\left.\begin{aligned}x&=\alpha\\ y&=\beta\\ z&=\varphi(\alpha,\beta,\sigma,t^*)=\sigma H+\zeta\\ t&=t^*\end{aligned}\right\} \tag{2.15}$$

式中:H 为总水深,$H=\zeta(x,y,t)+h(x,y)$,$z=\zeta(x,y,t)$ 和 $z=-h(x,y)$ 分别为直角坐标系下水位和静水深(见图 2.2)。

转换后的坐标 $\sigma\in[-1,0]$,在自由表面处,$z=\zeta$,$\sigma=0$;在底部,$z=-h$,$\sigma=-1$。可以看出,σ 坐标系下的一个优点是能够很好地贴合自由表面和底床的起伏变化。

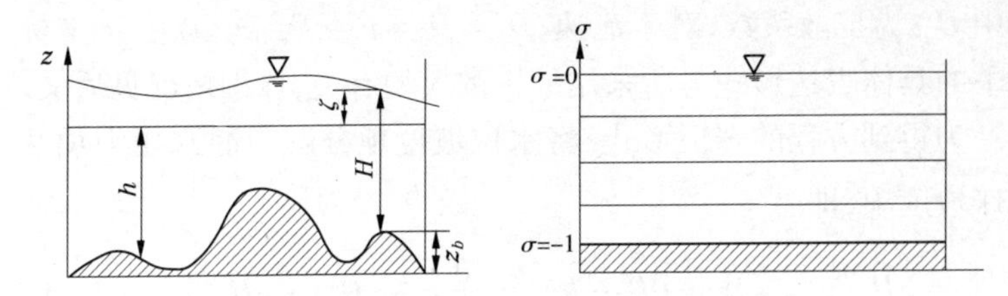

图2.2　σ坐标变换示意图

引入σ变换算子

$$\varphi_{\alpha}=\frac{\partial\varphi}{\partial\alpha}=\sigma\frac{\partial H}{\partial\alpha}+\frac{\partial\zeta}{\partial\alpha},\quad \varphi_{\beta}=\frac{\partial\varphi}{\partial\beta}=\sigma\frac{\partial H}{\partial\beta}+\frac{\partial\zeta}{\partial\beta}$$

$$\varphi_{\sigma}=\frac{\partial\varphi}{\partial\sigma}=H,\quad \varphi_{t^*}=\frac{\partial\varphi}{\partial t^*}=\sigma\frac{\partial H}{\partial t^*}+\frac{\partial\zeta}{\partial t^*}$$

引入σ方向上的速度协变量ω

$$\omega=\varphi_{\sigma}\frac{\mathrm{d}\sigma}{\mathrm{d}t^*}=w-u\varphi_{\alpha}-v\varphi_{\beta}-\varphi_{t^*} \tag{2.16}$$

对直角坐标系下的方程(2.1)～方程(2.3)进行变换,得到σ坐标系下的连续方程和动量方程

$$\frac{\partial H}{\partial t^*}+\frac{\partial(Hu)}{\partial\alpha}+\frac{\partial(Hv)}{\partial\beta}+\frac{\partial\omega}{\partial\sigma}=0 \tag{2.17}$$

$$\frac{\partial(Hu)}{\partial t^*}+\frac{\partial(Huu)}{\partial\alpha}+\frac{\partial(Huv)}{\partial\beta}+\frac{\partial(u\omega)}{\partial\sigma}=-gH\frac{\partial\zeta}{\partial\alpha}+F_{diffH}(u)+\frac{\partial}{\partial\sigma}\left(\frac{\nu_t}{H}\frac{\partial u}{\partial\sigma}\right) \tag{2.18}$$

$$\frac{\partial(Hv)}{\partial t^*}+\frac{\partial(Hvu)}{\partial\alpha}+\frac{\partial(Hvv)}{\partial\beta}+\frac{\partial(v\omega)}{\partial\sigma}=-gH\frac{\partial\zeta}{\partial\beta}+F_{diffH}(v)+\frac{\partial}{\partial\sigma}\left(\frac{\nu_t}{H}\frac{\partial v}{\partial\sigma}\right) \tag{2.19}$$

式中:$F_{diffH}(\Phi)$为σ坐标系下变量$\Phi(\Phi=u、v)$的水平扩散项。

$$F_{diffH}(\Phi)=H\left[\frac{\partial}{\partial x}\left(D_{\Phi}\frac{\partial\Phi}{\partial x}\right)+\frac{\partial}{\partial y}\left(D_{\Phi}\frac{\partial\Phi}{\partial y}\right)\right] \tag{2.20}$$

其中 D_{Φ} 为扩散系数，对于流速，$D_u = D_v = \nu_t$。$F_{diffH}(\Phi)$ 在 σ 坐标系下的具体表达形式与所采用的扩散模型有关，详细情况见后文。

为得到方程的守恒形式，将水位坡度项分解为静水压力项和底床坡度项，即

$$gH\frac{\partial \zeta}{\partial \alpha} = gH\frac{\partial}{\partial \alpha}(H - h) = \frac{\partial}{\partial \alpha}\left(\frac{1}{2}gH^2\right) - gH\frac{\partial h}{\partial \alpha} \tag{2.21}$$

$$gH\frac{\partial \zeta}{\partial \beta} = gH\frac{\partial}{\partial \beta}(H - h) = \frac{\partial}{\partial \beta}\left(\frac{1}{2}gH^2\right) - gH\frac{\partial h}{\partial \beta} \tag{2.22}$$

代入控制方程(2.18)和方程(2.19)，得到守恒形式的动量方程

$$\frac{\partial(Hu)}{\partial t^*} + \frac{\partial(Hu^2 + gH^2/2)}{\partial \alpha} + \frac{\partial(Huv)}{\partial \beta} + \frac{\partial(u\omega)}{\partial \sigma}$$

$$= gH\frac{\partial h}{\partial \alpha} + F_{diffH}(u) + \frac{\partial}{\partial \sigma}\left(\frac{\nu_t}{H}\frac{\partial u}{\partial \sigma}\right) \tag{2.23}$$

$$\frac{\partial Hv}{\partial t^*} + \frac{\partial(Hv^2 + gH^2/2)}{\partial \beta} + \frac{\partial(Hvu)}{\partial \alpha} + \frac{\partial(v\omega)}{\partial \sigma}$$

$$= gH\frac{\partial h}{\partial \beta} + F_{diffH}(v) + \frac{\partial}{\partial \sigma}\left(\frac{\nu_t}{H}\frac{\partial v}{\partial \sigma}\right) \tag{2.24}$$

同样，对标准 k-ε 模型方程(2.4)和方程(2.5)进行 σ 坐标变换，得到

$$\frac{\partial(Hk)}{\partial t^*} + \frac{\partial(Hku)}{\partial \alpha} + \frac{\partial(Hkv)}{\partial \beta} + \frac{\partial(k\omega)}{\partial \sigma}$$

$$= F_{diffH}(k) + \frac{\partial}{\partial \sigma}\left(\frac{\nu_t}{H\sigma_k}\frac{\partial k}{\partial \sigma}\right) + H(P_k - \varepsilon) \tag{2.25}$$

$$\frac{\partial(H\varepsilon)}{\partial t^*} + \frac{\partial(H\varepsilon u)}{\partial \alpha} + \frac{\partial(H\varepsilon v)}{\partial \beta} + \frac{\partial(\varepsilon\omega)}{\partial \sigma}$$

$$= F_{diffH}(\varepsilon) + \frac{\partial}{\partial \sigma}\left(\frac{\nu_t}{H\sigma_\varepsilon}\frac{\partial \varepsilon}{\partial \sigma}\right) + H\left(C_{1\varepsilon}\frac{\varepsilon}{k}P_k - C_{2\varepsilon}\frac{\varepsilon^2}{k}\right) \tag{2.26}$$

紊动动能生成项 P_k 在 σ 坐标系下的表达式为

$$P_k = 2\nu_t\left[\left(\frac{\partial u}{\partial \alpha} - \frac{\varphi_\alpha}{\varphi_\sigma}\frac{\partial u}{\partial \sigma}\right)^2 + \left(\frac{\partial v}{\partial \beta} - \frac{\varphi_\beta}{\varphi_\sigma}\frac{\partial v}{\partial \sigma}\right)^2 + \left(\frac{1}{\varphi_\sigma}\frac{\partial w}{\partial \sigma}\right)^2\right] +$$

$$\nu_t\left[\left(\frac{\partial u}{\partial \beta} - \frac{\varphi_\beta}{\varphi_\sigma}\frac{\partial u}{\partial \sigma} + \frac{\partial v}{\partial \alpha} - \frac{\varphi_\beta}{\varphi_\sigma}\frac{\partial v}{\partial \sigma}\right)^2 + \left(\frac{1}{\varphi_\sigma}\frac{\partial u}{\partial \sigma} + \frac{\partial w}{\partial \alpha} - \frac{\varphi_\alpha}{\varphi_\sigma}\frac{\partial w}{\partial \sigma}\right)^2\right] +$$

$$\nu_t\left(\frac{1}{\varphi_\sigma}\frac{\partial v}{\partial \sigma} + \frac{\partial w}{\partial \beta} - \frac{\varphi_\beta}{\varphi_\sigma}\frac{\partial w}{\partial \sigma}\right)^2$$

2.2.2　σ 坐标系下边界条件

对直角坐标系下的边界条件式(2.7)~式(2.10)分别进行 σ 坐标变换。自由表面处的动力边界条件和运动边界条件分别为

$$\frac{\rho\nu_t}{H}\left(\frac{\partial u}{\partial \sigma}, \frac{\partial v}{\partial \sigma}\right) = 0 \tag{2.27}$$

$$\omega(x, y, \sigma, t)\big|_{\sigma=0} = 0 \tag{2.28}$$

底床处的动力边界条件和运动边界条件分别为

$$\frac{\rho\nu_t}{H}\left(\frac{\partial u}{\partial \sigma}, \frac{\partial v}{\partial \sigma}\right) = (\tau_{bx}, \tau_{by}) \tag{2.29}$$

$$\omega(x, y, \sigma, t)\big|_{\sigma=-1} = 0 \tag{2.30}$$

可以看出,σ 坐标系下自由表面处和底床处的运动边界条件变得更为简单。

紊动特征量在自由表面处的边界条件为

$$\frac{\partial k}{\partial \sigma} = 0, \quad \varepsilon = \frac{(k_{surface})^{3/2}}{\kappa H}$$

在底床处壁面区内,通过假定:紊流能量的产生与消减几乎是平衡的(局部平衡)、雷诺应力等于壁面剪切力、雷诺应力在壁面区几乎是均匀的,得到紊动特征量在底床处的边界条件为

$$k = \frac{u_*^2}{\sqrt{C_\mu}}, \quad \varepsilon = \frac{u_*^3}{\kappa z_p}$$

2.2.3 σ 坐标系下水平扩散项

2.2.3.1 常见扩散模型

引入 σ 变换后,水平扩散项的表达式的复杂程度增加。一般地,设 Φ 为待求梯度的某一物理量,D_Φ 为扩散系数,下面以 x 方向扩散为例进行说明。

全模型对扩散不作任何处理

$$\Phi_{xx} = \frac{\partial}{\partial x}\left(D_x \frac{\partial \Phi}{\partial x}\right) = \frac{\partial}{\partial \alpha}\left(D_x \frac{\partial \Phi}{\partial \alpha}\right) - \frac{\partial}{\partial \alpha}\left(D_x \frac{\varphi_\alpha}{\varphi_\sigma} \frac{\partial \Phi}{\partial \sigma}\right) - \frac{\varphi_\alpha}{\varphi_\sigma} \frac{\partial}{\partial \sigma}\left(D_x \frac{\partial \Phi}{\partial \alpha}\right) + \frac{\varphi_\alpha}{\varphi_\sigma} \frac{\partial}{\partial \sigma}\left(D_x \frac{\varphi_\alpha}{\varphi_\sigma} \frac{\partial \Phi}{\partial \sigma}\right)$$

这种表达式给数值离散带来不便,而且会产生较大的数值误差。

Mellor 等[98]注意到全模型计算结果与实际存在很大差异,给出一个处理过的模型(简称 Mellor 模型)

$$\Phi_{xx} = \frac{\partial}{\partial x}\left(D_\Phi \frac{\partial S}{\partial x}\right) = \frac{\partial}{\partial \alpha}\left(D_\Phi \frac{\partial S}{\partial \alpha}\right)$$

Mellor 模型表达式简单,计算易实现。但是,Mellor 模型处理 σ 变换中扩散项的二阶混合偏导项时省略的因素较多,在模拟诸如无初始运动,温度仅为垂直方向的函数且水平扩散系数为常数的流动时,会出现温度界面的热传导这一虚假扩散。对于具有一定坡度的底床,计算结果会产生深水区域与浅水区域之间的虚假扩散。

Huang 等[99]认为,模拟中的虚假扩散是由于进行 σ 变换时不恰当地处理由坐标变换产生的二阶混合偏导项造成的,并提出 Huang 模型

$$\Phi_{xx} = \frac{\partial}{\partial\alpha}\left(D_x \frac{\partial\Phi}{\partial\alpha}\right) - 2\frac{\partial}{\partial\alpha}\left(D_x \frac{\varphi_\alpha}{\varphi_\sigma}\frac{\partial\Phi}{\partial\sigma}\right) + D_x \frac{\varphi_\alpha^2}{\varphi_\sigma}\frac{\partial}{\partial\sigma}\left(\frac{1}{\varphi_\sigma}\frac{\partial\Phi}{\partial\sigma}\right)$$

Huang 模型保留了扩散项中重要的部分，略去一些次要项，很好地防止了由于 σ 变换而导致的虚假扩散的发生。但是，在地形坡度较大时，计算误差仍较大。不能满足 Haney[100] 提出的“静水一致性”条件。

Huang 等[101] 提出一种方法，水平梯度仍在原直角坐标系中处理，而离散变量由 σ 坐标系下变量插值确定。该方法体现了问题的本质，计算精度较高。张景新等[102] 在插值方法上对其进行改进，提高该方法的使用范围。

2.2.3.2　守恒扩散模型

然而，浅水方程中水平扩散项式(2.20)还存在一变换因子 H（也即 φ_σ），采用上述三种扩散模型得到的 x 方向的扩散项形式分别为

$$\varphi_\sigma\Phi_{xx} = \varphi_\sigma\frac{\partial}{\partial\alpha}\left(D_\Phi\frac{\partial\Phi}{\partial\alpha}\right) - \varphi_\sigma\frac{\partial}{\partial\alpha}\left(D_\Phi\frac{\varphi_\alpha}{\varphi_\sigma}\frac{\partial\Phi}{\partial\sigma}\right) - \varphi_\alpha\frac{\partial}{\partial\sigma}\left(D_\Phi\frac{\partial\Phi}{\partial\alpha}\right) + \varphi_\alpha\frac{\partial}{\partial\sigma}\left(D_\Phi\frac{\varphi_\alpha}{\varphi_\sigma}\frac{\partial\Phi}{\partial\sigma}\right)$$

$$\varphi_\sigma\Phi_{xx} = \varphi_\sigma\frac{\partial}{\partial\alpha}\left(D_\Phi\frac{\partial S}{\partial\alpha}\right)$$

$$\varphi_\sigma\Phi_{xx} = \varphi_\sigma\frac{\partial}{\partial\alpha}\left(D_\Phi\frac{\partial\Phi}{\partial\alpha}\right) - 2\varphi_\sigma\frac{\partial}{\partial\alpha}\left(D_\Phi\frac{\varphi_\alpha}{\varphi_\sigma}\frac{\partial\Phi}{\partial\sigma}\right) + D_\Phi\varphi_\alpha^2\frac{\partial}{\partial\sigma}\left(\frac{1}{\varphi_\sigma}\frac{\partial\Phi}{\partial\sigma}\right)$$

可以看出，这三种扩散项的表达式中每一项都不是关于变量 Φ 的某种关系式的散度，也即不是守恒形式。由于在 FVM 离散时通常将不能表示成散度的项归入源项，这样采用上述扩散模型得到 σ 坐标系下浅水方程中的水平扩散项只能作为源项处理，从而不能在理论上保证扩散通量在整个计算区域上的守恒。

本模型考虑变换因子 H 的影响，对 σ 坐标变换后的水平扩散

项进行处理,推导出守恒形式的扩散模型。以浅水方程中 x 方向水平扩散项为例

$$\varphi_\sigma \frac{\partial}{\partial x}\left(D_\Phi \frac{\partial \Phi}{\partial x}\right) = \varphi_\sigma \frac{\partial}{\partial \alpha}\left(D_\Phi \frac{\partial \Phi}{\partial x}\right) - \varphi_\alpha \frac{\partial}{\partial \sigma}\left(D_\Phi \frac{\partial \Phi}{\partial x}\right)$$

$$= \frac{\partial}{\partial \alpha}\left(D_\Phi \varphi_\sigma \frac{\partial \Phi}{\partial x}\right) - D_\Phi \frac{\partial \Phi}{\partial x}\frac{\partial \varphi_\sigma}{\partial \alpha} - \frac{\partial}{\partial \sigma}\left(D_\Phi \varphi_\alpha \frac{\partial \Phi}{\partial x}\right) + D_\Phi \frac{\partial \Phi}{\partial x}\frac{\partial \varphi_\alpha}{\partial \sigma}$$

$$= \frac{\partial}{\partial \alpha}\left(D_\Phi \varphi_\sigma \frac{\partial \Phi}{\partial x}\right) - \frac{\partial}{\partial \sigma}\left(D_\Phi \varphi_\alpha \frac{\partial \Phi}{\partial x}\right) + D_\Phi \frac{\partial \Phi}{\partial x}\left(\frac{\partial \varphi_\alpha}{\partial \sigma} - \frac{\partial \varphi_\sigma}{\partial \alpha}\right)$$

根据引入的算子,得到以下关系式

$$\frac{\partial \varphi_\alpha}{\partial \sigma} = \frac{\partial}{\partial \sigma}\left(\sigma \frac{\partial H}{\partial \alpha} + \frac{\partial \zeta}{\partial \alpha}\right) = \sigma \frac{\partial}{\partial \sigma}\left(\frac{\partial H}{\partial \alpha}\right) + \frac{\partial H}{\partial \alpha} + \frac{\partial}{\partial \sigma}\left(\frac{\partial \zeta}{\partial \alpha}\right) = \frac{\partial H}{\partial \alpha} = \frac{\partial \varphi_\sigma}{\partial \alpha}$$

那么,x 方向水平扩散项可表示为

$$\varphi_\sigma \frac{\partial}{\partial x}\left(D_\Phi \frac{\partial \Phi}{\partial x}\right) = \frac{\partial}{\partial \alpha}\left(D_\Phi \varphi_\sigma \frac{\partial \Phi}{\partial x}\right) - \frac{\partial}{\partial \sigma}\left(D_\Phi \varphi_\alpha \frac{\partial \Phi}{\partial x}\right) \tag{2.31}$$

将其中直角坐标系下偏导数用 σ 坐标系表示,则式(2.31)变为

$$\varphi_\sigma \frac{\partial}{\partial x}\left(D_\Phi \frac{\partial \Phi}{\partial x}\right) = \frac{\partial}{\partial \alpha}\left[D_\Phi \varphi_\sigma \left(\frac{\partial \Phi}{\partial \alpha} - \frac{\varphi_\alpha}{\varphi_\sigma}\frac{\partial \Phi}{\partial \sigma}\right)\right] - \frac{\partial}{\partial \sigma}\left[D_\Phi \varphi_\alpha \left(\frac{\partial \Phi}{\partial \alpha} - \frac{\varphi_\alpha}{\varphi_\sigma}\frac{\partial \Phi}{\partial \sigma}\right)\right] \tag{2.32}$$

同理,可得到 y 方向水平扩散项为

$$\varphi_\sigma \frac{\partial}{\partial y}\left(D_\Phi \frac{\partial \Phi}{\partial y}\right) = \frac{\partial}{\partial \beta}\left[D_\Phi \varphi_\sigma \left(\frac{\partial \Phi}{\partial \beta} - \frac{\varphi_\beta}{\varphi_\sigma}\frac{\partial \Phi}{\partial \sigma}\right)\right] - \frac{\partial}{\partial \sigma}\left[D_\Phi \varphi_\beta \left(\frac{\partial \Phi}{\partial \beta} - \frac{\varphi_\beta}{\varphi_\sigma}\frac{\partial \Phi}{\partial \sigma}\right)\right]$$

那么,由式(2.31)和式(2.32)可得到浅水方程中水平扩散项式(2.20)为

$$F_{diffH}(\Phi) = \frac{\partial}{\partial \alpha}\left[D_\Phi \varphi_\sigma \left(\frac{\partial \Phi}{\partial \alpha} - \frac{\varphi_\alpha}{\varphi_\sigma}\frac{\partial \Phi}{\partial \sigma}\right)\right] + \frac{\partial}{\partial \beta}\left[D_\Phi \varphi_\sigma \left(\frac{\partial \Phi}{\partial \beta} - \frac{\varphi_\beta}{\varphi_\sigma}\frac{\partial \Phi}{\partial \sigma}\right)\right] -$$

$$\frac{\partial}{\partial\sigma}\left[D_{\Phi}\varphi_{\alpha}\left(\frac{\partial\Phi}{\partial\alpha}-\frac{\varphi_{\alpha}}{\varphi_{\sigma}}\frac{\partial\Phi}{\partial\sigma}\right)+D_{\Phi}\varphi_{\beta}\left(\frac{\partial\Phi}{\partial\beta}-\frac{\varphi_{\beta}}{\varphi_{\sigma}}\frac{\partial\Phi}{\partial\sigma}\right)\right] \tag{2.33}$$

式(2.33)与常见三种扩散模型表达式最大的不同之处在于其中每一项都表示成变量 Φ 的某种关系式的散度,也即守恒形式。这样,在FVM离散时就能够以扩散通量处理,从而在理论上保证扩散通量在整个计算域上的守恒。从表达式组成来看,守恒模型采用了两次直角坐标下偏导数 $\frac{\partial\Phi}{\partial x}$ 在 σ 坐标系下的形式 $\frac{\partial\Phi}{\partial\alpha}-\frac{\varphi_{\alpha}}{\varphi_{\sigma}}\frac{\partial\Phi}{\partial\sigma}$,简洁程度仅次于最简单的Mellor模型,因此具有较高的计算效率。

由式(2.33)可看出,变换后的扩散项由水平扩散部分和垂向扩散部分组成

$$F_{diffHH}(\Phi)=\frac{\partial}{\partial\alpha}\left[D_{\Phi}\varphi_{\sigma}\left(\frac{\partial\Phi}{\partial\alpha}-\frac{\varphi_{\alpha}}{\varphi_{\sigma}}\frac{\partial\Phi}{\partial\sigma}\right)\right]+\frac{\partial}{\partial\beta}\left[D_{\Phi}\varphi_{\sigma}\left(\frac{\partial\Phi}{\partial\beta}-\frac{\varphi_{\beta}}{\varphi_{\sigma}}\frac{\partial\Phi}{\partial\sigma}\right)\right] \tag{2.34}$$

$$F_{diffHV}(\Phi)=-\frac{\partial}{\partial\sigma}\left[D_{\Phi}\varphi_{\alpha}\left(\frac{\partial\Phi}{\partial\alpha}-\frac{\varphi_{\alpha}}{\varphi_{\sigma}}\frac{\partial\Phi}{\partial\sigma}\right)+D_{\Phi}\varphi_{\beta}\left(\frac{\partial\Phi}{\partial\beta}-\frac{\varphi_{\beta}}{\varphi_{\sigma}}\frac{\partial\Phi}{\partial\sigma}\right)\right] \tag{2.35}$$

式(2.34)和式(2.35)在离散时要分别进行处理。

2.3 非结构网格上的有限体积模型

2.3.1 结构网格和非结构网格

结构网格(见图2.3)具有一定的分布特征,可以用相应的行列关系来顺序描述。对于复杂的几何区域,结构网格是分块构造

的，形成块结构网格。非结构网格（见图 2.4）没有规则拓扑关系，网格中的每个元素之间没有隐含的连通性。常见的二维非结构网格有三角形和四边形等。

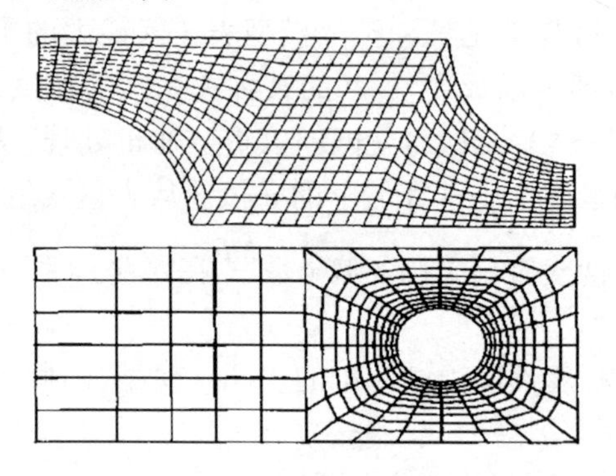

图 2.3　结构网格示例

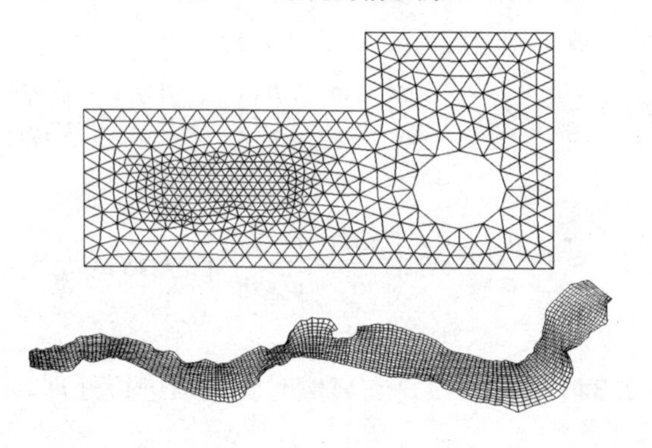

图 2.4　非结构网格示例

单元是构成网格的基本要素（见图 2.5）。结构网格中常见的二维网格单元是四边形，三维网格单元是六面体。而在非结构网格中，常见的二维网格单元还有三角形，三维网格单元还有四面体和五面体。

非结构网格可以采用任意形状的单元格，单元边的数目也无

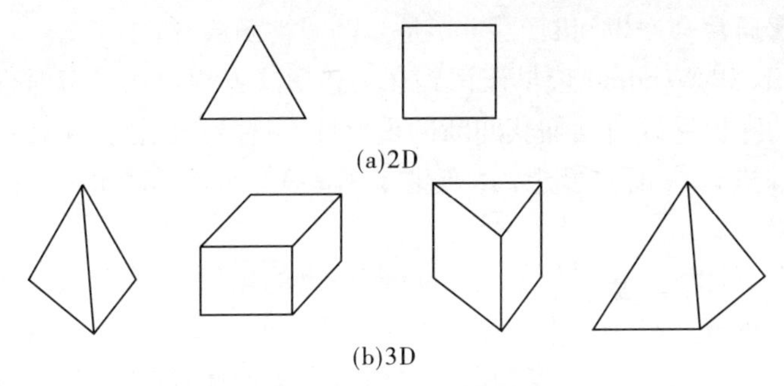

图 2.5　常见网格单元

限制,弥补了结构化网格不能够解决任意形状和任意连通区域的网格剖分的缺欠。通常应用五面体、六面体(二维为三角形、四边形)等拟合天然水域边界。非结构网格能很好地模拟自然边界及水下地形,有利于边界控制。网格密度可以根据需要进行调整。网格生成有众多富有成效的方法和自适应技术,比曲线网格更易得到高质量的单元格。

2.3.2　浅水模拟中的有限体积法

浅水流动模拟的一个主要方向是利用浅水方程与欧拉方程在数学形式上的相似性,将广泛用于计算空气动力学中的各种高性能计算格式引入计算浅水动力学中,并结合浅水流动的特殊性建立适合于模拟间断或弱间断的流动模型。

理论上,这种模型应具有以下特点:①能够处理任意几何形状的区域和水下地形;②能够模拟各种流态(如急流和缓流,连续流动和间断流动,恒定流和非恒定流);③能够处理各种边界条件及其组合;④能够有效处理间断问题。

对于如下形式的双曲型偏微分方程

$$\frac{\partial u}{\partial t} + \frac{\partial f(u)}{\partial x} = 0$$

其求解通常会产生间断(除非 f 是 u 的线性函数)。

Lax 和 Wendroff 最早认识到在上述形式方程数值求解时保持离散的守恒性以自动捕获间断的重要性。这时提出了人工黏性和对方程进行修正的思想,并产生了 Lax-Wendroff 和 Mac-Cormack 计算格式。

在 20 世纪 70 年代末,Godunov 提出的求解上述问题时将真实的物理意义吸收进来的创新性观点受到研究者的重新重视。同时,Van Leer 研究了对流问题的守恒性和单调性,推动了对由近似 Riemann 解产生的迎风格式的研究兴趣。由此,出现了两种新的计算方法:通量向量分裂法和通量差分裂法。

在 20 世纪 80 年代,出现了自适应 TVD 格式,如 Osher 格式、Roe 格式和 Van Leer 格式[103]。这些格式结合 Harten 的通量限制器思想,能够成功地得到间断附近的锐利解和光滑区的精确解。而传统的计算格式在间断附近往往会出现伪振荡,需要引入人工黏性进行处理。

上述有关守恒性和通量限制器的理论还都是针对一维的,而针对两维的方法还很少,并且主要采用破开算子法,把两维问题分解为两个一维问题处理。这种方法要求采用矩形离散网格。Alcrudo 等[104]提出了求解 2D 自由水面流动方程的基于 MUSCL 变量插值和坡度限制器的高阶 Godunov 格式。为在贴体网格上进行 FVM 积分,构造了法向数值通量的近似 Jacobian 矩阵(Roe 型)。

而实际的浅水流动通常有复杂的几何边界形状和不规则的底坡。因此,与气流运动相比,浅水流动模拟的主要困难在于不规则的底坡、非棱柱形的河道断面以及底摩阻的处理。不考虑底坡项和摩阻项的齐次浅水方程只能用于模拟激波、涌潮和溃坝等问题[105]。为处理方程中的底坡项,许多学者都对其进行研究,提出解决方法,详见下文“底坡项的处理”。

由于浅水方程组是严格双曲型偏微分方程组,容许水跃、溃坝波和涌波等强间断解。普通的 FDM 不能有效处理间断。而 FVM 能够准确满足积分形式的守恒律,尤其适合于计算各种间断流动。

(1)模拟洪水演进。胡四一等[106]采用 TVD 格式预测溃坝洪水波的演进,建立长江中下游河湖洪水演进模型。

(2)模拟涌潮。谭维炎等[107]采用二阶 Osher 格式,计算了钱塘江河口涌潮的产生、发展到消亡的全过程。

(3)模拟风暴潮。李未等[108]采用 Roe 格式模拟珠江口风暴潮增水过程。

(4)模拟溃坝。刘臻等[109]和张大伟等[110]应用 FVM 计算溃坝水流的演进过程。王志力等[111]采用 Roe 格式对胖头泡分洪区淹没过程进行模拟。

FVM 也被用于模拟明渠和潮流流动。褚克坚等[112]对长江三峡工程河段进行数值模拟。孔俊等[113]对渤海湾京唐港附近水域和福建三沙湾三都岛附近潮流进行计算,采用非结构三角形同位网格很好地模拟海湾、河口复杂地形下的水流运动。

FVM 还被用于水质泥沙模拟,赵棣华等[114]提出平面二维水流-水质 FVM 及黎曼近似解模型。施勇等[115]在非结构 FVM 的基础上,引入跨单元界面法向水沙数值通量的逆风分解,建立二维水沙有限体积算法。

目前,在三维浅水流动计算中,采用的数值解法多为有限差分法或有限元法。而采用高精度间断 Riemann 解的 FVM 还比较少。李绍武等[116]建立了 σ 坐标系下 Osher 格式准三维水流模型。赖锡军等[117]建立了 σ 坐标系下 Roe 格式的三维浅水模型。然而,采用基于 FVM 三维浅水模型模拟小范围流场时还存在一些问题需要解决,如在非结构网格中如何考虑边壁阻力问题、固壁边界的处理等。

2.3.3 有限体积离散原理

下面以三角形网格为例,介绍二维浅水方程单元中心式 FVM 离散原理。三维浅水方程 FVM 离散是在二维的基础上,加上垂向对流项和垂向扩散项。

二维浅水方程以守恒物理量向量形式表示为

$$\frac{\partial U}{\partial t}+\frac{\partial F}{\partial x}+\frac{\partial G}{\partial y}=S \tag{2.36}$$

式中:$U=(H,Hu,Hv)^{\mathrm{T}}$,为守恒物理量向量;$F=(Hu,Hu^2+gH^2/2,Huv)^{\mathrm{T}}$,为 x 方向上的通量向量;$G=(Hv,Huv,Hv^2+gH^2/2)^{\mathrm{T}}$,为 y 方向上的通量向量;$S=(0,gH(S_{bx}-S_{fx}),gH(S_{by}-S_{fy}))^{\mathrm{T}}$,为源项,其中 S_{bx} 和 S_{by} 为底坡项在 x 方向和 y 方向上的分量,S_{fx} 和 S_{fy} 为摩阻项在 x 方向和 y 方向上的分量。

在控制体 Ω 中对方程(2.36)进行积分得

$$\iint_{\Omega}\frac{\partial U}{\partial t}\mathrm{d}\Omega+\iint_{\Omega}\left(\frac{\partial F}{\partial x}+\frac{\partial G}{\partial y}\right)\mathrm{d}\Omega=\iint_{\Omega}S\mathrm{d}\Omega$$

式中:$\mathrm{d}\Omega$ 为面积分的微元。

应用格林公式,将面积分转化为线积分,得

$$\iint_{\Omega}\frac{\partial U}{\partial t}\mathrm{d}\Omega+\oint_{\partial\Omega}F(U)\cdot\vec{n}\mathrm{d}l=\iint_{\Omega}S\mathrm{d}\Omega$$

式中:$\vec{n}$ 为控制体边界 $\partial\Omega$ 的单位外法向向量;$\mathrm{d}\Omega$ 和 $\mathrm{d}l$ 分别为面积分和线积分的微元;$F(U)\cdot\vec{n}$ 为沿控制体界面外法向的数值通量,记为 $F_n(U)$。

若设 $\vec{n}$ 与 x 轴的夹角为 θ(从 x 轴起逆时针量度),则有

$$F_n(U)=F(U)\cos\theta+G(U)\sin\theta$$

采用时间前差格式,则得到常用的 FVM 离散形式为

$$A_{\Omega}(U^{n+1}-U^{n})=\Delta t\left(-\sum_{j=1}^{m}F_{n_j}l_j+A_{\Omega}\bar{S}\right)$$

式中：A_{Ω} 为控制体面积；m 为控制体的边界个数，对于三角形，$m=3$；$\bar{S}$为源项在控制体上的某种平均。

2.3.4　控制体内变量重构

2.3.4.1　分片常数重构

在控制体内，守恒物理量为常数分布（见图 2.6（a）），$U_L=U_i$，$U_R=U_j$。

分片常数重构稳定性好，计算量小，但精度较低，为一阶精度。

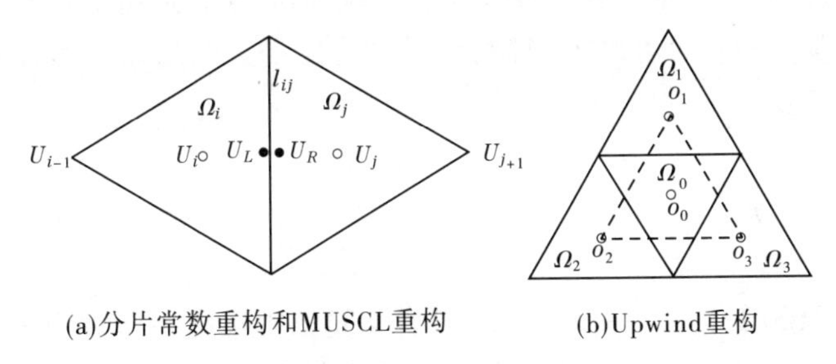

(a)分片常数重构和MUSCL重构　　(b)Upwind重构

图 2.6　变量重构示意图

2.3.4.2　MUSCL 重构

Van Leer 提出 MUSCL 重构，假定物理量在控制体内线性分布（见图 2.6（a））。重构涉及控制体节点处守恒物理量的值，可由控制体形心处物理量按面积或距离加权插值得到。设布置在控制体 Ω_i 和 Ω_j 上与边 l_{ij}相对应的节点上的守恒物理量分别为 U_{i-1}、U_{j+1}，则

$$U_L=\left[1+\varphi\frac{(1+\varphi\beta_{intp})\Delta^{+}+(1-\varphi\beta_{intp})\Delta^{-}}{4}\right]U_i$$

$$U_R=\left[1-\varphi\frac{(1+\varphi\beta_{intp})\Delta^{-}+(1-\varphi\beta_{intp})\Delta^{+}}{4}\right]U_j$$

式中，Δ^{+} 和 Δ^{-} 分别为前差算子和后差算子。当相邻网格尺寸变

化较大时,Δ^+ 可乘以修正因子$\frac{2a}{a+b}$,a 和 b 分别为三角形控制体 i 和 j 的形心到该边中点的距离[118]。该修正给与内插公式中的流动变量不同的权重。

式中,β_{intp} 为插值参数,给与 Δ^+ 和 Δ^- 不同的权重,构成不同的格式。对于结构网格,$\beta_{intp}=-1$ 为单侧逆风格式,$\beta_{intp}=0$ 为 Fromm 格式,$\beta_{intp}=1$ 为中心格式,$\beta_{intp}=1/3$ 为三阶精度格式(仅在一维情况下严格成立)。

式中,φ 为插值坡度限制因子,消除强间断临近可能出现的数值振荡。现有多种坡度限制公式,如常用的连续可微的坡度限制内插公式

$$\varphi = (2\Delta^-\Delta^+ + \varepsilon_{eps})/(\Delta^-\Delta^- + \Delta^+\Delta^+ + \varepsilon_{eps})$$

式中:ε_{eps} 为一很小的正数,防止在均匀流动区($\Delta^\pm=0$)式中分母为零。

MUSCL 格式计算量适中,具有空间二阶精度。但对网格质量要求较高,网格高度畸形时精度会大大降低。

2.3.4.3 Upwind **重构**

设布置在以 o_0 点为中心的控制体 Ω_0 的物理量为 U_0(见图 2.6(b)),$\forall(x,y)\in\Omega_0$,将 $U(x,y)$ 在 o_0 点按 Taylor 级数展开,舍去二阶以上的项,则有

$$U(x,y) = U_0 + \nabla U_0 \cdot \vec{r}$$

式中,$\vec{r}=(x-x_0,y-y_0)$ 是任一点 (x,y) 到 o_0 点的向量,$\nabla U_0 = \left(\frac{\partial U_0}{\partial x},\frac{\partial U_0}{\partial y}\right)$ 是 U 在 o_0 点的梯度,其近似值可用 Gauss 定理求出

$$\nabla U_0 = \frac{1}{A_\Omega}\oint_{\partial\Omega} U\cdot\vec{n}\mathrm{d}l = \left(\frac{1}{A_\Omega}\oint_{\partial\Omega} U\mathrm{d}y,\ -\frac{1}{A_\Omega}\oint_{\partial\Omega} U\mathrm{d}x\right)$$

式中,积分路径 $\partial\Omega$ 由 o_0 点周围物理量已知点的连线组成。最直接的积分路径就是以与控制体 Ω_0 相邻的三个控制体中心 o_1、o_2、

o_3 为顶点的三角形

$$\frac{\partial U_0}{\partial x} = \frac{1}{2A_\Omega}[U_1(y_2 - y_3) + U_2(y_3 - y_1) + U_3(y_1 - y_2)]$$

$$\frac{\partial U_0}{\partial y} = \frac{1}{2A_\Omega}[U_1(x_3 - x_2) + U_2(x_1 - x_3) + U_3(x_2 - x_1)]$$

式中，$A_\Omega = \frac{1}{2}(x_1y_2 - x_2y_1 + x_2y_3 - x_3y_2 + x_3y_1 - x_1y_3)$。

U_L 和 U_R 可以取边线上中点处的近似值，为保持重构的单调性和抑制振荡，在实际计算中加入限制器 φ，即

$$U(x,y) = U_0 + \varphi \nabla U_0 \cdot \vec{r}$$

Upwind 型格式具有空间二阶精度，计算结果比 MUSCL 格式好，但计算量较大。

2.3.4.4　ENO 和 WENO 重构

ENO 方法利用可调节模板思想，通过比较各阶牛顿差商绝对值的大小自适应地选择模板，尽量避免在所选模板中包含间断，以提高差值多项式的精度，从而实现高分辨率和无振荡的效果。缺点是为得到 k 阶精度格式，需要采用 $2k-1$ 个控制体，效率较低。WENO 方法弥补了 ENO 的缺点，使用 $2k-1$ 个控制体构造一个加权插值多项式，可以得到 $2k-1$ 阶精度。

ENO 和 WENO 格式都是高阶精度格式，计算结果很好，但代价大，在非结构网格上的计算较困难。

2.3.4.5　通量限制器

二阶和高阶精度格式容易在间断附近产生非物理意义振荡，为此通常在 U_L、U_R 重构过程中引入通量限制器 φ，对数值方法的耗散和色散效应进行自适应调节和控制，保持格式的单调性，即控制体内计算的值不能超过周围控制体上的最大值和最小值，从而达到高分辨率和无振荡的目的。

如常用的 Roe-Sweby 限制器，在求解控制体 Ω_i 的重构值时，

其具体形式为

$$\varphi = \min[\varphi_j(r_j)]$$

式中:j 为控制体 Ω_i 的相邻单元编号。

$$\varphi_j(r_j) = \max[0, \min(r_j, 1), \min(r_j, \delta)] \quad 1 \leqslant \delta \leqslant 2$$

$$r_j(U_j) = \begin{cases} (U_{\max} - U_i)/(U_{js} - U_i) & U_{js} - U_i > 0 \\ (U_{\min} - U_i)/(U_{js} - U_i) & U_{js} - U_i < 0 \\ 1 & U_{js} - U_i = 0 \end{cases}$$

$$U_{\max} = \max(U_i, U_j), \quad U_{\min} = \min(U_i, U_j)$$

式中:U_{js}为 Upwind 型重构过程中未加限制器时的控制体 Ω_i 的与控制体 Ω_j 的公共边上的值。

2.3.5　法向数值通量计算

法向数值通量计算是 FVM 的核心,计算格式的选择决定模型的精度和效率。

2.3.5.1　局部一维黎曼问题

为正确处理间断问题,Godunov 在 1959 年提出利用双曲型方程的重要特性,即波的传播方向构造数值算法,建立了基于 Riemann间断思想的迎风激波捕捉算法。基本思路是把一维计算域划分为若干区间,在每一区间内用解的均值来逼近解;在相邻区间的界面形成间断,求解 Riemann 问题,即得界面处的数值通量。

在控制体各边中点沿外法向建立单元水力模型,通过求解一维黎曼问题计算法向数值通量。根据方程的旋转不变性,在局部坐标系 $\xi \sim \eta$ 中方程形式仍为

$$\frac{\partial U}{\partial t} + \frac{\partial F(U)}{\partial \xi} + \frac{\partial G(U)}{\partial \eta} = S$$

式中:U 为局部坐标系 $\xi \sim \eta$ 下的变量,F 与 G 的形式与 $x \sim y$ 坐标系中相同。

根据变量在控制体内的分布确定界面中点两侧的状态变量

U_L 和 U_R。通常在 U_L 和 U_R 之间存在间断,法向数值通量近似取为如下 ξ 方向一维黎曼问题(见图 2.7)的解

$$\frac{\partial U}{\partial t}+\frac{\partial F(U)}{\partial \xi}=0 \tag{2.37}$$

初始条件为 $U=U_L(\xi<0)$,$U=U_R(\xi>0)$。

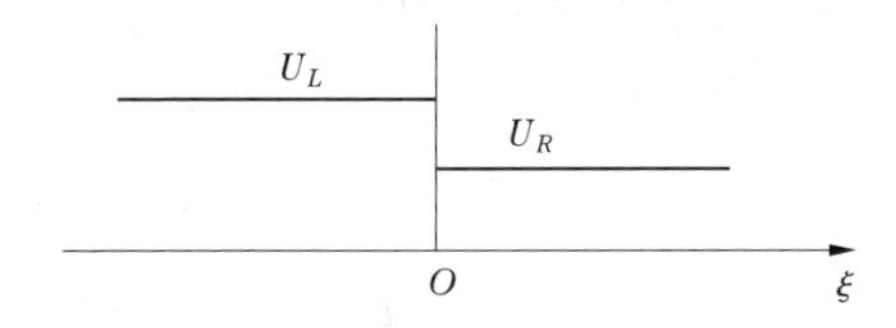

图 2.7　局部一维黎曼问题

在界面中点的小邻域内,假设所考虑问题的时间间隔 Δt 很小,其他单元的信息尚未传播到所考察的界面。非齐次项对通量的影响可以忽略。对于一阶 FVM,控制体内变量为常分布,故$\frac{\partial G}{\partial \eta}=0$。在二阶 FVM 中,通常仍忽略$\frac{\partial G}{\partial \eta}$。这样把二维问题局部处理为一维问题,会带来一维化误差。但与矩形网格上的破开算子法相比,由于控制体各边的方向各异,一维化误差不会积累。

2.3.5.2　Roe **格式数值通量求解**

格式的基本思想是利用界面左右物理量 U_L 和 U_R,构造一个常数矩阵,将非线性问题转化为线性问题。其推导过程可参考相关文献,此处仅给出浅水方程通量的 Roe 格式计算表达式。

已知左右状态向量 $U_L(H_L,u_L,v_L,\Phi_L)$ 和 $U_R(H_R,u_R,v_R,\Phi_R)$,式中第四维 Φ 标示标量,如盐度、泥沙等,那么界面通量为

$$F_{n,j}=\frac{1}{2}[F(U_L)+F(U_R)-|\overline{M}|(U_R-U_L)] \tag{2.38}$$

式中:

$$F(U_L) = \begin{pmatrix} H_L(u_L n_x + v_L n_y) \\ u_L H_L(u_L n_x + v_L n_y) + gH_L^2 n_x/2 \\ v_L H_L(u_L n_x + v_L n_y) + gH_L^2 n_y/2 \\ \Phi_L H_L(u_L n_x + v_L n_y) \end{pmatrix}$$

$$F(U_R) = \begin{pmatrix} H_R(u_R n_x + v_R n_y) \\ u_R H_R(u_R n_x + v_R n_y) + gH_R^2 n_x/2 \\ v_R H_R(u_R n_x + v_R n_y) + gH_R^2 n_y/2 \\ \Phi_R H_R(u_R n_x + v_R n_y) \end{pmatrix}$$

$$|\overline{M}|(U_R - U_L) = \sum_{m=1}^{4} \alpha_m |\lambda_m| e_m$$

$$\alpha_1 = \frac{\Delta H}{2} + \frac{1}{2\bar{c}}[\Delta(Hu)n_x + \Delta(Hv)n_y - (\bar{u}n_x + \bar{v}n_y)\Delta H]$$

$$\alpha_2 = \frac{1}{\bar{c}}\{[\Delta(Hv) - \bar{v}\Delta H]n_x - [\Delta(Hu) - \bar{u}\Delta H]n_y\}$$

$$\alpha_3 = \frac{\Delta H}{2} - \frac{1}{2\bar{c}}[\Delta(Hu)n_x + \Delta(Hv)n_y - (\bar{u}n_x + \bar{v}n_y)\Delta H]$$

$$\alpha_4 = \Delta(H\Phi) - \overline{\Phi}\Delta H$$

$$\lambda_1 = \bar{u}n_x + \bar{v}n_y + \bar{c}, \quad \lambda_2 = \bar{u}n_x + \bar{v}n_y$$

$$\lambda_3 = \bar{u}n_x + \bar{v}n_y - \bar{c}, \quad \lambda_4 = \bar{u}n_x + \bar{v}n_y$$

$$e_1 = \begin{pmatrix} 1 \\ \bar{u} + \bar{c}n_x \\ \bar{v} + \bar{c}n_y \\ \overline{\Phi} \end{pmatrix}, \quad e_2 = \begin{pmatrix} 0 \\ -\bar{c}n_y \\ \bar{c}n_x \\ 0 \end{pmatrix}, \quad e_3 = \begin{pmatrix} 1 \\ \bar{u} - \bar{c}n_x \\ \bar{v} - \bar{c}n_y \\ \overline{\Phi} \end{pmatrix}, \quad e_4 = \begin{pmatrix} 0 \\ 0 \\ 0 \\ 1 \end{pmatrix}$$

算符

$$\Delta(\cdot) = (\cdot)_R - (\cdot)_L$$

$$\bar{u} = \frac{u_R\sqrt{H_R} + u_L\sqrt{H_L}}{\sqrt{H_R} + \sqrt{H_L}}, \quad \bar{v} = \frac{v_R\sqrt{H_R} + v_L\sqrt{H_L}}{\sqrt{H_R} + \sqrt{H_L}}$$

$$\bar{c} = \sqrt{\frac{g(H_R + H_L)}{2}}, \quad \bar{\boldsymbol{\Phi}} = \frac{\boldsymbol{\Phi}_R \sqrt{H_R} + \boldsymbol{\Phi}_L \sqrt{H_L}}{\sqrt{H_R} + \sqrt{H_L}}$$

2.3.6　常规边界处理

谭维炎和胡四一[119]详细讨论了各种条件下 FVM 的边界处理,此处仅介绍一下缓流情况下边界处理方法。

2.3.6.1　固壁边界

固壁边界处理常用方法有两种:镜像反射虚拟单元法和动水压力公式法。

镜像反射虚拟单元法假定在固壁外侧存在一虚拟单元,其水深与固壁单元相等,法向流速与固壁单元大小相等、方向相反,切向流速与固壁单元相同,即

$$H_R = H_L, \quad u_R = -u_L, \quad v_R = v_L$$

动水压力公式法[119]认为,当局部 Fr 较大时,浅水方程组的静水压力假设在固壁处不再成立,应采用考虑法向动量平衡的动水压力公式

$$\frac{1}{2}gH_R^2 + H_R|u_R|u_R = \frac{1}{2}gH_L^2 + H_L|u_L|u_L, \quad u_R = 0, \quad v = 0$$

固壁边界处还要考虑边壁阻力影响。非结构网格边壁阻力处理方法还不多见,在本书第 3 章中进行讨论并提出处理方法。

2.3.6.2　开边界

根据缓流条件下的相容关系,利用给定的物理边界条件和边界内侧的已知流动状态 u_L,联立确定边界外侧的未知流动状态 u_R。然后采取与内部单元计算完全相同的方法求解法向数值通量。根据输出特征 Riemann 不变量相等,可推导出相容关系

$$u_R + 2\sqrt{gH_R} = u_L + 2\sqrt{gH_L}, \quad v_R = 0$$

式中:u_R 和 v_R 为坐标轴旋转后局部坐标系下的流速值。

常有的边界控制条件为给定水位过程和单宽流量过程。若给

定水位过程,可直接根据相容关系求出流速。若给定单宽流量 q,则相容关系表示为

$$q/H_R + 2\sqrt{gH_R} = u_L + 2\sqrt{gH_L},\quad v_R = 0$$

由上式迭代求出 H_R,然后再计算流速 $u_R = q/H_R$。

相容关系法实际上将水位(或单宽流量)给定在边界外很薄的虚拟单元形心处,计算出的边界单元形心处水位并不等于给定水位,同时隐含地引入了边界处平地、光滑的假设。边界处理时要注意。

2.3.7 底坡项处理

浅水方程不用于空气动力学中的欧拉方程组。欧拉方程组是齐次的,而浅水方程由于底坡源项的存在是非齐次的。这样,空气动力学中许多成熟的高性能计算格式不能直接用于求解非平底的浅水流动。浅水流动模拟必须考虑地形的起伏变化,否则产生的最明显的问题就是出现虚假流动。

问题的实质在于,为将方程组写成守恒形式,水位梯度项被分解为静水压力项和底坡项(见式(2.21)和式(2.22))。采用有限体积离散时,若处理不当,底坡项在控制体上的积分不能和静水压力项沿控制体界面的积分严格抵消。这些误差在以后的计算中也不能自动消除。因此,浅水流动模型中地形的处理是至关重要的。寻找能够保持静水压力项和底坡项"和谐"的格式成为非结构网格 FVM 研究的重点之一。

所谓"和谐",即对于与单元 i 相邻的所有单元 j,当前时刻 t 的变量若满足

$$\begin{cases} \zeta_i^t = \zeta_j^t = \zeta_t \\ U_i^t = U_j^t = 0 \end{cases}$$

则要求下一时刻 $t+1$ 计算的变量满足

$$\begin{cases} \zeta_i^{t+1} = \zeta_j^{t+1} = \zeta_t \\ U_i^{t+1} = U_j^{t+1} = 0 \end{cases}$$

底坡项的处理与采用的底坡模型有关。常用的底坡模型为平底模型和斜底模型(见图2.8)。平底模型用阶梯状平台逼近地形,底床高程在控制体内为常数,在界面处底床高程存在间断。斜底模型用倾斜平面逼近地形,底床高程在控制体内线性变化,在界面处连续。

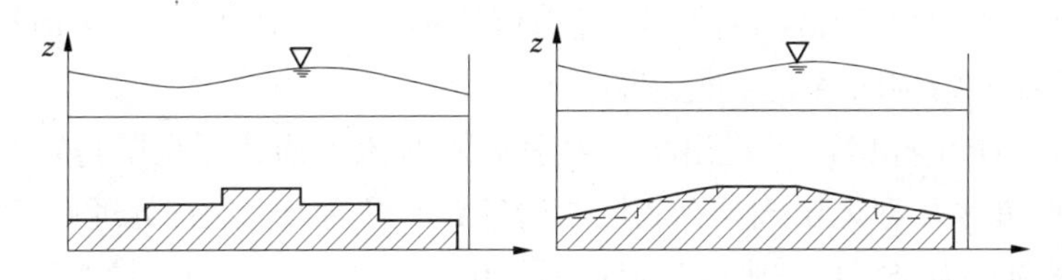

图2.8　FVM计算时采用的平底模型和斜底模型示意图

2.3.7.1　平底模型

谭维炎等[119]提出将界面向底高程较低单元一侧稍作移动,将界面上的跌水问题转化为平底渠道上的瞬时溃坝问题,消去底坡项。这种方法规定控制体内单宽流量 $q_x = Hu, q_y = Hv$ 为常数,便得到移动后界面的靠近底高程较高单元的化算水深和流速,底高程较低单元不必化算。然后采用某种算法求解跨越界面的法向通量。

这种处理方法使得界面两侧的底高程相同,即 $\Delta h = 0$,通过控制体界面的质量通量为零,自然在整个控制体上质量通量为零。由于采用平底地形,即源项为零,故平衡计算单元水位不变。然而,界面的动量通量与底高程较低单元的静水深有关,显然将静水压力项沿控制体边界进行积分后,一般情况下不为零(若进行计算的静水深在三个界面都相等,则相同的静水压力项沿控制体边界这一闭合路径进行积分必为零)。此外,溃坝模型处理方法还带来如破坏动量平衡等化算误差。这种方法计算的通量存在较大误差,而且随界面两侧高程差增大而增加。

LeVeque[120]提出准平衡态的波动传播算法,其基本思想是在每个时间步长开始时,在每个控制体中心引入新的间断。引入的间断保证变量在控制体内的平均值没有改变,且其求解产生的波动能够消除控制体中底坡项的效应。波动传播算法能够很好地计算接近平衡态的微小扰动问题。然而,对于远离平衡态的源项问题,例如含有激波的明渠临界流,可能不适合。另外,波动传播算法在非结构网格上较难实现。

Hubbard 等[121]提出将底坡项参照对流项的特征矩阵进行分解,并采用迎风格式计算底坡项通过界面的通量。这样处理后,底坡项作为修正项被吸收到界面通量中。修正后的界面质量通量为零,沿控制体边界积分后也仍然为零。修正后的动量通量只与求解单元的静水深有关,这样沿闭合边界进行积分后也为零。这种方法能够保持静水条件下的平衡,且求解简单,适合在非结构网格上求解。但在坡度很陡时由于静水压力项的非线性变化产生的离散误差较大。

Zhou 等[122]提出水面坡降法(SGM),其基本思想是在界面附近建立一个虚拟控制体,并假定其高程线性分布,从而得到界面处的高程。采用分段线性重构法计算界面处的水位值,然后得到界面处的水深。SGM 在地形变化剧烈地方取得很好效果,但计算量偏大,在非结构网格实现较困难。

Rogers 等[123]提出数值平衡方法,用水位和静水深代替总水深。改进后的静水压力梯度项和底坡源项均与水位有关,流动的产生由水位的变化驱动。当水位为零时,静水压力梯度项和底坡源项均为零,在控制体上的积分也为零。这种变换没有改变通量的 Jacobian 矩阵,仍能采用相应的格式求解。

潘存鸿[124]定义单元界面处的底高程为界面两侧形心高程的算术平均值,根据水位插值得到界面处的水深。动量方程右端的底坡项直接用方程左端的压力项代替。

2.3.7.2　斜底模型

采用斜底模型时,底高程在界面两侧是相同的,即 $\Delta h = 0$,界面质量通量为零。另外,质量源向量也为零,故控制体单元水深在静水条件下保持不变。

Komaei[125]在假定水位在单元内和单元界面上为常数分布的情况下推导出三角形单元沿边界静水压力项的表达式。艾丛芳等[126]也采用该表达式对经典的 HLL 格式进行修正,并证明了格式的和谐性。于守兵[127]拓宽了其适用范围,在假定单元内水深呈线性分布的情况下,边界静水压力项仍能以该式表达,并对其平衡性给出详细证明,具体内容见第3章陡坡的处理。

采用斜底模型时,在界面中点的小邻域内,不必移动界面和化算流速,可直接化做平底水力学黎曼问题。斜底模型可以相当满意地逼近水下地形,而平底模型就像在水平面上用锯齿形网格去近似计算区域周边那样,不能令人满意。因此,斜底模型模拟出的流场更合理、准确。

然而,在模拟淹没直立丁坝和淹没有迎水或背水边坡而坝头直立丁坝时,由于坝体界面处地形间断而且相差较大,对于这种奇异地形,上述地形处理方法还不能很好解决,在第3章中对此进行详细讨论并提出解决方法。

2.4　三维浅水紊流模型离散

2.4.1　离散所用网格

计算区域在平面上采用三角形单元剖分,垂向上采用 σ 变换矩形网格(见图 2.9),底部网格适当加密,共分为 L 层。离散后的控制体单元为三棱柱体,有三个垂向界面和两个水平界面(见图 2.10)。

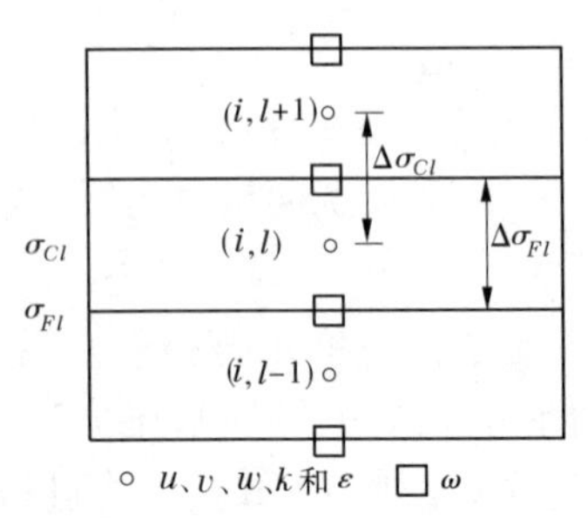

图 2.9 三维浅水模型垂向离散网格与变量定义

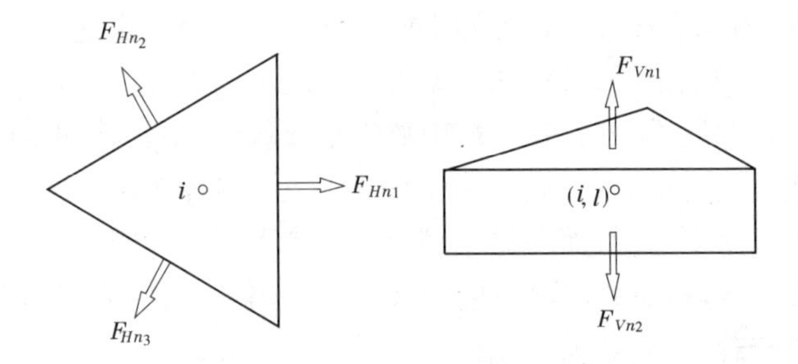

图 2.10 三维浅水模型控制体水平界面和垂向界面示意图

定义各符号如下(见图 2.9):i 表示控制体单元的水平编号;l 表示控制体单元垂向编号;F 表示控制体界面;C 表示控制体中心;σ_F 表示控制体界面的 σ 坐标;σ_C 表示控制体中心的 σ 坐标;$\Delta\sigma_F$ 表示当前控制体高度;$\Delta\sigma_C$ 表示当前控制体中心到上层相邻控制体中心的距离。

定义流速(u、v、w 和 ω)和紊动特征量(紊动动能 k 和紊动耗散率 ε)的水平位置在三角形的形心处。定义流速(u、v 和 w)和紊动特征量的垂向位置在控制体的垂向中心。定义 σ 坐标系下垂

向流速 ω 的垂向位置在控制体的界面上。水平流速和紊动特征量与 σ 坐标系下的垂向流速呈交错分布。这样布置使垂向对流项的计算变得很简单。

2.4.2　控制方程离散

对连续方程(2.17)进行垂向积分,消去垂向流速结构,得到水深积分方程

$$\frac{\partial H}{\partial t^*}+\frac{\partial}{\partial\alpha}\int_{-1}^{0}Hu\mathrm{d}\sigma+\frac{\partial}{\partial\beta}\int_{-1}^{0}Hv\mathrm{d}\sigma=0 \tag{2.39}$$

采用时间向前差分格式离散,得到

$$\frac{H_i^1-H_i}{\Delta t^*}+\sum_{l=1}^{L}\left[\frac{\partial(Hu)}{\partial\alpha}+\frac{\partial(Hv)}{\partial\beta}\right]_l\Delta\sigma_l=0 \tag{2.40}$$

式中:上标“1”表示新时刻的值,其他均表示当前时刻值,下同。

在控制体上对动量方程(2.23)和方程(2.24)进行积分,得

$$\frac{(Hu)_{i,l}^1-(Hu)_{i,l}}{\Delta t^*}+\frac{\sum_{j=1}^{3}F_{Hnj}(u)A_{\Omega Hj}}{V_{i,l}}+\frac{\sum_{j=1}^{2}F_{Vnj}(u)A_{\Omega Vj}}{V_{i,l}}$$
$$=-gH_i\left(\frac{\partial h}{\partial\alpha}\right)_i+F_{diffH}(u)_{i,l}+\left[\frac{\partial}{\partial\sigma}\left(\frac{\nu_t}{H}\frac{\partial u}{\partial\sigma}\right)\right]_{i,l} \tag{2.41}$$

$$\frac{(Hv)_{i,l}^1-(Hv)_{i,l}}{\Delta t^*}+\frac{\sum_{j=1}^{3}F_{Hnj}(v)A_{\Omega Hj}}{V_{i,l}}+\frac{\sum_{j=1}^{2}F_{Vnj}(v)A_{\Omega Vj}}{V_{i,l}}$$
$$=-gH_i\left(\frac{\partial h}{\partial\beta}\right)_i+F_{diffH}(v)_{i,l}+\left[\frac{\partial}{\partial\sigma}\left(\frac{\nu_t}{H}\frac{\partial v}{\partial\sigma}\right)\right]_{i,l} \tag{2.42}$$

式中:$V_{i,l}$为控制体体积;$A_{\Omega,j}$,为控制体第 j 界面面积;F_{Hnj}为水平法向数值通量;F_{Vnj}为垂向法向数值通量(见图2.10)。

方程(2.41)和方程(2.42)中自左至右各项的物理意义分别为时变项、水平对流项、垂向对流项、底坡项、水平扩散项和垂向扩散项。

在控制体上对标准 k-ε 模型方程(2.25)和方程(2.26)进行积分离散,得

$$\frac{(Hk)_{i,l}^{1}-(Hk)_{i,l}}{\Delta t^{*}}+\frac{\sum_{j=1}^{3}F_{Hnj}(k)A_{\Omega Hj}}{V_{i,l}}+\frac{\sum_{j=1}^{2}F_{Vnj}(k)A_{\Omega Vj}}{V_{i,l}}$$
$$=F_{diffH}(k)_{i,l}+\left[\frac{\partial}{\partial\sigma}\left(\frac{\nu_t}{H\sigma_k}\frac{\partial k}{\partial\sigma}\right)\right]_{i,l}+(HP_k-H\varepsilon)_{i,l} \tag{2.43}$$

$$\frac{(H\varepsilon)_{i,l}^{1}-(H\varepsilon)_{i,l}}{\Delta t^{*}}+\frac{\sum_{j=1}^{3}F_{Hnj}(\varepsilon)A_{\Omega Hj}}{V_{i,l}}+\frac{\sum_{j=1}^{2}F_{Vnj}(\varepsilon)A_{\Omega Vj}}{V_{i,l}}$$
$$=F_{diffH}(\varepsilon)_{i,l}+\left[\frac{\partial}{\partial\sigma}\left(\frac{\nu_t}{H\sigma_\varepsilon}\frac{\partial\varepsilon}{\partial\sigma}\right)\right]_{i,l}+\left[H\left(C_{1\varepsilon}\frac{\varepsilon}{k}P_k-C_{2\varepsilon}\frac{\varepsilon^2}{k}\right)\right]_{i,l} \tag{2.44}$$

方程(2.43)和方程(2.44)中自左至右各项的物理意义分别为时变项、水平对流项、垂向对流项、水平扩散项、垂向扩散项和源项。

2.4.3 对流项计算

u、v、k 和 ε 的水平对流项与平面二维的相同,采用 Roe 格式式(2.38)求解。

由于垂向流速定义在控制体上下界面上,上界面的外法向与 σ 坐标轴一致,下界面方向与 σ 坐标轴相反,故变量 Φ(u、v、k 和 ε 等)的垂向对流项等于其与垂向流速的乘积,净通量等于上界面通量减去通过下界面通量

$$\frac{\sum_{j=1}^{2} F_{Vnj} A_{\Omega Vj}}{V_{i,l}} = \frac{\sum_{j=1}^{2} F_{Vnj} A_{\Omega i}}{A_{\Omega i} \Delta \sigma_{Cl}} = \frac{A_{\Omega i} \sum_{j=1}^{2} F_{Vnj}}{A_{\Omega i} \Delta \sigma_{Cl}}$$

$$= \frac{\sum_{j=1}^{2} F_{Vnj}}{\Delta \sigma_{Cl}} = \frac{(\Phi\omega)_{i,l} - (\Phi\omega)_{i,l}}{\Delta \sigma_{Cl}} \qquad (2.45)$$

2.4.4　扩散项计算

2.4.4.1　水平扩散项计算

采用守恒扩散模型,其中水平部分式(2.34)采用 Gauss 公式,经有限体积离散,扩散项二阶偏微分降阶为一阶偏微分,将面积分转化为沿边界的线积分,即

$$F_{diffHH}(\Phi) = \frac{1}{A_\Omega} \oint_{\partial\Omega} \left[D_\Phi \varphi_\sigma \left(\frac{\partial \Phi}{\partial \alpha} - \frac{\varphi_\alpha}{\varphi_\sigma} \frac{\partial \Phi}{\partial \sigma} \right) \cdot n_x + D_\Phi \varphi_\sigma \left(\frac{\partial \Phi}{\partial \beta} - \frac{\varphi_\beta}{\varphi_\sigma} \frac{\partial \Phi}{\partial \sigma} \right) \cdot n_y \right] \mathrm{d}l$$

$$= \frac{1}{A_\Omega} \sum_{j=1}^{3} F_{diffHHnj}(\Phi) l_j \qquad (2.46)$$

式中:$F_{diffHHnj}$为控制体界面的扩散通量,采用中心差分格式计算。

为计算 Φ 在控制体内的梯度,先根据节点周围单元变量值加权求出该节点上的变量值,然后根据节点变量值计算该变量在控制体内的梯度

$$\frac{\partial \Phi}{\partial \alpha} = \frac{(\beta_2 - \beta_3)\Phi_1 + (\beta_3 - \beta_1)\Phi_2 + (\beta_1 - \beta_2)\Phi_3}{2A_\Omega}$$

$$\frac{\partial \Phi}{\partial \beta} = \frac{(\alpha_3 - \alpha_2)\Phi_1 + (\alpha_1 - \alpha_3)\Phi_2 + (\alpha_2 - \alpha_1)\Phi_3}{2A_\Omega}$$

式中,α_j、β_j($j=1,2,3$)分别为控制体三个节点的坐标。

2.4.4.2 垂向扩散项计算

先根据控制体形心处的扩散系数 D_{Φ} 插值求出控制体上下界面处的扩散系数 $D_{\Phi F}$，然后采用中心差分格式计算垂向扩散项

$$\frac{\partial}{\partial\sigma}\left(D_{\Phi}\frac{\partial\Phi}{\partial\sigma}\right)_{l}=\frac{D_{\Phi F(l+1)}\dfrac{\Phi_{l+1}-\Phi_{l}}{\Delta\sigma_{Cl}}-D_{\Phi Fl}\dfrac{\Phi_{l}-\Phi_{l-1}}{\Delta\sigma_{C(l-1)}}}{\Delta\sigma_{Fl}} \tag{2.47}$$

守恒扩散模型式(2.35)中的垂向部分采用同样方式计算。

2.4.5 垂向流速计算

对连续性方程(2.17)进行离散得

$$\omega_{F,i(l+1)}=\omega_{F,il}-\frac{\Delta\sigma_{l}}{H_{i}^{n}}\left\{\frac{H_{i}^{n+1}-H_{i}^{n}}{\Delta t^{*}}+\left[\frac{\partial(Hu)}{\partial\alpha}+\frac{\partial(Hv)}{\partial\beta}\right]_{il}\right\} \tag{2.48}$$

根据自由表面处运动边界条件式(2.28)或底床处运动边界条件式(2.30)可依次得到相邻界面的垂向流速 ω_{F}，进行线性插值可得到控制体中心处的垂向流速 ω_{C}。

根据式(2.16)可得到相应直角坐标系下的垂向流速 w 表达式

$$w=\omega+u\left(\sigma\frac{\partial H}{\partial\alpha}+\frac{\partial\zeta}{\partial\alpha}\right)+v\left(\sigma\frac{\partial H}{\partial\beta}+\frac{\partial\zeta}{\partial\beta}\right)+\left(\sigma\frac{\partial H}{\partial t^{*}}+\frac{\partial\zeta}{\partial t^{*}}\right) \tag{2.49}$$

2.4.6 整体计算流程

根据上述离散方法，得到如图 2.11 所示的整体计算流程。

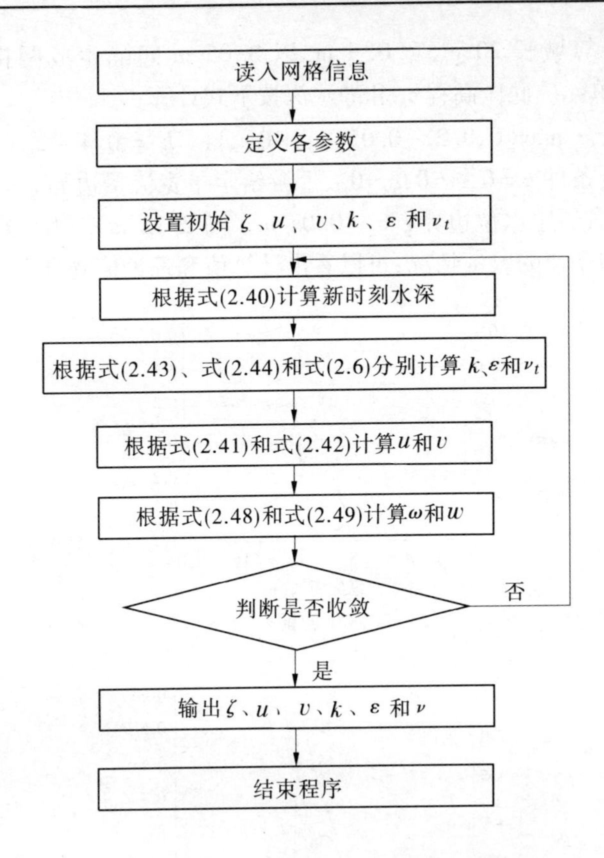

图 2.11　三维浅水紊流模型计算流程

2.5　算例验证

2.5.1　二维过丘恒定流算例

二维过丘恒定流根据不同的初边值条件，流场内可能同时存在亚临界流、激波和超临界流。因其流态复杂和模拟困难，经常用于验证 FVM 模型对间断的捕捉能力。

取计算域长 20 m，宽 0.5 m，以 0.05 m 间隔生成网格，共 9 526个单元。底床高程 z_b 和静水深按下式计算：

$$z_b = \max[0, 0.2 - 0.05(x - 10)^2], \quad h = 0.4 - z_b$$

初始条件 $u = 0, v = 0, \zeta = 0$。上游给定单宽流量边界 $q = 0.18$ m^2/s，下游给定水位边界 $\zeta = -0.07$ m。图 2.12(a)、(b)分别给出水位和流速的验证情况，可以看出计算值和理论值吻合得很好。

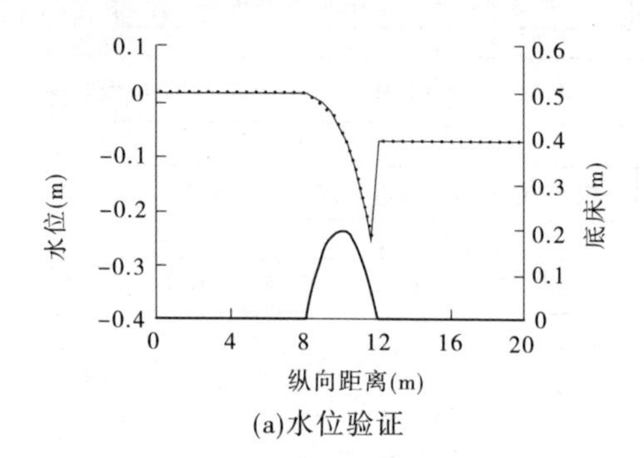

(a)水位验证

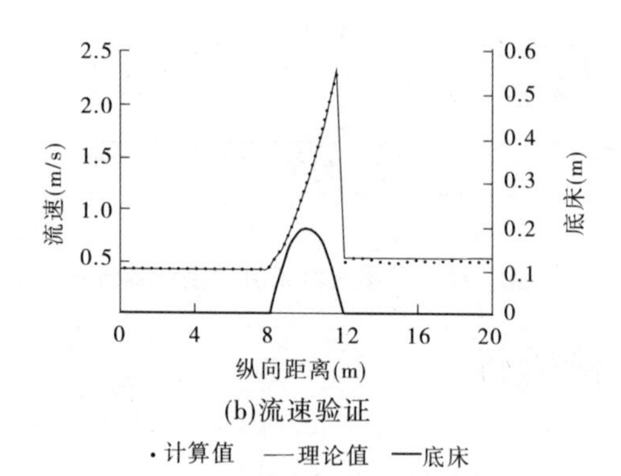

(b)流速验证

图 2.12　过丘恒定流算例水位和流速验证情况

在这种边界条件控制下，流动过程中产生激波，经历了缓流向急流，再由急流向缓流转变的过程。本书的 FVM 模型能够很好地捕捉这一间断的产生过程。

2.5.2　下游有水时的溃坝算例

下游有水时的溃坝问题又称 Stoker 问题。假设在一个底坡为零、不考虑底摩阻的矩形水槽中放置一个不考虑厚度的挡板，挡板两侧是水位不同的静水（见图 2.13）。在瞬间抽取挡板，则挡板两侧将产生波状流动。向下游传播的波称为激波，是间断水流；向上游传播的波称为稀疏波，是连续水流。Stoker 在 1957 年给出该问题的近似求解公式。

构造长 1 000 m、宽 500 m 的矩形平底水槽，中央放置挡板，两侧静水位分别为 $\zeta_1 = 10$ m，$\zeta_2 = 10$ m。图 2.14 给出挡板抽出后水位随时间的变化过程，显示溃坝波的传播特性。图 2.15 给出 $t =$ 20 s 的水位和流速的验证情况，可以看出计算值与理论值吻合得很好。间断波前陡峭，附近没有出现非物理意义的伪振荡。

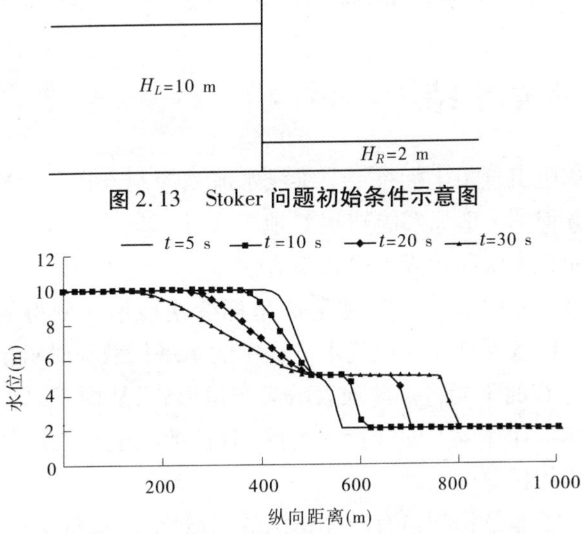

图 2.13　Stoker 问题初始条件示意图

图 2.14　下游有水溃坝算例不同时刻沿程水位

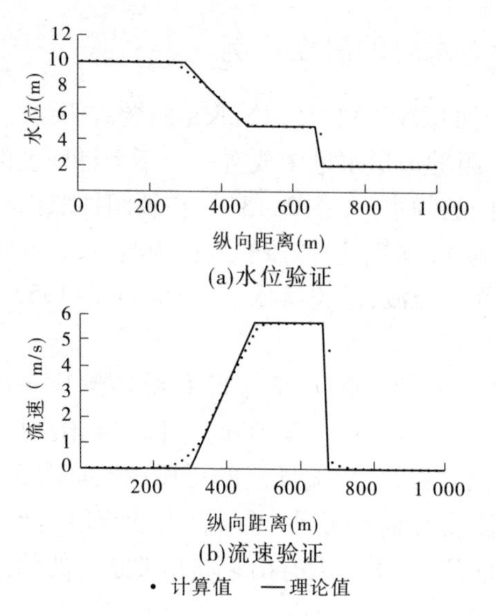

图 2.15 下游有水溃坝算例 $t=20$ s 时水位和流速验证情况

2.6 本章小结

本章给出直角坐标系下三维浅水流动控制方程和标准 k-ε 紊流模型方程。σ 坐标系能够很好地拟合地形起伏和水面波动，并给底部和自由水面边界处理带来方便。

浅水方程中水平扩散项经 σ 坐标变换后形式变得复杂。常用的几种扩散模型在处理浅水方程中的水平扩散项时由于变换因子 H 的存在而不能将扩散项表示成守恒形式，从而难以保证扩散通量在整个计算域上的守恒。为此，对扩散项进行处理并推导出守恒形式的扩散模型。

阐述了非结构网格有限体积法的离散原理、变量重构、法向数值通量计算和边界处理等问题。建立了基于平面非结构三角形网格和垂向σ坐标系下的三维浅水紊流模型。由于底坡项在浅水流动中的重要地位,讨论了平底模型和斜底模型下底坡项处理的常用方法。然而,对于淹没有边坡丁坝和淹没直立丁坝这类特殊地形,目前的地形处理方法还不能很好地解决。二维过丘恒定流算例和下游有水时的溃坝算例的验证结果表明本FVM模型具有很好的计算精度。

第3章 三维丁坝水流模拟

3.1 丁坝水流模拟研究

3.1.1 非淹没丁坝水流模拟

3.1.1.1 平面回流区模拟

在工程领域,比较关心的是下游平面回流区的模拟。Delft 水力学实验室、Franzius 研究所、Hannover 大学土木工程系流体力学和计算应用研究所联合进行了大量的试验研究和数值模拟工作[128]。其中,单丁坝的绕流试验(简称 Holtz 丁坝试验)研究了流场、水位分布和丁坝回流长度变化,成为众多丁坝绕流数值模拟采用的验证资料。从而这些相应的数值模拟结果相互之间也具有可比性。

Mayerle 等[86]分析了 6 个紊流模型对流速、水深和回流长度的影响(见表 3.1)。6 个紊流模型分为各向同性模型和各向异性模型两类。模拟的 l/L 变化范围为 8.4 ~ 15.2,与实测资料最接近的是采用紊流模型 3,即由 Prandtl 的混合长和紊动动能局部平衡导出的紊流模型,模拟回流长与实测相差约 6%。

Ouillon 等[82]采用标准 k-ε 模型,分别结合 3D 动压刚盖模型和 3D 自由水面追踪模型模拟 Holtz 丁坝试验,得到的相对回流长度分别为 8.0 和 10.7。也即对同一紊流模型,考虑水位的自由变换后,模拟精度大幅度提高。假冬冬等[83]采用三维标准 k-ε 模型,自由水面由沿水深平均的平面二维模型提供,模拟的相对回流长为12,与实测相差+4%。

表3.1　Mayerle等[86]采用6种紊流模型计算的丁坝相对回流长度

<table>
<tr><th colspan="2">紊流模型</th><th colspan="2">ν_t 确定方法</th><th>l/L</th></tr>
<tr><td rowspan="3">各向同性</td><td>1</td><td colspan="2">$\nu_t = 3.0 \times 10^{-4}\ \mathrm{m^2/s}$</td><td>15.2</td></tr>
<tr><td>2</td><td colspan="2">$\nu_t = \kappa z_1 \left(1 - \frac{z_1}{h}\right) u_*$</td><td>13.6</td></tr>
<tr><td>3</td><td colspan="2">$\nu_t = l^2 \left[\left(\frac{\partial u_i}{\partial x_j} + \frac{\partial u_j}{\partial x_i} \right) \frac{\partial u_i}{\partial x_j} \right]^{\frac{1}{2}}, l = \kappa z_1 \left(1 - \frac{z_1}{h}\right)^{\frac{1}{2}}$</td><td>10.8</td></tr>
<tr><td rowspan="3">各向异性</td><td>4</td><td>$\nu_x = \nu_y = 3.0 \times 10^{-4}\ \mathrm{m^2/s}$</td><td rowspan="3">$\nu_z = l^2 \left[\left(\frac{\partial u_i}{\partial x_j} + \frac{\partial u_j}{\partial x_i} \right) \frac{\partial u_i}{\partial x_j} \right]^{\frac{1}{2}}$
$l = \kappa z_1 \left(1 - \frac{z_1}{h}\right)^{\frac{1}{2}}$</td><td>14.8</td></tr>
<tr><td>5</td><td>$\nu_x = \nu_y = \kappa z_1 \left(1 - \frac{z_1}{h}\right) u_*$</td><td>15.2</td></tr>
<tr><td>6</td><td>$\nu_x = \nu_y = \alpha h u_*, \alpha = \kappa/6$</td><td>8.4</td></tr>
</table>

一般认为,丁坝绕流相对回流长度受到紊动黏性系数分布的影响。标准 k-ε 模型在模拟障碍物绕流问题时,预测的回流长普遍偏低。许多学者致力于标准 k-ε 模型的改进,以期更精确地模拟分离流中的紊动场。而 Ouillon 和假冬冬的模拟结果则表明水位的准确模拟对相对回流长有很大影响。另外,根据上述对 Holtz 丁坝试验的模拟结果来看,就工程上所关心的丁坝回流长度而言,采用线性紊流模型可以达到满意的计算精度。

另外,丁坝绕流局部流态还有两个重要的回流区——丁坝上游回流区和下游角涡,在数值模拟中很少提到。假冬冬和邵学军等[83]曾模拟出上游的小回流区,而下游回流区的模拟则鲜有提及。由于这两个回流区尺度较小,其准确模拟与合理地处理边壁影响有很大关系。

3.1.1.2　丁坝附近垂向二次流模拟

与垂向平均流速向量相比,丁坝二次流能够显著改变近底床水流和泥沙输运方向,其准确模拟对于预测非均匀流的泥沙输运和河床的动力地貌演化是很重要的。Muneta 等[28]进行丁坝水槽试验,采用两分量同步激光多普勒流速仪定点测量丁坝附近的流速分布,并成为许多数值模型的验证资料。

丁坝附近二次流主要表现在以下几个方面:①丁坝上游迎流面,受丁坝的阻挡出现强烈的下沉流;②坝轴断面及其附近断面向对岸侧的横向流动;③丁坝下游处向丁坝侧的底流运动。Muneta 等[28]认为,这个二次流对泥沙在丁坝下游附近淤积起重要作用。

由于靠近底床的二次流方向与水深平均流速矢量存在显著差异,因此采用二维水深平均数值模型模拟丁坝附近水流时,必须附加考虑二次流对泥沙输运的影响。最常用的方法是,在横断面方向上动量局部平衡假定下计算横向流速结构,近底流速的大小与下游流线的曲率一致[129]。这种方法被成功地运用于计算弯曲河道的底床切应力和底床演化。然而,对于地形不规则或者断面突扩的河道,垂向流速结构复杂,上述简单的二次流结构假设难以与实际相符。

Muneta 等[77]采用准三维模型计算丁坝附近绕流,其计算结果与实测资料符合很好。不过,准三维模型本质上仍是多层二维模型,忽略了垂向惯性加速度。因此,在计算垂向运动强烈的流动时,真正的三维模型更为可靠。

为模拟卡门涡系和大尺度紊动旋涡,Nagata 等[84]采用含有经验函数的非线性 k-ε 模型模拟 Muneta 等[77]丁坝水槽试验。Nagata采用的非线性 k-ε 模型包含二次项,被证明等同于代数雷诺应力模型中的非线性显式紊动黏性模型,能够准确地模拟明渠中由法向紊动切应力的各向异性引起的二次流,并等同于二阶的 RNG 方程。模拟结果很好地显示了丁坝附近的二次流。

Akahori 等[85]采用贴体坐标系、移动网格和 LES 技术的非静压三维模型模拟 Muneta 等[77]丁坝水槽试验绕流情况。计算结果显示,在丁坝后面出现几个分离旋涡,当这些旋涡脱落并向下游移动时，底床附近出现向丁坝后方运动的水流。这种周期性的大尺度的紊动结构对计算泥沙的冲淤变化是很重要的。不过，Akahori等[85]的模拟结果仍存在两个问题：二次流区域表层水流具有较强的向丁坝对侧运动趋势；二次流强度和影响范围比实测资料大。假冬冬等[83]采用标准 k-ε 模型，也模拟出上述二次流现象。

LES 技术、非线性 k-ε 模型和标准 k-ε 模型均能模拟出丁坝附近的坝头分离流、坝后回流和回流区横断面的二次流。LES 技术能够模拟出丁坝附近的旋涡，而这种旋涡不能为 RANS 模型所模拟。因而，对于模拟像丁坝这样的水工建筑物附近的大尺度旋涡高强度三维紊流，综合考虑准确性、实用性和计算时间，如何选择合适的紊流模型仍有待于进一步的研究。

3.1.2　淹没丁坝水流模拟

本质上讲，淹没丁坝可以看做凸起的地形。但是，在数值模型中，淹没丁坝不等同于一般的地形变化，主要原因在于坝体附近高程突变。若不作相应处理，必然造成结果的偏差。

李浩麟等[72]将淹没丁坝视为堰流，在计算单丁坝或间距较大的丁坝群的流场中取得较好效果。然而，淹没丁坝水流与堰流毕竟存在很大不同。而且堰流系数受很多因素影响，难以适用于地形变化复杂、丁坝众多且相互影响的情况。夏云峰等[73]利用地形反映法处理直立淹没丁坝，丁坝界面两侧网格离散时分别采用两个不同的水深，流速按照单宽流量相等原则处理。李国斌等[74]提出模拟淹没丁坝群水流的平面二维流带模型，在运动方程中首次考虑了淹没丁坝的局部水头损失，以概括淹没丁坝对水流的影响。但是，这种方法无法计算丁坝回流及弯曲流线。为此，李国斌等[75]采用守恒型的平面二维方程，淹没丁坝的地形突变可以在方程中得到反映。

崔占峰等[79]采用标准 k-ε 模型结合壁面函数模拟了丁坝淹

没情况下的流场、紊动动能和紊动耗散率的分布。模型较好地模拟出丁坝头部的分离流、坝后回流以及回流区横断面上的二次流。

Zhu 等[130]根据紊流正应力应遵守应力非负的可靠性原则，推导出线性 Zhu-Shih 修正模型。Kawahara 等[131]在丁坝洪水淹没流动的三维模拟中，比较标准 k-ε 模型和几种修正模型——Speziale 和 Thangam 的 RNG 模型、Launder-Kato 的 LK 模型和线性 Zhu-Shih 模型的模拟效果。研究表明，Zhu-Shih 模型参数 C_μ 与紊流和时均流动的比值有关，因而能更好地反映分离区与回流区内的紊动特征，总体模拟效果最好，但与实测资料相比仍有偏差。理论上，线性模型不能反映分离区及回流区内雷诺应力的各向异性特征，Shih 等[132]提出非线性的二阶雷诺应力关系式。彭静等[78]将 Shih 的非线性紊流模型用于淹没丁坝绕流模拟，并与 Zhu-Shih 线性模型进行比较。结果表明线性与非线性模型均能很好地模拟坝后回流流态和回流长度，但非线性模型在模拟坝头分离区附近的流速剖面时精度更高。

总之，在模拟淹没丁坝修正附近流动时，采用的紊流模型有标准k-ε模型、RNG 模型、Zhu-Shih 模型、LK 模型、Shih-Zhu 非线性模型以及更为复杂的 LES 技术[93,133]。与非淹没情况类似，如何选取合适的紊流模型仍需深入研究。

3.2 三维模型中丁坝处理

3.2.1 三维动边界处理

动边界是水平计算域中有水区域与无水区域的界线。水力计算中经常遇到动边界问题，如干河床上的瞬时溃坝和洪水演进，感潮水域因潮位涨落引起的水陆边界变化，非直立侧壁河渠水位变化以及波浪爬高等。具有迎水坡、背水坡或端坡的丁坝在非淹没状态下,水位在丁坝体边坡上的波动也会引起运动边界的变化。

动边界处理的困难在于:沿动边界法向流动不同于明渠均匀流,常用的曼宁摩阻公式在形式上难以套用,当水深趋于零时,摩阻无限增大,糙率也有很大变化;水深很小,对离散格式要求很高,即数值解不发生振荡,以保证水深总是为正。

3.2.1.1 **一维和二维动边界处理**

目前,常用的动边界处理方法是冻结法、切削法、干湿法、窄缝法和线边界法等。前四种方法应用很广,并且一般都以单元形心处水深作为判断依据。

宋志尧等[134]针对采用 FDM 模拟潮流运动时遇到的露滩问题提出线边界法。线边界法利用相邻网格点的连线形成的线边界来处理出露现象。这样,一个网格单元的出露可能经过线状、三角形状和漏斗状等过程,与实际的露滩现象更为接近。朱德军等[135]为处理底床坡度较大时的动边界问题提出淹没节点法,在单元部分节点被淹没的情况下,对单元平均水深和界面平均水深进行修正,以修正后的平均水深作为单元是否出露的依据并参与计算。

Akanbi 等[136]采用网格变形技术模拟洪水演进,在计算中不断调整网格。网格的不断调整不但使计算时间增加,更重要的是,新网格上的信息是通过旧网格上的信息插值得到的,必然会损失部分计算精度。

毛献忠等[137]采用拉格朗日坐标系处理一维动边界问题。由于在拉格朗日坐标系下,计算网格随流体质点运动而变化,动边界几乎不需任何特殊处理。由于二维浅水方程在拉格朗日坐标系下是弱双曲型的,可能会引起计算网格的严重变形而导致计算失败。

3.2.1.2 **三维动边界处理**

三维水流模型中动边界处理的困难在于动边界附近水深很浅,摩阻流速难以用壁函数确定,而且表示控制体界面阻力的垂向扩散项容易发散。

何少苓等[138]采用透水介质法，引入透水介质空隙度将动边界问题转化为固定大小计算区域问题。孙英兰等[139]采用干湿法判断动边界，计算垂向扩散项时根据潮间带坡度和时间步长引入最小水深以防止发散。赖锡军等[117]根据单元水深判断其干湿情况，结合界面两侧单元的底高程判断交界面类型（如固壁、跌水和漫流等）选择瞬时溃坝解析解、堰流公式等计算法向数值通量。

三维动边界处理主要在于保证水流质量守恒和防止流速发散。本模型采用干湿单元法，并在水深很浅时对控制方程进行改进，以防止流速发散。

假设存在一最小水深 H_0（如取 0.001 m），根据 H 与 H_0 关系将单元分为湿单元和干单元：①当 $H > H_0$ 时，为湿单元；②当 $H \leqslant H_0$ 时，为干单元。控制体界面分为三类：①界面两侧均为湿单元时，为湿界面；②界面两侧均为干单元时，为干界面；③界面两侧分别为湿单元和干单元时，为半湿半干界面。计算界面通量时，湿界面按正常情况计算，干界面通量为零，半湿半干界面按固壁处理。

当水深小于 H_{shw}（如取 0.01 m）时，对于最底层通过壁函数确定底摩阻流速进而确定底床阻力和对于其他层以垂向动量扩散项确定控制体界面阻力已不合适，本模型采用计算糙率代替垂向扩散项以确定控制体界面阻力，同时忽略水平扩散项，将动量方程改变为

$$\frac{\partial(Hu)}{\partial t^*} + \frac{\partial(Hu^2 + gH^2/2)}{\partial \alpha} + \frac{\partial(Huv)}{\partial \beta} + \frac{\partial(Hu\omega)}{\partial \sigma}$$

$$= -gH\frac{\partial h}{\partial \alpha} + \frac{gn'^2\sqrt{u^2+v^2}}{H^{1/3}}u \quad \frac{\partial(Hv)}{\partial t^*} + \frac{\partial(Hvu)}{\partial \alpha} + \frac{\partial(Hv^2 + gH^2/2)}{\partial \beta} + \frac{\partial(Hv\omega)}{\partial \sigma}$$

$$= -gH\frac{\partial h}{\partial \beta} + \frac{gn'^2\sqrt{u^2+v^2}}{H^{1/3}}v$$

式中：n'为与水深相关的计算糙率，$n' = n\alpha H_{shw}/H$；n 为底床糙率；α

为系数，经过数值试验得到的取值范围为10～50。

值得注意的是，当水深 H 接近 H_0 时，通常要对 $\alpha H_{shw}/H$ 值加以限制，防止摩阻过大以致造成流速反向和失稳。

3.2.2　陡坡的处理

特别指出，此处陡坡是指在几何意义上坡度很大的地形起伏，如丁坝的边坡等，与水力学意义上的概念不同。

理论上讲，第2章所提到的平底模型在处理陡坡时仍能保持静水条件下的“和谐”。但是，平底模型的高程在界面附近是间断的，在计算界面通量时以界面中点的水深值代替沿界面的水深分布，这在陡坡处会产生很大的离散误差。这是因为，对于陡坡上的离散单元，水深沿着每个单元边的变化相对于网格尺度而言仍然是较大的，而静水压力项沿界面为水深的二次方分布。谭维炎等曾提出采用Gauss三点积分法进行积分，这样可以在一定程度上减小离散误差。

事实上，采用基于三角形网格的斜底模型（见图3.1），并假定水深在单元内呈线性分布，则可通过积分的方法得到静水压力项沿界面的准确值[127]。同时，这种模型完全符合真实的淹没丁坝的斜坡，不存在高程的离散误差。

3.2.2.1　水深积分平衡法

为计算静水压力项沿边界的积分，以单元的某条边 n_1n_2 为例，建立静水压力项沿边界变化的局部坐标系 xOP（见图3.2(a)）。坐标系起点为 n_1，终点为 n_2。为计算控制体内底床坡度和底坡项在控制体上的积分，建立局部坐标系 xOy（见图3.2(b)），控制体三个节点坐标分别为 $n_1(0,y_1)$、$n_2(x_2,0)$ 和 $n_3(x_3,0)$，节点高程分别为 z_{b1}、z_{b2} 和 z_{b3}，节点总水深分别为 H_1、H_2 和 H_3，节点静水深为 h_1、h_2 和 h_3，边 n_1n_2、n_2n_3 和 n_3n_1 的长度分别为 l_{12}、l_{23} 和 l_{31}。

在三角形网格上处理底床坡度很方便，由于三个节点确定一

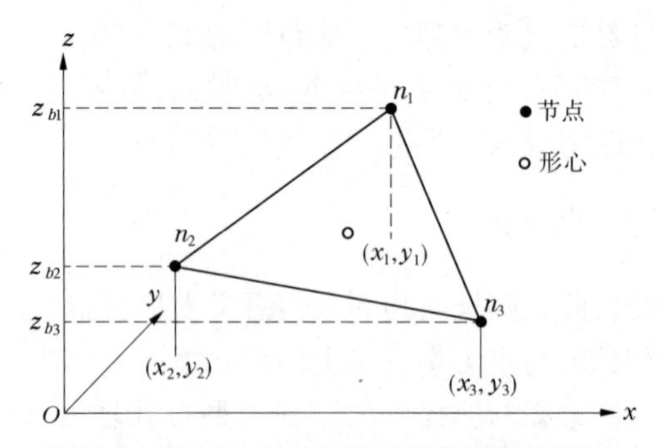

图 3.1　基于三角形网格的斜底模型示意图

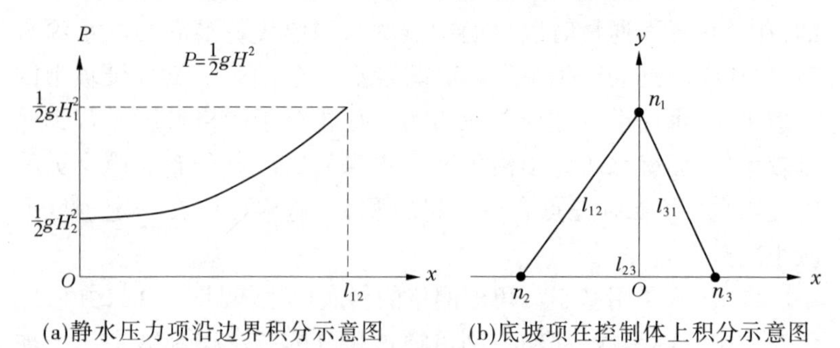

(a)静水压力项沿边界积分示意图　　(b)底坡项在控制体上积分示意图

图 3.2　底坡项处理的积分平衡法示意图

个平面(见图 3.1),当三个节点的高程已知时,可以很方便地得到如下形式的 xOy 坐标系下控制体内的高程分布表达式

$$z_b = ax + by + z_{b0}$$

式中:z_b 为控制体内底床高程;z_{b0} 为局部坐标系原点处底床高程;a 和 b 为重构系数。

在节点处,满足 $z_{b1} = by_1 + z_{b0}$,　$z_{b2} = ax_2 + z_{b0}$,$z_{b3} = ax_3 + z_{b0}$,这样,控制体内沿 x 方向和 y 方向的坡度可分别表示为

$$S_{bx} = -\frac{\partial z_b}{\partial x} = -a, S_{by} = -\frac{\partial z_b}{\partial y} = -b$$

另外,静水深和底床高程之和处处相等,设其和为 z_c,即

$$h_1 + z_{b1} = h_2 + z_{b2} = h_3 + z_{b3} = z_c$$

故浅水流动控制方程中的底坡项可表示为

$$gH\frac{\partial h}{\partial x} = -gH\frac{\partial z_b}{\partial x} = -gHS_{bx},\quad gH\frac{\partial h}{\partial y} = -gH\frac{\partial z_b}{\partial y} = -gHS_{by}$$

假定水深在控制体内线性分布，则在 xOP 坐标系下水深可以表示如下

$$H = a_1 x + H_0$$

在起点和终点处，则满足

$$H_1 = H_0,\quad H_2 = a_1 l_{12} + H_0$$

式中：a_1 为水深沿控制体界面线性重构系数；H_0 为局部坐标系原点处的水深。

参考有限元法三角形线性单元的解析积分公式，可得到静水压力项沿界面积分表达式为

$$\int_0^{l_{12}}\frac{1}{2}gH^2\mathrm{d}x = \frac{1}{2}g\int_0^{l_{12}}(a_1x + H_0)^2\mathrm{d}x = \frac{1}{6}gl_{12}(H_1^2 + H_1H_2 + H_2^2)$$

假定水深在控制体内线性分布，则可表示如下

$$H = a_2x + b_2y + H_0$$

式中：a_2 和 b_2 分别为水深在控制体内 x 方向和 y 方向上的线性重构系数；H_0 为局部坐标系原点处的水深。

在三个节点处水深满足

$$H_1 = b_2y_1 + H_0,\quad H_2 = a_2x_2 + H_0,\quad H_3 = a_2x_3 + H_0$$

参考有限元法三角形线性单元的解析积分公式，可得到底坡项在控制体上积分表达式为

$$\begin{aligned}\iint_\Omega gH\frac{\partial h}{\partial x}\mathrm{d}x\mathrm{d}y &= -\iint_\Omega g(a_2x + b_2y + H_0)S_{bx}\mathrm{d}x\mathrm{d}y\\ &= -\frac{1}{3}gA(H_1 + H_2 + H_3)S_{bx}\end{aligned}$$

$$\iint_\Omega gH\frac{\partial h}{\partial y}\mathrm{d}x\mathrm{d}y = -\iint_\Omega g(a_2x + b_2y + H_0)S_{by}\mathrm{d}x\mathrm{d}y$$

$$= -\frac{1}{3}gA(H_1 + H_2 + H_3)S_{by}$$

式中:A 为控制体面积,$A = (x_3 - x_2)y_1/2$。

下面证明积分平衡法满足静水条件下的“和谐”性。

在局部坐标系 xOy 下,界面 n_1n_2、n_2n_3 和 n_3n_1 的单位外法向向量分别为$\left(\frac{-y_1}{l_{12}}, \frac{-x_2}{l_{12}}\right)$、$(0, -1)$和$\left(\frac{y_1}{l_{31}}, \frac{x_3}{l_{31}}\right)$。

静水条件下,总水深等于静水深,即 $H_1 = h_1, H_2 = h_2, H_3 = h_3$。

在 x 方向,静水压力项沿边界积分与底坡项在控制体内积分之差为

$$-\frac{1}{6}gl_{12}(h_1^2 + h_1h_2 + h_2^2)\left(\frac{-y_1}{l_{12}}\right) - \frac{1}{6}gl_{31}(h_3^2 + h_3h_1 + h_1^2)\left(\frac{y_1}{l_{31}}\right) +$$

$$\frac{1}{3}gA(h_1 + h_2 + h_3)S_{bx}$$

$$= \frac{1}{6}gy_1(h_1^2 + h_1h_2 + h_2^2) - \frac{1}{6}gy_1(h_3^2 + h_3h_1 + h_1^2) -$$

$$\frac{1}{3}g\frac{(x_3 - x_2)y_1}{2}(h_1 + h_2 + h_3)a$$

$$= \frac{1}{6}gy_1(h_1 + h_2 + h_3)[(h_2 + ax_2) - (h_3 + ax_3)]$$

$$= \frac{1}{6}gy_1(h_1 + h_2 + h_3)[(h_2 + z_{b2} - z_{b0}) - (h_3 + z_{b3} - z_{b0})]$$

$$= 0$$

类似地,在 y 方向静水压力项沿边界积分与底坡项在控制体内积分之差也可证明为 0,在此不再赘述。

3.2.2.2　水位积分平衡法

积分平衡法还可以进一步改进为水位积分平衡法。积分平衡法中将静水压力项和底坡项表示为总水深的函数,而浅水流动一般为准平衡态流动,即静水压力项和底坡项的数值很接近。这样,

从数值计算角度来看,也就意味着用两个很大的数值进行相减得到一个很小的数值,误差是很大的。

一般在浅水流动中,虽然在陡坡附近总水深的变化可能很大,但是水位的变化却很小。若以水位为自变量表示静水压力项和底坡项,可以在很大程度上减小计算误差。因此,还可以对积分平衡法进行改进,称为水位积分平衡法。

Rogers[123]在处理底坡项时提出以水位和静水深代替总水深的思路,本书借鉴这一处理方法,将水位坡度项分解为静水压力项和底床坡度项时

$$gH\frac{\partial\zeta}{\partial x} = g(h+\zeta)\frac{\partial\zeta}{\partial x} = \frac{\partial}{\partial x}\left[\frac{1}{2}g(\zeta^2+2\zeta h)\right] - g\zeta\frac{\partial h}{\partial x}$$

那么相应的控制方程(2.18)和方程(2.19)表示为

$$\frac{\partial(Hu)}{\partial t^*} + \frac{\partial}{\partial\alpha}\left[Hu^2+\frac{1}{2}g(\zeta^2+2\zeta h)\right] + \frac{\partial(Huv)}{\partial\beta} + \frac{\partial(u\omega)}{\partial\sigma}$$

$$= g\zeta\frac{\partial h}{\partial x} + F_{diffH}(u) + \frac{\partial}{\partial\sigma}\left(\frac{\nu_t}{H}\frac{\partial u}{\partial\sigma}\right)$$

$$\frac{\partial(Hv)}{\partial t^*} + \frac{\partial(Hvu)}{\partial\alpha} + \frac{\partial}{\partial\beta}\left[Hv^2+\frac{1}{2}g(\zeta^2+2\zeta h)\right] + \frac{\partial(v\omega)}{\partial\sigma}$$

$$= g\zeta\frac{\partial h}{\partial\beta} + F_{diffH}(v) + \frac{\partial}{\partial\sigma}\left(\frac{\nu_t}{H}\frac{\partial v}{\partial\sigma}\right)$$

采用与前面相同的方法对静水压力项和底坡项进行积分,得到

$$\int_0^{l_{12}}\left[\frac{1}{2}g(\zeta^2+2\zeta h)\right]\mathrm{d}x$$

$$= \frac{1}{6}gl_{12}(\zeta_1^2+\zeta_2^2+\zeta_1\zeta_2+\zeta_1 h_2+\zeta_2 h_1+2\zeta_1 h_1+2\zeta_2 h_2)$$

$$\iint_\Omega g\zeta\frac{\partial h}{\partial x}\mathrm{d}x\mathrm{d}y = -\frac{1}{3}gA(\zeta_1+\zeta_2+\zeta_3)S_{bx}$$

$$\iint_\Omega g\zeta\frac{\partial h}{\partial y}\mathrm{d}x\mathrm{d}y = -\frac{1}{3}gA(\zeta_1+\zeta_2+\zeta_3)S_{by}$$

水位积分平衡法在静水条件下的“和谐”性可参考前面的论述进行证明。改进的计算表达式除能够减小计算误差外，还具有明确的物理意义，即水位的变化驱动流动的产生。

3.2.3 高程间断的处理——双 σ 坐标系

淹没丁坝在数学模型中通常被当做高程来处理。这样，当丁坝的迎水边坡、背水边坡或端坡有一个为 0 时，在丁坝界面处就会出现高程间断情况。这种间断不能简单等同于高程离散时采用平底模型形成的间断。因为淹没丁坝的间断是一种实际存在，而平底模型的间断只是一种离散技术。反映在计算中，与网格尺度相比，淹没丁坝的高程间断是一个很大值，而平底模型的间断则是一个很小值。

三维浅水模型中，垂向采用 σ 坐标变换后，求解淹没直立丁坝界面通量时若不进行特殊处理，而简单地将淹没丁坝作为高程凸起，那么计算的过程就缺乏物理意义。图 3.3 为单 σ 坐标系下淹没直立丁坝界面通量计算示意图，假定垂向分为 5 层，计算界面通量时左侧单元层 L1 ~ L3 分别对应右侧单元层 R1 ~ R3，而实际流动中 L1 ~ L3 对应的是固壁。

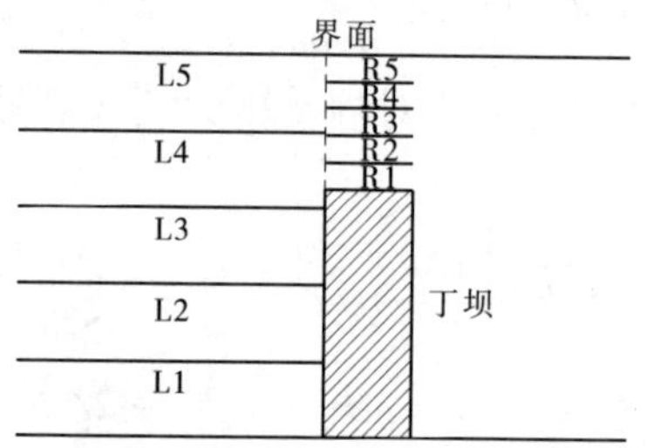

图 3.3　单 σ 坐标系下淹没直立丁坝界面通量计算示意图

3.2.3.1 双 σ 坐标变换

对于淹没直立丁坝这种规则状的台阶地形，也即间断两侧的地形是分别不变的，可以通过双σ坐标系进行处理。双σ坐标变换用一个水平面（分层面）将计算水体分为上下两个区域，并在每个区域中应用单σ坐标变换。见图3.4。

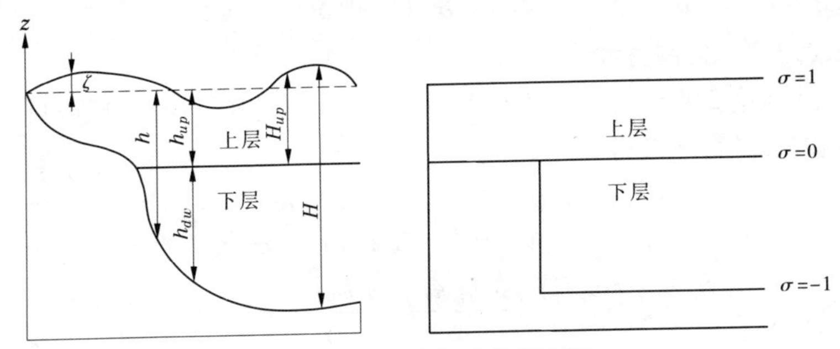

图3.4　双σ坐标变换示意图

引入双σ坐标

$$\sigma_{up} = (z + h_{up})/(\zeta + h_{up}) = (z + h_{up})/H_{up}, \quad \sigma_{dw} = (z + h_{up})/h_{dw}$$

直角坐标系(x,y,z,t)中，z在静止水面为零，向上为正，向下为负；ζ为自静止水面起算的水位；h_{up}为静止水面到上下两个σ交界面的距离；h_{dw}为底床到上下两个σ交界面的距离；h为静止水面到水底的距离，$h = h_{up} + h_{dw}$；H为总水深。当$z=\zeta$时，$\sigma_{up}=1$；当$z=-h_{up}$时，$\sigma_{up}=0$，$\sigma_{dw}=0$；当$z=-h$时，$\sigma_{dw}=-1$。

由此可见，双σ坐标变换的最大优点在于：只有上层σ分层随自由水面波动而变换，下层σ分层是固定不变的。

对上层σ分层，引入算子

$$\varphi_\alpha = \frac{\partial\varphi}{\partial\alpha} = \sigma\frac{\partial H_{up}}{\partial\alpha} - \frac{\partial h_{up}}{\partial\alpha} = \sigma\frac{\partial H_{up}}{\partial\alpha}, \quad \varphi_\beta = \frac{\partial\varphi}{\partial\beta} = \sigma\frac{\partial H_{up}}{\partial\beta} - \frac{\partial h_{up}}{\partial\beta} = \sigma\frac{\partial H_{up}}{\partial\beta}$$

$$\varphi_\sigma = \frac{\partial\varphi}{\partial\sigma} = H_{up}, \quad \varphi_{t^*} = \frac{\partial\varphi}{\partial t^*} = \sigma\frac{\partial H_{up}}{\partial t^*} + \frac{\partial h_{up}}{\partial t^*} = \sigma\frac{\partial H_{up}}{\partial t^*}$$

对下层σ分层，引入算子

$$\varphi_\alpha = \frac{\partial\varphi}{\partial\alpha} = \sigma\frac{\partial h_{dw}}{\partial\alpha} - \frac{\partial h_{up}}{\partial\alpha} = \sigma\frac{\partial h_{dw}}{\partial\alpha}$$

$$\varphi_\beta = \frac{\partial \varphi}{\partial \beta} = \sigma \frac{\partial h_{dw}}{\partial \beta} - \frac{\partial h_{up}}{\partial \beta} = \sigma \frac{\partial h_{dw}}{\partial \beta}$$

$$\varphi_\sigma = \frac{\partial \varphi}{\partial \sigma} = h_{dw}, \quad \varphi_{t^*} = \frac{\partial \varphi}{\partial t^*} = \sigma \frac{\partial h_{dw}}{\partial t^*} + \frac{\partial h_{up}}{\partial t^*} = \sigma \frac{\partial h_{dw}}{\partial t^*}$$

3.2.3.2　控制方程

与第2章中的单 σ 坐标变换类似,在上层和下层中分别对控制方程进行变换得到

$$\frac{\partial H_{up}}{\partial t} + \frac{\partial (H_{up} u)}{\partial \alpha} + \frac{\partial (H_{up} v)}{\partial \beta} + \frac{\partial \omega_{up}}{\partial \sigma} = 0$$

$$\frac{\partial (H_{up} u)}{\partial t} + \frac{\partial (H_{up} u^2 + g H_{up}^2/2)}{\partial \alpha} + \frac{\partial (H_{up} uv)}{\partial \beta} + \frac{\partial (u \omega_{up})}{\partial \sigma} = F_{diffH}(u) + \frac{\partial}{\partial \sigma}\left(\frac{\nu_t}{H_{up}} \frac{\partial u}{\partial \sigma}\right)$$

$$\frac{\partial (H_{up} v)}{\partial t} + \frac{\partial (H_{up} vu)}{\partial \alpha} + \frac{\partial (H_{up} v^2 + g H_{up}^2/2)}{\partial \beta} + \frac{\partial (v \omega_{up})}{\partial \sigma} = F_{diffH}(v) + \frac{\partial}{\partial \sigma}\left(\frac{\nu_t}{H_{up}} \frac{\partial v}{\partial \sigma}\right)$$

$$\frac{\partial (H_{dw} u)}{\partial \alpha} + \frac{\partial (H_{dw} v)}{\partial \beta} + \frac{\partial \omega_{dw}}{\partial \sigma} = 0$$

$$\frac{\partial (H_{dw} u)}{\partial t} + \frac{\partial (H_{dw} u^2 + g H_{dw}^2/2)}{\partial \alpha} + \frac{\partial (H_{dw} uv)}{\partial \beta} + \frac{\partial (u \omega_{dw})}{\partial \sigma}$$

$$= - g H_{dw} \frac{\partial \zeta}{\partial \alpha} + F_{diffH}(u) + \frac{\partial}{\partial \sigma}\left(\frac{\nu_t}{H_{dw}} \frac{\partial u}{\partial \sigma}\right)$$

$$\frac{\partial H_{dw} v}{\partial t} + \frac{\partial (H_{dw} vu)}{\partial \alpha} + \frac{\partial (H_{dw} u^2 + g H_{dw}^2/2)}{\partial \beta} + \frac{\partial (v \omega_{dw})}{\partial \sigma}$$

$$= - g H_{dw} \frac{\partial \zeta}{\partial \beta} + F_{diffH}(v) + \frac{\partial}{\partial \sigma}\left(\frac{\nu_t}{H_{dw}} \frac{\partial v}{\partial \sigma}\right)$$

双 σ 坐标变换后的另外一个优点是,对于上层,交界面就是其底床,从而底床坡度为零,也即没有底坡项;对于下层,总水深是始终不变的,能简化计算。

3.2.3.3　边界处理

根据上下域连续方程和运动学边界条件,得到自由面运动方

程为

$$\frac{\partial\zeta}{\partial t}+\frac{\partial}{\partial x}\int_{0}^{1}H_{up}u\mathrm{d}\sigma_{up}+\frac{\partial}{\partial y}\int_{0}^{1}H_{up}v\mathrm{d}\sigma_{up}+$$

$$\frac{\partial}{\partial x}\int_{-1}^{0}H_{dw}u\mathrm{d}\sigma_{dw}+\frac{\partial}{\partial y}\int_{-1}^{0}H_{dw}v\mathrm{d}\sigma_{dw}=0$$

在上下 σ 分层交界面处，假设有且仅有一个流速存在，交界面位置不随时间发生变化，则交界面处满足变量连续和通量守恒。

运动学边界　$(u,v,H_{up}\omega_{up})\big|_{\sigma_{up}=0}=(u,v,H_{dw}\omega_{dw})\big|_{\sigma_{dw}=0}$

动力学边界　$\frac{\rho\nu_t}{H}(\frac{\partial u}{\partial\sigma},\frac{\partial v}{\partial\sigma})\bigg|_{\sigma=0}=(\tau_{x\sigma=0},\tau_{y\sigma=0})$

其他边界条件与单 σ 坐标变换类似，在此不再赘述。

3.2.3.4　具体求解

采用双 σ 坐标系模拟淹没直立丁坝时，可以将上下层交界面设置在淹没丁坝坝顶处，也即图 3.5 中 L6 层与 L7 层的界面。

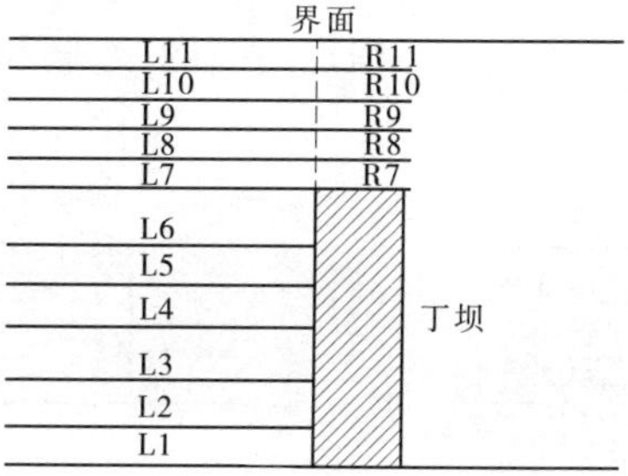

图 3.5　采用双 σ 坐标变换处理淹没直立丁坝时通量计算

由于下层 σ 分层的位置是不变的，即与坝体对应的 L1 ~ L6 分层线是不变的。这样，计算 L1 ~ L6 分层通量时，界面按照固壁处理；计算 L7 ~ L11 分层通量时，界面按普通的水流单元进行处理。值得注意的是，右侧 R7 ~ R11 分层的静水深应取与左侧相同的值，也即丁坝所占据的分层仍视为水体，只是这些分层不参与计算。右侧单元计算得到的总水深减去坝体高度即为坝顶以上的实际水深。

3.2.4 高程间断的处理——三维阶梯流水力模型

当间断两侧中至少有一侧的高程是不断变化时,例如对于淹没丁坝,有迎水边坡或背水边坡而坝头为直立时,便不能采用双 σ 坐标变换处理,必须寻找一种近似处理方法。本书从块结构化网格的思想出发,提出三维阶梯流水力模型近似计算高程间断界面处的通量。这种模型考虑到进行计算的左、右分层必须存在物理意义上的对应性,σ 分层线在界面处也是间断的。

3.2.4.1 模型基本思想

对于间断界面两侧控制体的每个 σ 分层,界面通量分为右行通量(见图 3.6(a))和左行通量(见图 3.6(b)),分别对应界面左侧单元和右侧单元。设左侧单元和右侧单元形心处水位分别为 ζ_L 和 ζ_R,形心处静水深分别为 h_L 和 h_R,变量分别为 $U_L = (H_L, u_L, v_L)$ 和 $U_R = (H_R, u_R, v_R)$。界面处高程是间断的,左侧和右侧静水深分别为 h_{sL} 和 h_{sR}。

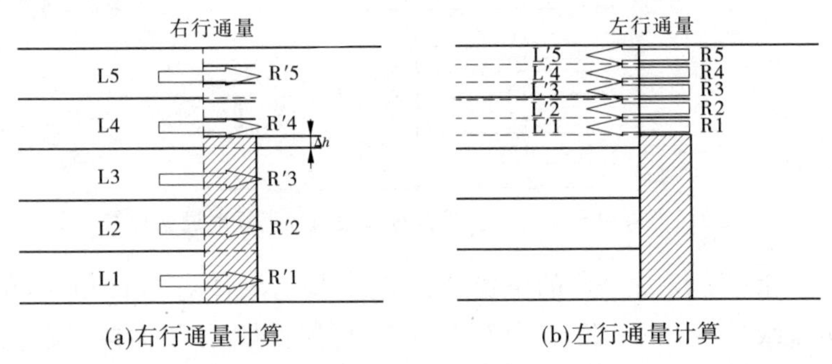

(a)右行通量计算　　(b)左行通量计算

图 3.6 三维阶梯流水力模型计算示意图

将 Roe 格式的界面通量计算表达式分为以下两部分

$$F_{n,j} = \frac{1}{2}[F(U_L) + F(U_R) - |\overline{M}|(U_R - U_L)] = \frac{1}{2}(F_U + P)$$

式中

$$F_U=\begin{bmatrix} H_L(u_Ln_x+v_Ln_y)+H_R(u_Rn_x+v_Rn_y)-\sum_{m=1}^{3}\alpha_m|\lambda_m|e_{m1} \\ u_LH_L(u_Ln_x+v_Ln_y)+u_RH_R(u_Rn_x+v_Rn_y)-\sum_{m=1}^{3}\alpha_m|\lambda_m|e_{m2} \\ v_LH_L(u_Ln_x+v_Ln_y)+v_RH_R(u_Rn_x+v_Rn_y)-\sum_{m=1}^{3}\alpha_m|\lambda_m|e_{m3} \end{bmatrix}$$

$$P=\begin{bmatrix} 0 \\ \frac{1}{2}g(\zeta_L^2+2h_{sL}\zeta_L)n_x+g(\zeta_R^2+2h_{sR}\zeta_R)n_x \\ \frac{1}{2}g(\zeta_L^2+2h_{sL}\zeta_L)n_y+g(\zeta_R^2+2h_{sR}\zeta_R)n_y \end{bmatrix}$$

F_U 是与流速有关的通量，称为动量通量，与水深的一次方有关。P 是静水压力通量，与水深的二次方有关（上式采用水位表达，水位与水深呈一次方关系）。阶梯流模型中这两项要分开计算。三维模型计算中，考虑到运算量，计算 F_U 时变量在控制体内采用常数重构，计算 P 时采用斜底模型，也即计算 F_U 采用的水深是控制体形心处的水深，计算 P 采用的水深是按斜底模型和水位线性分布重构的节点处的水位。

计算右行通量时，将左侧单元的 σ 分层线向右延伸形成右侧 σ 变换层，如图3.6(a)中的R′1～R′5，界面左侧变量不作任何处理。

低于坝顶的分层L1～L3，界面按固壁处理。

高于坝顶的分层L5，计算动量通量时左侧单元静水深取与右侧相同

$$H'_L=\zeta_L+h_R$$

右侧单元流速可由原分层流速按层距加权平均得到，设得到的动量通量为 F'_U。由于L5与其他相邻单元计算通量时采用的是水深 H_L，且 F_U 与水深的一次方有关，故计算得到的 F'_U 应按下式换

算到水深为 H_L 的情况

$$F_U = F'_U H_L / H'_L$$

而计算 P 时，则应以界面左侧静水深 h_{sL} 进行计算。

对于过渡的分层 L4，可以按普通的平底地形处理，或者归入以上两类分层中的一种进行处理。

计算左行通量时，将右侧单元的 σ 分层线向左延伸形成左侧 σ 变换层，如图 3.6(b) 中的 L′1 ~ L′5，界面右侧变量不作任何处理。计算动量通量时，左侧静水深取与右侧相同

$$H'_L = \zeta_L + h_R$$

相应左侧流速可直接采用其所在的原分层的流速。计算 P 时，则应以界面右侧静水深 h_{sR} 进行计算。

3.2.4.2　模型可行性分析

其一，模型可行性表现在满足前面所述的静水条件下的“和谐”性。无论是对左侧单元还是右侧单元，控制体内高程仍是采用斜底模型，高程仍然呈线性变化，在水位采用线性重构时，水深仍呈线性分布，根据采用前面所述的水位积分平衡法的前提，可以看出高程两侧的间断处理不会破坏两侧单元在静水条件下的“和谐”性。

其二，模型可行性表现在动量通量的处理。左侧单元低于坝顶的水流受固壁影响，以固壁边界处理；高于坝顶的水流与右侧坝顶以上水流作用。右侧单元水流只与左侧高于坝顶的水流有作用。模型解决了界面通量直接计算时的左右 σ 分层并不具有实际物理意义流动问题。

其三，模型可行性表现在静水压力项的处理。对于左侧单元和右侧单元，通过界面的静水压力通量分别以界面左侧和右侧的静水深进行计算，这样计算的结果具有实际的物理意义，能够反映真实左右单元界面的静水压力通量。

总之，三维阶梯流水力模型将高程间断视为一种特殊的边界

条件。也即在计算右行通量时,坝体和坝顶水流分别作为两种不同的介质为界面左侧单元提供边界条件;计算左行通量时,界面左侧高于坝顶的水流为界面右侧坝顶水流提供边界条件。这样处理符合水流在淹没直立丁坝界面的流动特性。

模型的误差主要在于分别计算右行通量和左行通量时界面右侧和左侧水体重新分层后的流速确定上。无论采用插值方法还是简单地采用同等高度原分层流速代替都会引入误差。

3.2.5 边壁阻力的模拟

一般在大尺度的水体模拟中,边壁的影响范围有限,往往被忽略。然而在丁坝水槽试验中,由于丁坝的长度一般很短,相应地丁坝上游小回流区和下游小回流区的尺度也较小,丁坝附近局部流态受边壁阻力的影响也较大。因此,在数值模拟中,有必要考虑丁坝的边壁阻力。而在目前的丁坝绕流模拟中,边壁阻力却很少被提及。从后面的丁坝绕流模拟结果可看出,边壁阻力对丁坝回流区形态的正确模拟是不可缺少的。

边壁阻力与底部摩阻在本质上是相同的,可采用与处理底部摩阻类似的壁函数方法处理。但是,这样一来,固壁边界处理变得十分复杂,且计算量也很大,尤其对非结构网格而言。本模型采用部分滑移系数处理边壁阻力问题。

求解边壁单元流速分布梯度重构节点处流速值时,设 u_n 为边界节点流速值(由以该节点为顶点的单元值插值得到),u_w 为重构的边界节点流速值,则滑移系数 β 可表示为

$$\beta = u_w / u_n$$

β 取值范围为 0 ~ 1,当 $\beta = 0$ 时为无滑移条件,当 $\beta = 1$ 时为滑移条件,当 $0 < \beta < 1$ 时为部分滑移条件。β 取值视边界单元形心到边壁的距离而定,距离越小则 β 值越小,距离越大则 β 值越大。网格越靠近边壁,受边壁的影响越大;越远离边壁,受边壁的影响

越小。

这种方法的本质是将边壁阻力的影响通过边壁控制体单元的在边壁界面的水平扩散通量表示,不需要进行特殊处理,简单易用。

3.3 算例验证

3.3.1 Holtz 丁坝水槽试验

3.3.1.1 试验概况

试验在 30 m 长、2.5 m 宽的直立边壁水槽中进行。底床糙率约为0.02,平均水深为0.230 m,未受干扰区平均流速为0.345 m/s。试验丁坝有两种:一种在坝头有陡沿,另一种坝头为矩形。这里模拟矩形丁坝。丁坝长 0.25 m,宽 0.05 m 。试验中测量的上下游水位差为0.006 m,丁坝下游相对回流长度为 11.5。

本文模型取与 Holtz 丁坝试验相同的条件。模型中将丁坝布置在距入流边界 8 m 处,这样丁坝到入流和出流边界的距离分别为 32 倍和 88 倍坝长,尽量减少边界影响。水平方向采用三角形网格进行剖分(见图 3.7),网格尺度为 0.25 m,丁坝上游 $2L$ 和下游 $12L$ 范围加密为 0.025 m,共得到 11 877 个单元。垂向采用 σ 坐标变换,底层进行加密,共划分为 14 层。

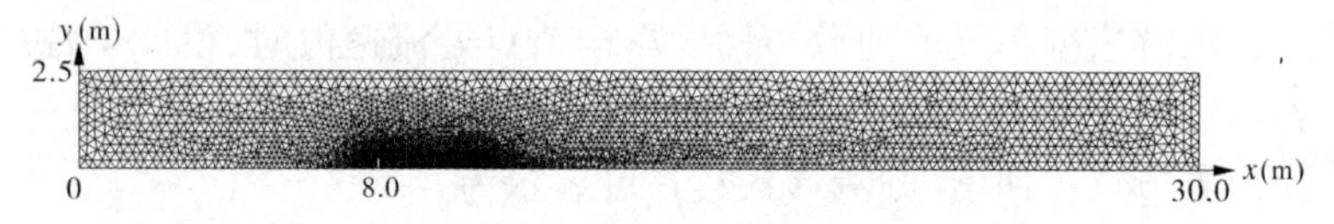

图 3.7　Holtz 丁坝试验水槽三角形网格剖分示意图

模型计算中静水深为 0.23 m,底床粗糙度 k_s = 0.001 44 m,上游给定单宽流量 q = 0.079 m^2/s,下游给定水位为 0 m,以 Δt = 0.002 s 的时间步长计算至收敛。

3.3.1.2　验证结果

收敛时计算的上下游水位差为0.006 3 m，与实测的上下游水位差约0.006 m 符合很好，说明采用壁函数处理底床阻力基本符合实际情况。

在不考虑边壁阻力情况下（见图3.8 和图3.9），模拟的丁坝下游回流长度为2.96 m，相对回流长度为11.84，与实测值相差2.96%。模拟的丁坝下游回流区靠近水槽边壁附近流速很大，如在纵坐标 $y=9.5$ m 附近边壁单元，其形心到边壁的距离约为0.008 m，而回流流速达到0.28 m/s。在考虑边壁阻力情况下（见图3.10和图3.11），模拟的丁坝下游回流长度为2.80 m，相对回流长度为11.2，与实测值相差 -2.60%。靠近丁坝所在侧下游边壁附近回流流速减小，在同样的位置 $y=9.5$ m，回流流速为0.08 m/s。

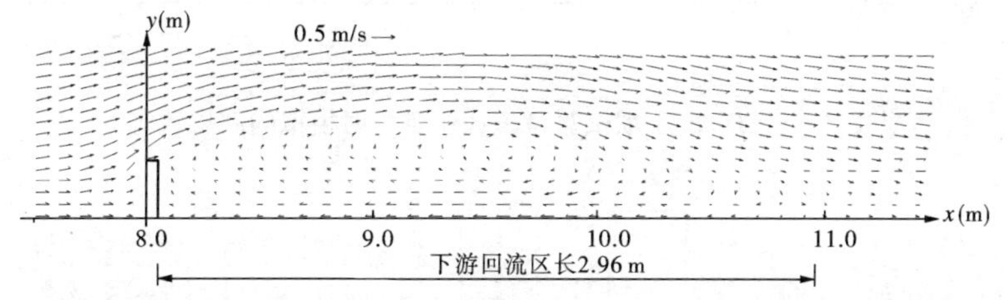

图3.8　Holtz 丁坝试验不考虑边壁阻力时模拟的表层流态

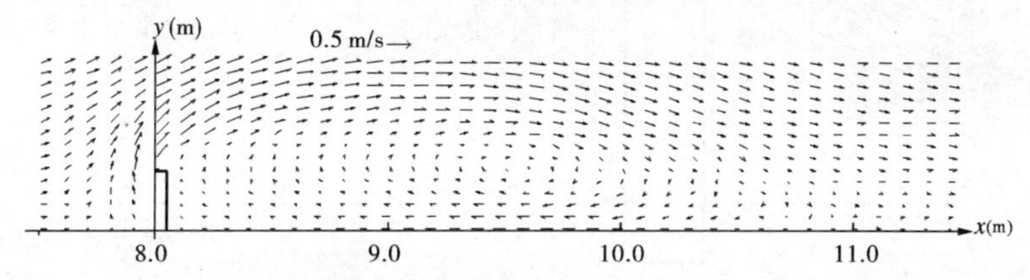

图3.9　Holtz 丁坝试验不考虑边壁阻力时模拟的底层流态

在不考虑边壁阻力情况下，丁坝上游和下游坝根附近流速仍较大，没有出现回流（见图3.12）。而在考虑边壁阻力情况下，上下游坝根处均出现小回流（见图3.13）。

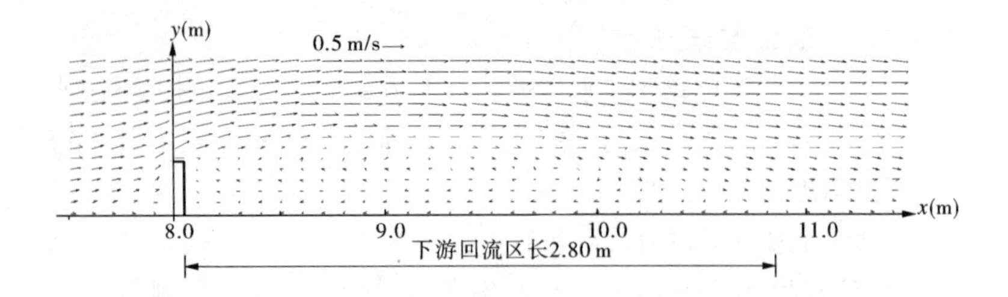

图 3.10　Holtz 丁坝试验考虑边壁阻力时模拟的表层流态

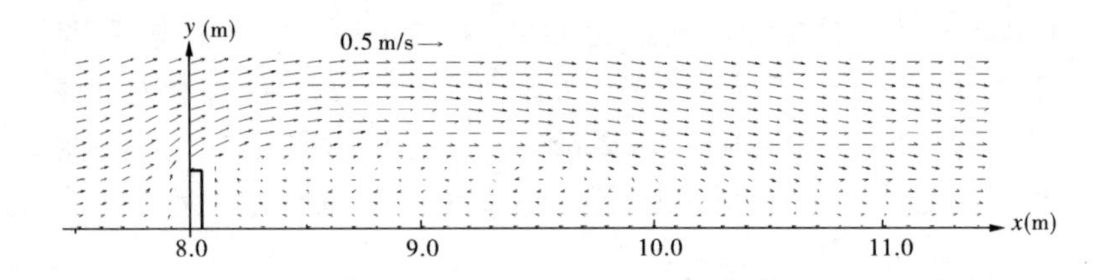

图 3.11　Holtz 丁坝试验考虑边壁阻力时模拟的底层流态

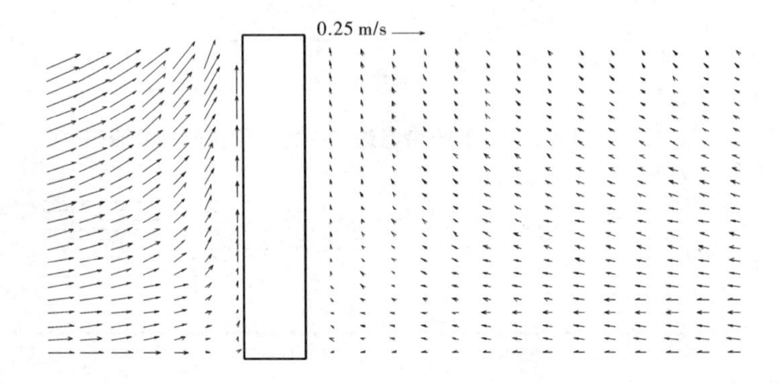

图 3.12　Holtz 丁坝试验不考虑边壁阻力时模拟的丁坝附近表层流态

距水槽底床 0.17 m 处平面等流速值线验证情况(见图 3.14)表明,整体上丁坝附近流速与实测值符合较好。不过,模拟的下游回流区内等 0.10 m/s 流速线出现位置与实测位置差别较大。

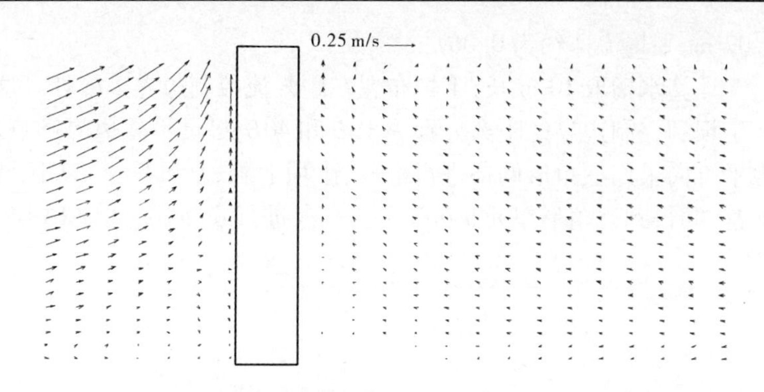

图3.13 Holtz 丁坝试验考虑边壁阻力时模拟的丁坝附近表层流态

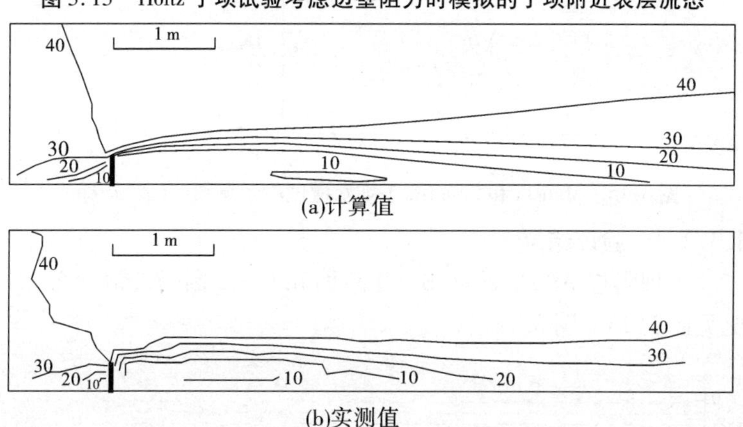

(b)实测值

图3.14 Holtz 丁坝试验 $z=17$ cm 处流速等值线验证 （单位:cm/s）

3.3.2 Muneta 丁坝水槽试验

为检验模型对丁坝附近垂向流速分布的模拟情况,下面对 Muneta[77]丁坝水槽试验进行模拟,并选取三条典型断面进行分析。

3.3.2.1 试验概况

试验水槽宽 0.4 m,底床坡度为1‰(见图 3.15)。丁坝长 0.20 m,宽0.04 m。上游流量给定为0.001 87 m^3/s,平均水深为

0.07 m,平均流速约为 0.067 m/s。

计算水槽取 10 m 长,丁坝布置在距入流控制边界 2 m 处。这样丁坝到控制边界的距离分别为 10L 和 40L,尽量不受边界影响。水平方向采用三角形网格进行剖分,丁坝上游 2L 和下游 12L 区域加密,共得到三角形单元 9 665 个。垂向进行 σ 分层,共分 13 层。

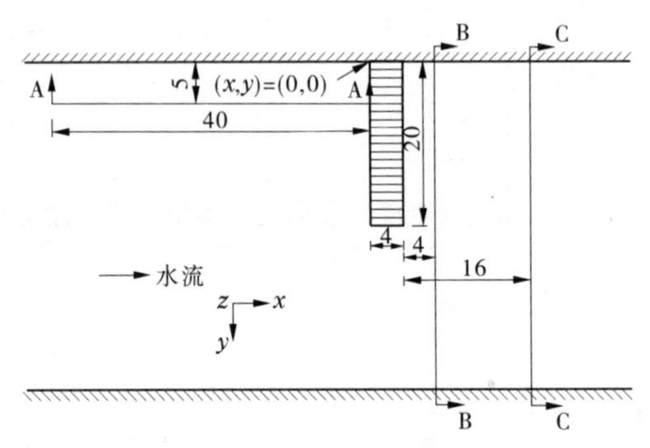

图 3.15　Muneta 和 Shimizu 丁坝水槽试验示意图　(单位:cm)

3.3.2.2　验证结果

丁坝附近 A—A 断面、B—B 断面和 C—C 断面的流速分布情况见图 3.16 ~ 图 3.18。

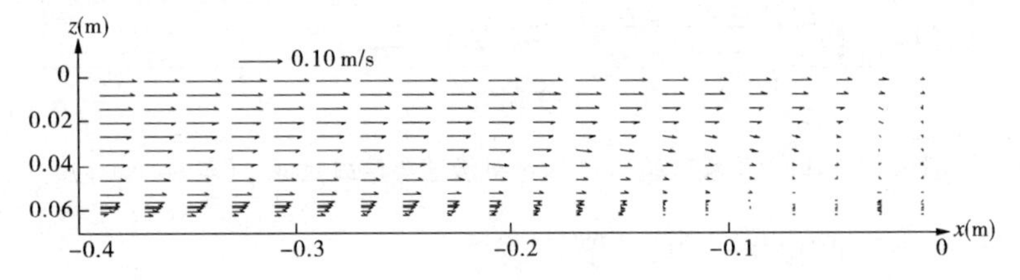

图 3.16　Muneta 丁坝水槽试验计算的 A—A 剖面流场

丁坝附近流态具有明显的三维特征。在 A—A 断面,由于丁坝阻水作用,表层水流遇到丁坝后沿丁坝边壁下沉,出现顺时针环流(见图 3.16)。B—B 断面底部 y = 0.25 ~ 0.30 m 处出现很强的往水槽丁坝对侧方向的横向流动(见图 3.17)。这股横向流动是

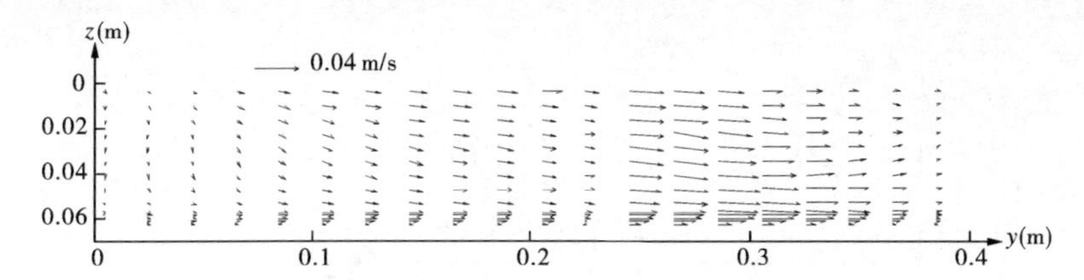

图3.17 Muneta丁坝水槽试验计算的B—B横断面流速分布

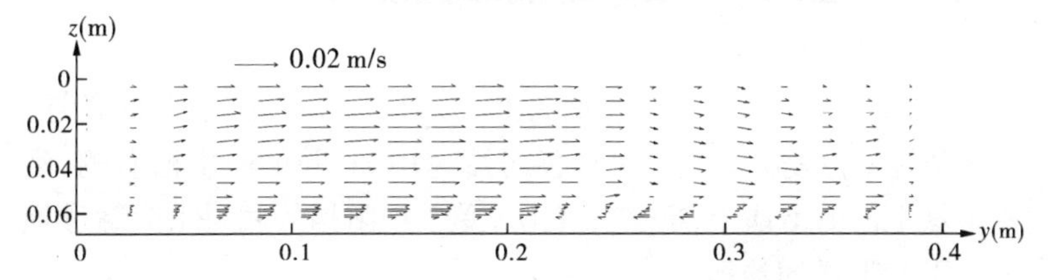

图3.18 Muneta丁坝水槽试验计算的C—C横断面流速分布

由丁坝上游的下沉流和丁坝头部束窄导致的水流集中引起的。在C—C断面,底部 $y=0.20\sim0.30$ m处出现一小环流(往下游方向看为顺时针方向)。Muneta在试验中曾观测到此环流,并认为是丁坝下游沿回流边线的一个重要特征。

此外,Akahori等[85]采用非静压假定、自由表面、三维LES模型,假冬冬等[83]采用标准 k-ε 模型,Nagata等[84]采用三维非线性 k-ε 模型,也都模拟出上述流动特征。

3.3.3 Tominaga丁坝水槽试验

3.3.3.1 试验概况

Tominaga[140]丁坝试验水槽概况如图3.19所示。水槽长8.00 m,宽0.30 m。丁坝长0.15 m,高0.05 m,宽0.03 m。丁坝迎流面位于 $x=4.00$ m的断面上。试验 $Q=0.003\,6\ m^3/s$,水槽平均水深约为0.09 m。计算条件与水槽试验完全一致,采用三角形进行剖分,丁坝附近网格加密,共得到6 584×18个单元。下面为叙述方便起见,简称Tominaga丁坝试验。

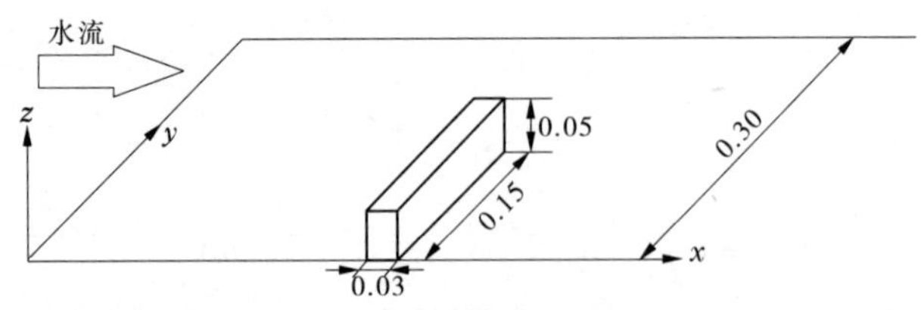

图 3.19 Tominaga 试验水槽示意图 (单位:m)

3.3.3.2 验证结果

图3.20 和图 3.21 分别为模拟的表层和底层平面流场。图3.20表明,表层水流经过坝顶时流速增加,并偏向水槽左侧,到达丁坝下游时变缓。图3.21 表明,受丁坝阻挡的底层水流绕过坝头在下游形成回流区。

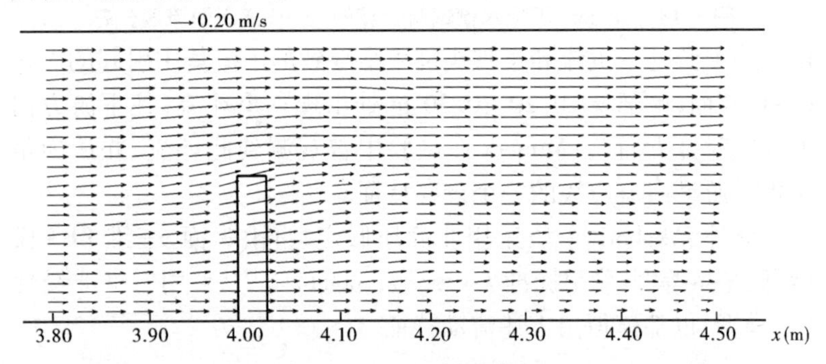

图 3.20 模拟的 Tominaga 丁坝试验表层($z=0.07$ m)流场

(矩形为丁坝投影,下同)

受丁坝溢流的影响,相对回流区长度远小于非淹没情况。定义再附着点为分离流在近岸处的回落点,试验监测的再附着长度为0.7L。本文采用标准 k-ε 模型计算得到的再附着点在 x = 4.22 m处,再附着长度为1.27L。彭静等[78]采用线性 Zhu-Shih 模型和非线性 Shih 模型计算的再附着长度分别为 1.00L 和 0.80L。而崔占峰等[79]采用标准 k-ε 模型计算的再附着点约在 x =4.30 m处。数学模型在模拟淹没丁坝底层回流区长度时普遍偏大。

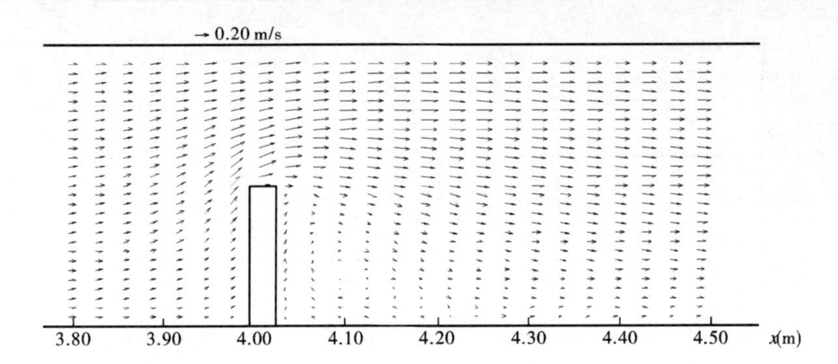

图3.21　模拟的 Tominaga 丁坝试验底层($z=0.02$ m)流场

图3.22～图3.25分别为模拟的距入口3.98 m、4.05 m、4.08 m和4.13 m处的横断面二次流。图3.22断面位于丁坝上游0.02 m,低于丁坝的水流受丁坝阻挡,部分直接绕坝头而下,部分下潜、转向,然后再绕坝头而下。图3.23～图3.25为丁坝下游横向断面流场,绕过坝头的水流作横向运动,部分进入丁坝下游回流区,越靠近底床处,横向流速越大;部分向丁坝对侧运动,并在靠近表层处形成环流(如图3.24环流中心在$y=0.23$ m、$z=0.78$ m处)。

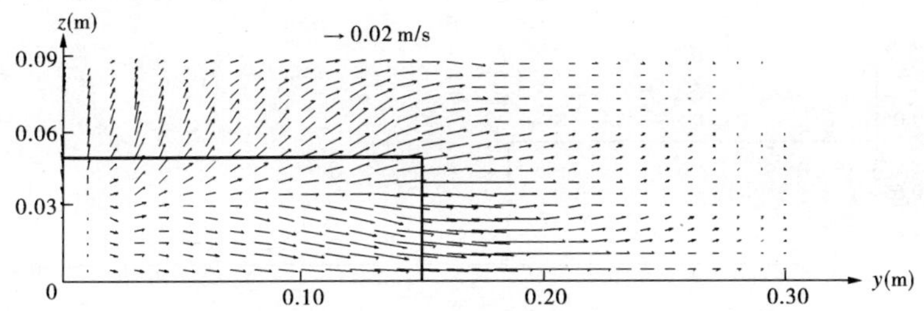

图3.22　模拟的 Tominaga 丁坝试验横断面($x=3.98$ m)流速分布

图3.26和图3.27分别为模拟的距丁坝侧岸壁0.05 m和0.16 m的纵剖面流场。从图3.26可看出,水流受丁坝阻挡,部分下沉,部分越过丁坝;在丁坝下游出现横轴环流,环流长度约为3.4D。图3.27为坝头前0.01 m处纵向断面流场,受丁坝绕过坝

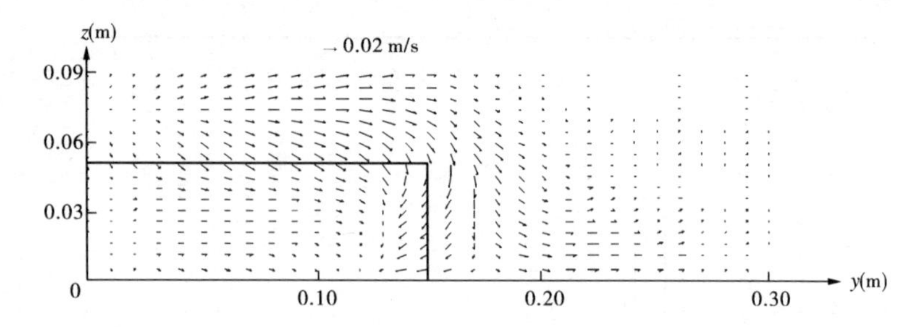

图 3.23　模拟的 Tominaga 丁坝试验横断面(x =4.05 m)流速分布

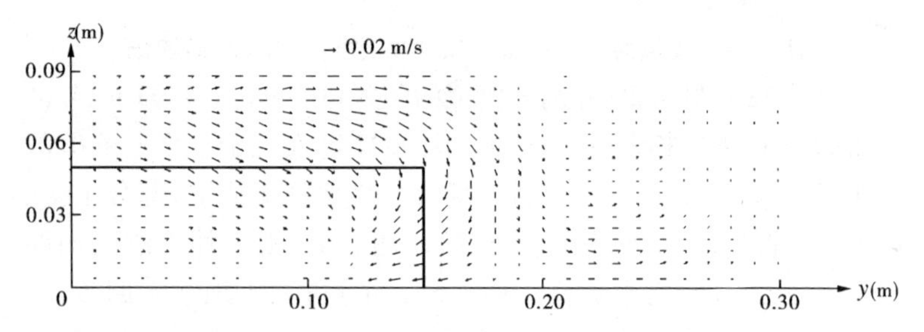

图 3.24　模拟的 Tominaga 丁坝试验横断面(x =4.08 m)流速分布

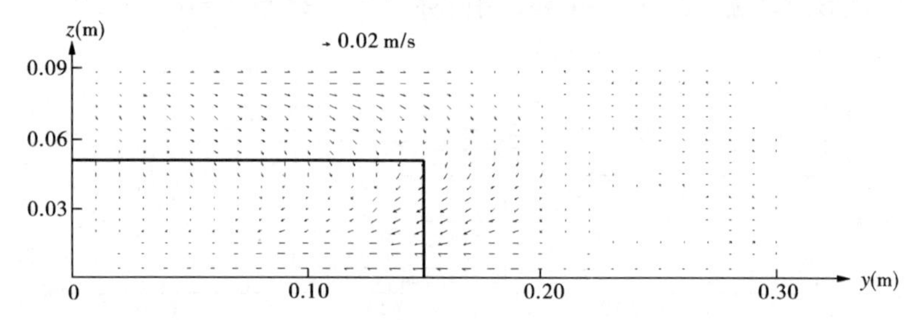

图 3.25　模拟的 Tominaga 丁坝试验横断面(x =4.13 m)流速分布

头下沉流影响,坝头前水流有下沉趋势。

选取 6 个与 xz 平行的断面相对流速资料与实测值进行对比。断面相对流速是测点流速与行近水流平均流速 V_0(0.13 m/s)之比。1#断面(见图 3.28)、2#断面(见图 3.29)、3#断面(见图 3.30)

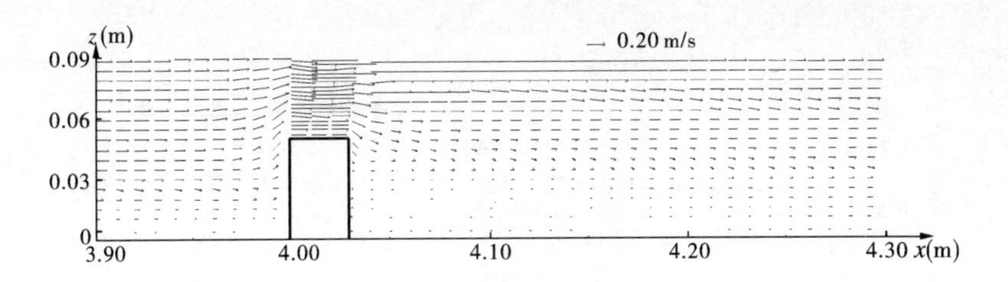

图3.26　模拟的 Tominaga 丁坝试验纵剖面($y=0.05$ m)流场

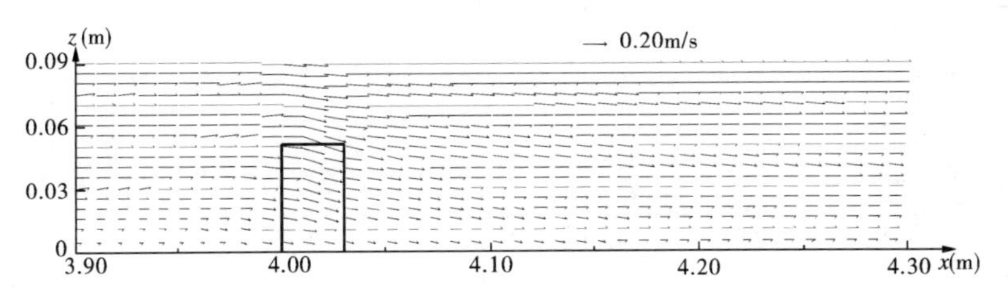

图3.27　模拟的 Tominaga 丁坝试验纵剖面($y=0.16$ m)流场

计算值与实测值符合很好。位于丁坝下游回流区底部的 $4^{\#}$ 断面(见图3.31),自坝头至对岸部分计算值与实测值相比较小。丁坝下游0.17 m处($x=4.20$ m)底层(见图3.32)和表层(见图3.33)丁坝掩护区内流速计算值偏小。这与采用标准 $k\text{-}\varepsilon$ 模型计算的丁坝下游底部回流区的范围偏大有关。

总之,上述验证结果表明本文提出的三维阶梯流水力模型能够较好地处理淹没丁坝坝体界面高程间断处的通量计算问题。

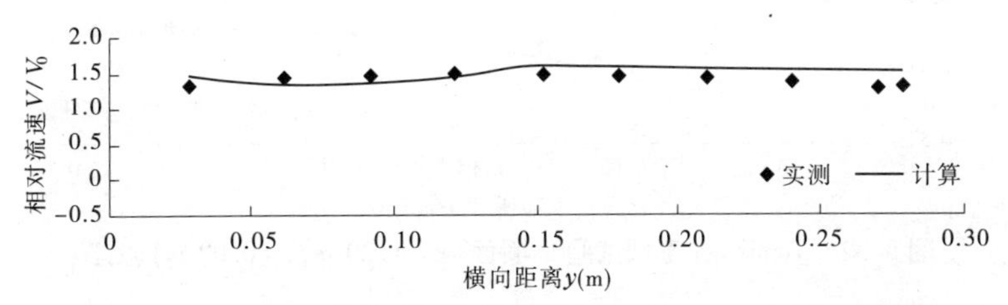

图3.28　Tominaga 丁坝试验 $1^{\#}$ 断面($x=4.00$ m, $z=0.07$ m)验证

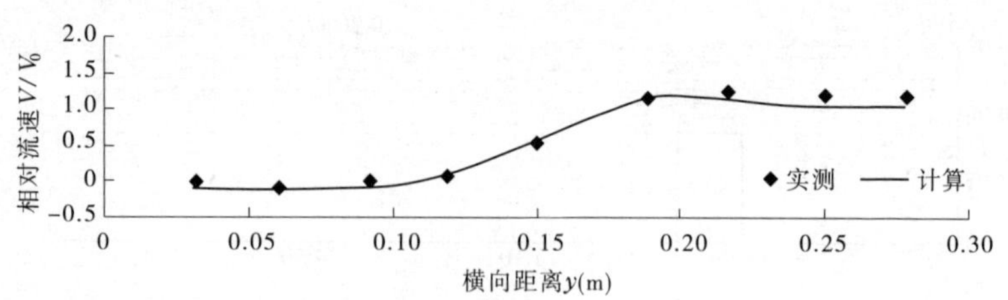

图 3.29 Tominaga 丁坝试验 2#断面($x=4.05$ m,$z=0.02$ m)验证

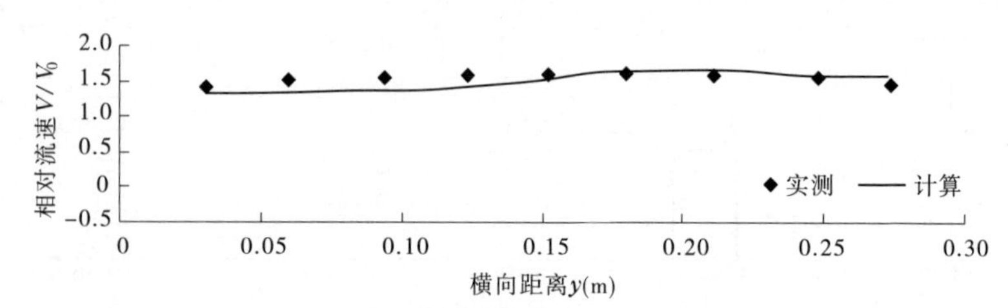

图 3.30 Tominaga 丁坝试验 3#断面($x=4.05$ m,$z=0.07$ m)验证

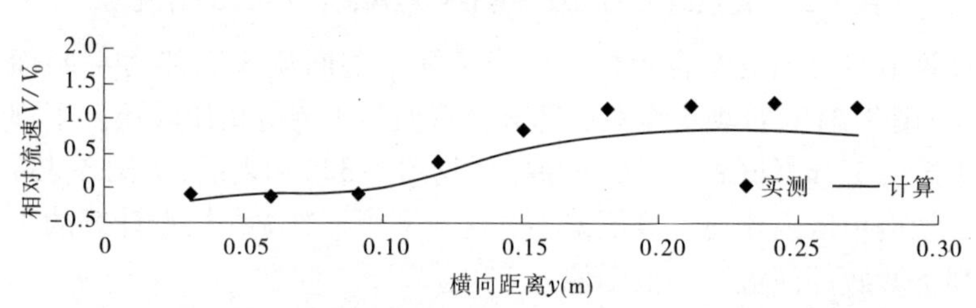

图 3.31 Tominaga 丁坝试验 4#断面($x=4.10$ m,$z=0.01$ m)验证

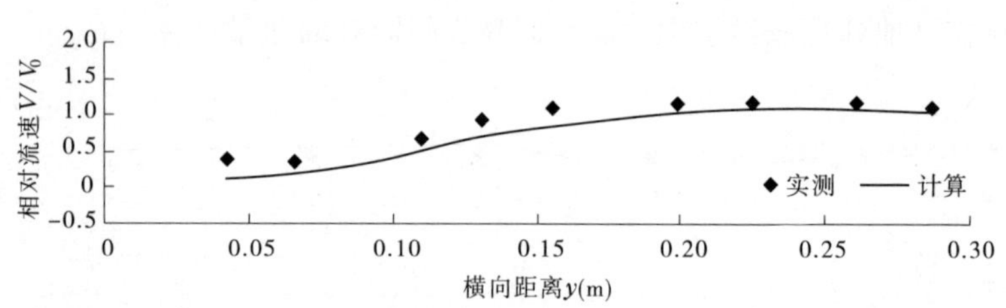

图 3.32 Tominaga 丁坝试验 5#断面($x=4.20$ m,$z=0.02$ m)验证

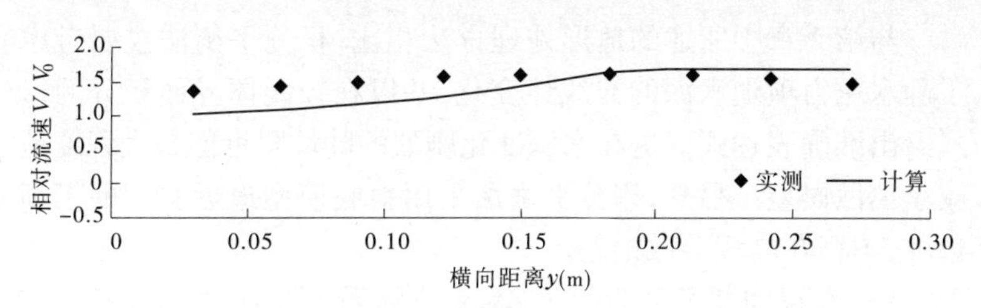

图 3.33　Tominaga 丁坝试验 6# 断面($x=4.20$ m,$z=0.07$ m)验证

3.4　本章小结

非淹没和淹没条件下有边坡丁坝的模拟中存在三维动边界、陡坡处理、高程间断和边壁阻力的模拟等问题。本文在已有的相关研究基础上,提出相应的处理方法。

(1)三维动边界处理关键在于保证动边界附近质量守恒和计算的稳定性。当水深很浅时,在最底层通过壁函数确定摩阻流速进而确定底床阻力和在其他层以垂向动量扩散项确定控制体界面阻力已不合适。本文提出在动量方程中采用与水深相关的计算糙率代替垂向动量扩散项以确定阻力项,以保证计算的稳定性。同时,结合干湿单元法确定控制体单元是否参与计算。

(2)陡坡处理关键在于准确计算动量方程中的静水压力项,并能实现静水条件下与底床坡度项的平衡。本文提出水深积分平衡法,在假定高程和水深在控制体内线性分布和在控制体界面上连续分布的基础上,将静水压力项沿控制体界面进行积分并得到准确的积分表达式,并对静水条件下与底坡项的平衡进行详细证明。水位积分平衡法是在水深积分平衡法的基础上,以水位为自变量表示静水压力项和底坡项。由于准平衡态流动中水位的变化幅度远小于水深,故水位积分平衡法的计算误差要远小于水深积分平衡法。

与第 2 章中所述的地形处理方法相比,积分平衡法主要考虑了静水压力项随水深的非线性变化,并以在控制体界面积分的形式给出准确表达式。这在水深变化剧烈的陡坡附近能最大程度地减小离散误差。另外,积分平衡法采用斜底模型逼近实际的丁坝边坡,不存在高程离散误差。

(3)高程间断可分为两类,本文分别采用双 σ 坐标变换和三维阶梯流水力模型进行处理。

对于淹没直立丁坝,间断面两侧高程沿界面是固定不变的。这种高程间断可以通过双 σ 坐标系进行处理。本文推导了双 σ 坐标系下的三维浅水流动控制方程。双 σ 坐标系下垂向网格具有分界面下层固定不变的优点,同时给上下层计算带来一定简化。

对于淹没有迎水边坡或背水边坡而坝头为直立的丁坝,间断面一侧或两侧的高程沿界面是变化的。这种高程间断通过三维阶梯流水力模型进行近似处理。考虑到界面两侧分层必须存在物理意义上的对应性,σ 分层线在界面处也应该是间断的。从块结构化网格的思想出发,三维阶梯流水力模型将界面通量分为左行通量和右行通量分别求解。

(4)边壁阻力的处理通过与底床附近阻力处理的类比转化为求解边界水平扩散通量。为求解边壁单元流速水平梯度而进行边壁节点处流速重构时,引入部分滑移系数,这样将边壁阻力的影响转化为边壁扩散通量的求解。这种方法简单易行,非常适合非结构网格上边壁阻力的模拟。

对三个丁坝水槽试验进行验证,得到以下认识:

(1)考虑自由水面变化和采用较为精细的紊流模型能够较为准确地模拟非淹没丁坝下游回流区长度。采用刚盖假定模拟的回流区长度普遍偏短。标准 k-ε 模型对于模拟下游回流区长度而言已经足够精细。

(2)考虑边壁阻力的影响对模拟非淹没丁坝上游小回流区和

下游小回流区非常重要。采用部分滑移系数法较好地处理了非结构网格边壁阻力模拟问题,能够模拟出这两个小回流区流态。

(3)采用标准 k-ε 模型能够模拟出非淹没丁坝和淹没丁坝附近垂向二次流。采用三维阶梯流水力模型能够较好地处理淹没丁坝坝体界面高程间断处的通量计算问题。数学模型计算得到的淹没丁坝下游底层平面回流区长度较实测资料偏大,反映了淹没丁坝附近流态的准确模拟还存在困难。

第 4 章　丁坝水槽试验及数学模型验证

4.1　水槽试验

4.1.1　仪器设备

试验水槽长 30 m，宽 $B=6$ m，有效长度 25 m。控制系统由阀门系统和流量泵系统联合组成[141]。水位和流量泵通过变频器实现闭环控制，可以产生恒定水流过程。水槽平面尺度和布置见图 4.1。

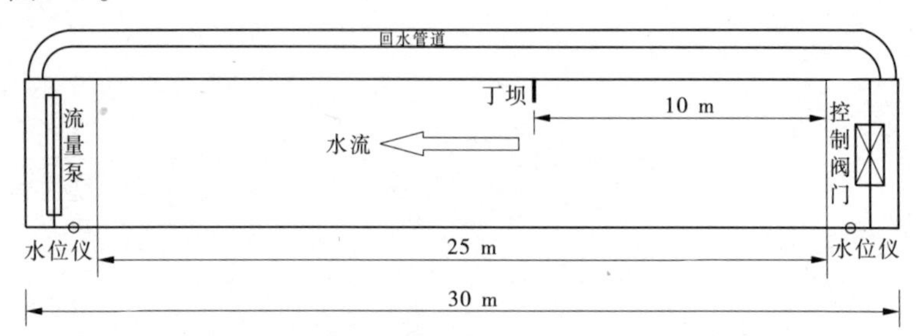

图 4.1　水槽平面尺度和布置

阀门系统具有很高的灵敏度。流量的给定系统采用课题组专门设计的正反转变速水泵。这种水泵的特点是正反转效率基本接近。从泵的率定曲线看，转速与流量呈显著的线性关系（见图 4.2），即流量控制可以直接转化为转速控制，从而可以根据需要产生恒定流。

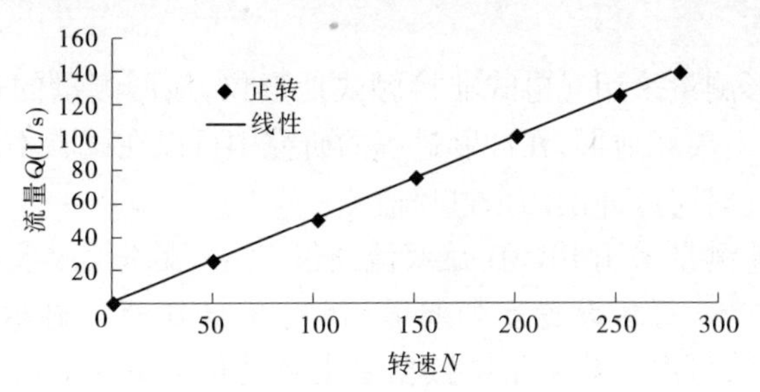

图4.2　双向泵转速—流量曲线

试验中首先给定所需的流量,再利用水位的自动控制达到所需的水位。由于阀门式自动控制系统的灵敏度很高,即使在水槽内流量不是很大的情况下,利用给定的流量和水位的自动控制也能得到比较稳定的流场。如果要得到更稳定的恒定流场,可以在自动控制稳定到所需水位后,停止自动稳定,再精细调整。本次恒定流试验都采用这种方式控制流场。

模型试验控制系统采用基于 Windows 平台的 VB 程序,实现模型控制与数据处理的一体化过程。通过动态图形界面,为试验者提供直观、简便的操作和丰富快捷的处理。系统运行时,仪器设备的工作状态、控制误差的统计与反馈、试验数据的采集与处理以及其他控制采集信息都可以直接反映在监视器上。这对提高试验效率、减小试验误差、丰富试验内容以及保证试验的可靠性都是十分必要的。采用变频技术对潮汐控制系统和双向流量泵进行过程控制,可使尾门的控制潮型与给定值之间的绝对误差平均缩小到0.3 mm 以内,双向泵流量控制的相对误差在5%以内。变频控制的另一优点是工作性能比较稳定,试验的重复性很好,这对需要长时间连续潮汐循环控制的动床试验来说尤其重要。

水位仪、流速仪、地形仪等量测仪器均在仪器仪表上实现了数字化信号的转换和传输,仅用单一的通信线路与主控制室计算机相连,即可下达指令和采集数据,运行的故障率低,检查和维护都十分方便。

地形测量采用光电式非接触式地形仪,地形测量的过程中不用退水,不破坏地形,在冲刷过程的研究中可以在试验不间断的情况下实现对河床冲淤的全过程监测。

流速测量采用 BR501 旋桨流速仪[142]。流速仪放大器采用调制解调技术,每台设置 6 个通道,并配置 LCD 液晶显示器和 485 通信接口,可由计算机集中数据采集和处理。BR501 流速仪测量范围为 0.015 ~0.400 m/s,使用之前按下式标定流速

$$V = Kn + C$$

式中:V 为流速;K 为率定系数;n 为脉冲数;C 为率定常数。

流场研究采用了清华大学王兴奎教授开发的 PIV 表面粒子摄像系统[143],通过多通道、多时相图像信息的采集,根据示踪粒子的移动路径,经逻辑软件的判别和转换,可定量描述采样区内任一点各个时段表面旋转流的矢量变化以及模型表面流场的运动轨迹。

采用经防腐处理后的模型沙,中值粒径 $d_{50}=0.23$ mm,沙粒容重 $\gamma_s=1.15$ t/m^3,平均干容重 $\gamma_0=0.62$ t/m^3。一般意义上模型沙的选择是在一定相似比尺条件下才成立的,研究实践表明,模型沙相似性不能完全满足只会导致冲淤量的偏离,冲淤形态的相似性仍能够得到保证。

4.1.2 水槽调试

水槽试验之前要先进行调试,目的在于:①调节进口和出口控制边界,使水槽内流速沿横向(即水槽宽度方向)均匀分布;②调试双向泵转速,在不同的水深条件下得到相同的平均流速;③了解边壁阻力的影响范围。

试验中的平均流速 $V_0=0.10$ m/s,水深分别为 $H=0.08$ m、0.10 m、0.12 m、0.14 m。水槽平均糙率 n 约为 0.012。纵向断面编号从上游边界开始,断面间距 1 m,共 25 个断面(见图 4.3)。进

口处测量5个断面(断面3、4、5、6、7),出口处测量2个断面(断面21和断面22)。各水深下横断面垂线平均流速值见表4.1~表4.4。

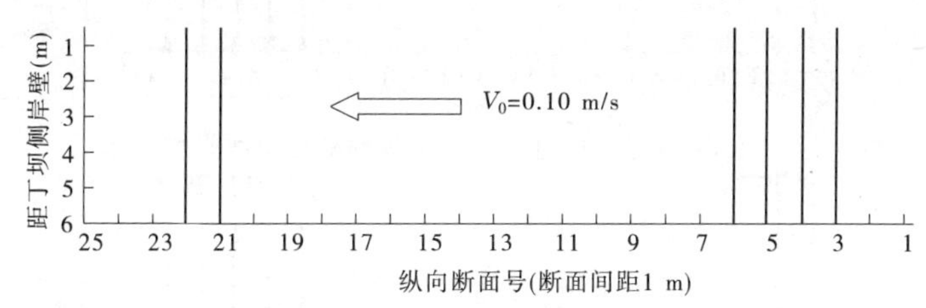

图4.3 水槽调试时流速测量断面位置

各水深下垂线平均流速沿横断面的分布情况见图4.4。整体来看,水槽内纵向流速沿横向分布已经均匀,说明上下游边界控制符合要求,从3号断面到22号断面,也即从进口3 m处到出口22 m处,可作为有效试验段。边壁的影响在距边壁0.060 m以内较为明显,在0.125 m处已经不明显。

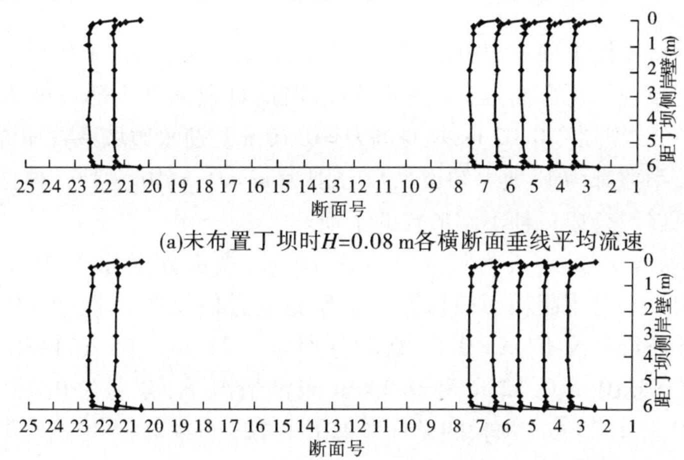

(a)未布置丁坝时H=0.08 m各横断面垂线平均流速

(b)未布置丁坝时H=0.10 m各横断面垂线平均流速

图4.4 未布置丁坝时四种水深条件下横断面垂线平均流速

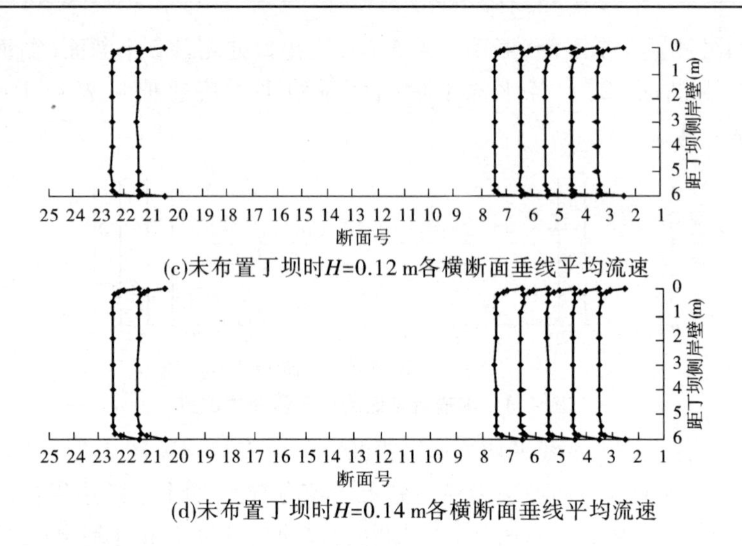

(c)未布置丁坝时H=0.12 m各横断面垂线平均流速

(d)未布置丁坝时H=0.14 m各横断面垂线平均流速

续图 4.4

4.1.3 丁坝模型

试验用丁坝模型由水泥浇筑而成。为方便试验，丁坝由坝身和端坡块体组合而成(见图 4.5)。坝顶自根部至头部长度 L_0 = 0.75 m，坝顶宽 0.02 m，坝身高 D = 0.10 m。迎水边坡系数和背水边坡系数都为 1，坝头端坡系数分别为 m = 0、5、10 三种。根据需要可以组合成三种不同形式的丁坝。

m = 0 时，坝头为直立；m = 5、10 时，坝头分别长 0.50 m 和 1.00 m。考虑阻挡面积相等的丁坝有效近似长度 L，在 H = 0.08 m 非淹没情况下，m = 0、5、10 时分别为 0.75 m、1.05 m、1.35 m；在H = 0.10 m、0.12 m 和 0.14 m 淹没情况下，分别为 0.75 m、1.00 m、1.25 m。坝长的设计考虑了水槽的宽度，以不影响对岸边壁附近的流场为宜。

表 4.1　未布置丁坝时 $H=0.08$ m 各横断面垂线平均流速　（单位：m/s）

横断面编号	距丁坝侧岸壁(m)													
	0.000	0.060	0.125	0.250	0.500	1.000	2.000	3.000	4.000	5.000	5.500	5.750	5.875	6.000
3	0.00	0.06	0.08	0.10	0.10	0.10	0.10	0.10	0.10	0.10	0.10	0.09	0.08	0.00
4	0.00	0.05	0.08	0.10	0.10	0.10	0.10	0.10	0.10	0.10	0.10	0.09	0.08	0.00
5	0.00	0.06	0.08	0.10	0.10	0.11	0.11	0.10	0.10	0.10	0.10	0.09	0.08	0.00
6	0.00	0.06	0.08	0.10	0.10	0.10	0.10	0.11	0.11	0.10	0.10	0.10	0.09	0.00
7	0.00	0.07	0.08	0.09	0.10	0.10	0.11	0.11	0.10	0.10	0.10	0.10	0.09	0.00
21	0.00	0.06	0.08	0.10	0.11	0.10	0.10	0.10	0.10	0.10	0.09	0.09	0.08	0.00
22	0.00	0.06	0.09	0.10	0.10	0.11	0.10	0.10	0.10	0.10	0.10	0.09	0.08	0.00

表 4.2 未布置丁坝时 $H=0.10$ m 各横断面垂线平均流速

（单位：m/s）

横断面编号	距丁坝侧岸壁(m)													
	0.000	0.060	0.125	0.250	0.500	1.000	2.000	3.000	4.000	5.000	5.500	5.750	5.875	6.000
3	0.00	0.06	0.08	0.10	0.10	0.10	0.10	0.11	0.11	0.10	0.10	0.09	0.09	0.00
4	0.00	0.06	0.09	0.10	0.10	0.10	0.10	0.10	0.10	0.10	0.10	0.09	0.09	0.00
5	0.00	0.06	0.08	0.10	0.09	0.10	0.11	0.11	0.11	0.11	0.09	0.09	0.09	0.00
6	0.00	0.05	0.08	0.10	0.10	0.10	0.10	0.10	0.11	0.10	0.10	0.09	0.09	0.00
7	0.00	0.05	0.08	0.10	0.09	0.10	0.11	0.10	0.11	0.11	0.10	0.10	0.09	0.00
21	0.00	0.05	0.08	0.10	0.09	0.10	0.11	0.10	0.11	0.11	0.10	0.10	0.09	0.00
22	0.00	0.05	0.08	0.10	0.09	0.09	0.11	0.10	0.11	0.11	0.10	0.10	0.09	0.00

表 4.3　未布置丁坝时 $H=0.12$ m 各横断面垂线平均流速　（单位：m/s）

横断面编号	距丁坝侧岸壁（m）													
	0.000	0.060	0.125	0.250	0.500	1.000	2.000	3.000	4.000	5.000	5.500	5.750	5.875	6.000
3	0.00	0.06	0.08	0.09	0.10	0.10	0.11	0.10	0.11	0.11	0.10	0.10	0.09	0.00
4	0.00	0.06	0.07	0.09	0.10	0.10	0.10	0.10	0.10	0.10	0.10	0.10	0.09	0.00
5	0.00	0.06	0.07	0.09	0.10	0.10	0.10	0.10	0.10	0.11	0.11	0.10	0.09	0.00
6	0.00	0.06	0.07	0.09	0.10	0.10	0.10	0.10	0.10	0.10	0.10	0.10	0.08	0.00
7	0.00	0.06	0.08	0.09	0.10	0.10	0.10	0.10	0.10	0.10	0.10	0.10	0.09	0.00
21	0.00	0.06	0.09	0.09	0.10	0.10	0.10	0.10	0.10	0.10	0.10	0.10	0.09	0.00
22	0.00	0.06	0.09	0.09	0.10	0.10	0.10	0.10	0.10	0.11	0.10	0.10	0.09	0.00

表 4.4　未布置丁坝时 $H=0.14$ m 各横断面垂线平均流速　（单位:m/s）

横断面编号	距丁坝侧岸壁(m)													
	0.000	0.060	0.125	0.250	0.500	1.000	2.000	3.000	4.000	5.000	5.500	5.750	5.875	6.000
3	0.00	0.06	0.07	0.10	0.10	0.10	0.11	0.11	0.10	0.10	0.10	0.09	0.08	0.00
4	0.00	0.06	0.07	0.10	0.10	0.10	0.10	0.11	0.11	0.10	0.10	0.10	0.09	0.00
5	0.00	0.05	0.07	0.10	0.10	0.10	0.11	0.10	0.10	0.10	0.10	0.10	0.08	0.00
6	0.00	0.06	0.07	0.10	0.10	0.10	0.11	0.10	0.10	0.10	0.10	0.10	0.09	0.00
7	0.00	0.06	0.07	0.10	0.10	0.10	0.10	0.11	0.10	0.10	0.10	0.10	0.08	0.00
21	0.00	0.06	0.08	0.09	0.10	0.10	0.10	0.10	0.10	0.10	0.10	0.09	0.07	0.00
22	0.00	0.06	0.08	0.09	0.10	0.10	0.10	0.10	0.10	0.10	0.10	0.09	0.07	0.00

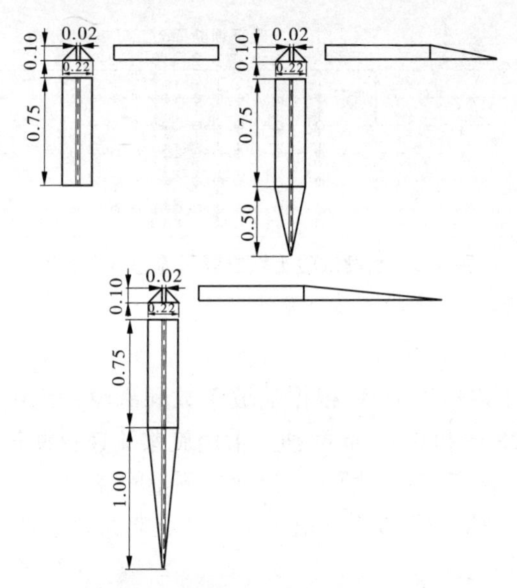

图4.5 丁坝模型三视图:自左至右、自上而下端坡系数依次是0、5和10 (单位:m)

4.1.4 试验组次

丁坝布置在距上游边界10 m处(见图4.6)。水槽试验组次分别考虑3种端坡和4种水深情况(见表4.5)。$H=0.08$ m时丁坝处于非淹没状态,$H=0.10$ m时丁坝处于恰好淹没状态,$H=0.12$ m和$H=0.14$ m时丁坝淹没程度$\Delta H/H$分别为0.17和0.29。

首先启动进水流量泵,调节双向泵的流量等于或接近预定的流量级。然后调节尾门,在未设置丁坝的情况下使水槽内水流形成恒定流。在上述水流条件下,在水槽一侧布置丁坝,测量定点流速(见图4.6),并观察丁坝附近的水面流态。

测量断面布置在$x=-4L_0$、$-2L_0$、$-1L_0$、$0L_0$、$0.5L_0$、$1L_0$、$2L_0$、$3L_0$、$4L_0$、$6L_0$、$8L_0$处(见图4.6)。每条断面主要测点布置在$y=$

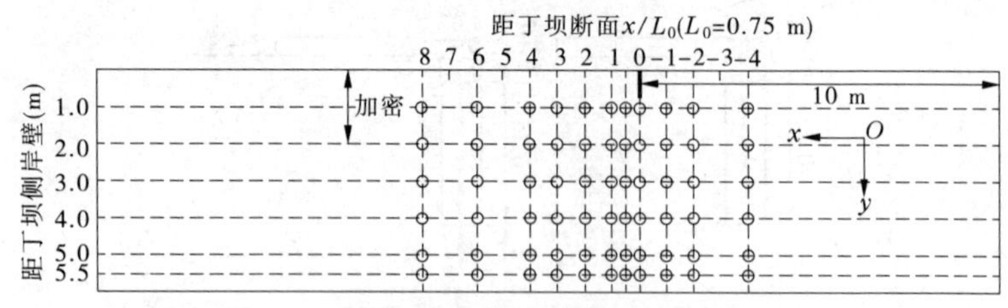

图 4.6　水槽试验丁坝位置和流速测点布置

(黑色粗实线表示丁坝,圆圈表示测点,距丁坝侧岸壁 2 m 范围内适当加密)

1.00 m、2.00 m、3.00 m、4.00 m、5.00 m、5.50 m 处。$y=0.00\sim2.00$ m 范围内适当加密,根据端坡系数和淹没程度不同,加密间隔分为 0.25 m 和 0.10 m 两种。采用旋桨流速仪测量表层流速,测量时调整测杆方向以顺应主流向。测量间隔为 5 s,每个测点测 10 个数据,测量结果以平均值表示。各试验组合条件下流速测量值见表 4.6 ~ 表 4.17。

4.2　数学模型试验

4.2.1　数学模型概况

数学模型中水槽和丁坝尺度与物理模型相同(见图 4.7)。由于丁坝对上游流场影响范围有限,对下游流场影响范围很大,故将其布置在距进口断面 8 m 处,与水槽试验中的布置相比向进口断面提前 2 m 的距离,以尽量减小数学模型下游出口边界对流场的影响。

数学模型试验组次见表 4.5。与水槽试验组次相比,增加 $H=0.08$ m、0.12 m、0.14 m 水深下与 $m=5$ 时 L 相等(也即阻挡面积相等)的 $m=0$、3、7 的组次,以及 $H=0.16$ m、0.18 m 时 $m=0$、3、5、7 的组次。

表 4.5 丁坝水槽试验和数学模型试验组次

组次	水深 H(m)	平均流速 V_0(m/s)	有效近似长度 L(m)	端坡系数 m	坝体长度 L_0(m)	端坡体长度(m)	说明
1	0.08	0.10	0.75	0	0.75	0.00	水槽试验、数学模型试验
2	0.08	0.10	1.05	0	1.05	0.00	数学模型试验
3	0.08	0.10	1.05	3	0.87	0.30	数学模型试验
4	0.08	0.10	1.05	5	0.75	0.50	水槽试验、数学模型试验
5	0.08	0.10	1.05	7	0.63	0.70	数学模型试验
6	0.08	0.10	1.35	10	0.75	1.00	水槽试验、数学模型试验
7	0.10	0.10	0.75	0	0.75	0.00	水槽试验、数学模型试验
8	0.10	0.10	1.00	5	0.75	0.50	水槽试验、数学模型试验
9	0.10	0.10	1.25	10	0.75	1.00	水槽试验、数学模型试验
10	0.12	0.10	0.50	0	0.50	0.00	数学模型试验
11	0.12	0.10	0.75	0	0.75	0.00	水槽试验、数学模型试验

续表 4.5

组次	水深 H(m)	平均流速 V_0(m/s)	有效近似长度 L(m)	端坡系数 m	坝体长度 L_0(m)	端坡体长度(m)	说明
12	0.12	0.10	1.00	0	1.00	0.00	数学模型试验
13	0.12	0.10	1.00	3	0.85	0.30	数学模型试验
14	0.12	0.10	1.00	5	0.75	0.50	水槽试验、数学模型试验
15	0.12	0.10	1.00	7	0.65	0.70	数学模型试验
16	0.12	0.10	1.25	0	1.25	0.00	数学模型试验
17	0.12	0.10	1.25	10	0.75	1.00	水槽试验、数学模型试验
18	0.12	0.10	1.50	0	1.50	0.00	数学模型试验
19	0.14	0.10	0.75	0	0.75	0.00	水槽试验、数学模型试验
20	0.14	0.10	1.00	0	1.00	0.00	数学模型试验
21	0.14	0.10	1.00	3	0.85	0.30	数学模型试验
22	0.14	0.10	1.00	5	0.75	0.50	水槽试验、数学模型试验

续表 4.5

组次	水深 H(m)	平均流速 V_0(m/s)	有效近似长度 L(m)	端坡系数 m	坝体长度 L_0(m)	端坡体长度(m)	说明
23	0.14	0.10	1.00	7	0.65	0.70	数学模型试验
24	0.14	0.10	1.25	10	0.75	1.00	水槽试验、数学模型试验
25	0.16	0.10	1.00	0	1.00	0.00	数学模型试验
26	0.16	0.10	1.00	3	0.85	0.30	数学模型试验
27	0.16	0.10	1.00	5	0.75	0.50	数学模型试验
28	0.16	0.10	1.00	7	0.65	0.70	数学模型试验
29	0.18	0.10	1.00	0	1.00	0.00	数学模型试验
30	0.18	0.10	1.00	3	0.85	0.30	数学模型试验
31	0.18	0.10	1.00	5	0.75	0.50	数学模型试验
32	0.18	0.10	1.00	7	0.65	0.70	数学模型试验

表 4.6 $H=0.08$ m 和 $m=0$ 时纵断面表层流速

（单位:m/s）

距丁坝侧岸壁(m)	距坝轴断面(m)													
	-3.000	-2.250	-1.500	-0.750	0.000	0.375	0.750	1.500	2.250	3.000	3.750	4.500	5.250	6.000
0.125	0.09	0.09	0.07	0.02		0.01	0.00	0.00	0.01	0.02	0.03	0.05	0.03	0.05
0.250	0.09	0.10	0.08	0.05		0.00	0.00	0.02	0.03	0.03	0.03	0.05	0.02	0.02
0.500	0.10	0.11	0.09	0.08		0.00	0.01	0.00	0.03	0.04	0.02	0.02	0.02	0.00
0.750	0.10	0.11	0.09	0.09		0.01	0.00	0.03	0.00	0.03	0.02	0.01	0.02	0.02
0.800					0.07	0.02						0.01	0.01	0.03
0.850					0.14	0.01								
0.900					0.16	0.03	0.01					0.03	0.03	0.07
0.950					0.16	0.05	0.02							
1.000	0.11	0.11	0.10	0.10	0.15	0.07	0.03	0.02	0.01	0.02	0.02	0.04	0.05	0.08
1.050								0.01	0.03	0.02	0.04			
1.100								0.06	0.03	0.04	0.04	0.07	0.07	0.09
1.150								0.07	0.05	0.05	0.07			

续表 4.6

距丁坝侧	距坝轴断面(m)													
岸壁(m)	-3.000	-2.250	-1.500	-0.750	0.000	0.375	0.750	1.500	2.250	3.000	3.750	4.500	5.250	6.000
1.200								0.09	0.05	0.06	0.06	0.08	0.09	0.10
1.250					0.15	0.16	0.17	0.13	0.10	0.07	0.09			
1.300									0.10	0.09	0.10	0.10	0.10	0.12
1.350									0.12	0.11	0.10			
1.400									0.13	0.11	0.11	0.10	0.12	0.13
1.450									0.14	0.13	0.12			
1.500					0.14	0.16	0.17	0.17	0.17	0.14	0.14	0.13	0.14	0.14
1.750								0.18	0.17	0.17	0.16	0.15	0.16	0.15
2.000	0.11	0.12	0.12	0.13	0.15	0.15	0.16	0.17	0.17	0.16	0.17	0.16	0.16	0.15
3.000	0.11	0.12	0.12	0.13	0.13	0.14	0.15	0.16	0.15	0.16	0.16	0.14	0.14	0.13
4.000	0.12	0.13	0.12	0.13	0.13	0.13	0.13	0.13	0.13	0.14	0.14	0.14	0.14	0.14
5.000	0.11	0.12	0.12	0.12	0.12	0.12	0.13	0.13	0.13	0.14	0.14	0.14	0.13	0.14
5.500	0.10	0.11	0.11	0.11	0.11	0.10	0.11	0.12	0.13	0.12	0.13	0.13	0.14	0.14

表 4.7　$H=0.08$ m 和 $m=5$ 时纵断面表层流速　（单位：m/s）

距丁坝侧岸壁(m)	距坝轴断面(m)													
	-3.000	-2.250	-1.500	-0.750	0.000	0.375	0.750	1.500	2.250	3.000	3.750	4.500	5.250	6.000
0.100				0.01		0.00	0.00	0.00						
0.125	0.10		0.06						0.02	0.01		0.06		0.04
0.200				0.03		0.00	0.00	0.00						
0.250	0.10		0.08						0.02	0.01		0.05		0.04
0.300				0.06		0.00	0.00	0.00						
0.400				0.06		0.00	0.00	0.00						
0.500	0.10		0.09	0.07		0.00	0.00	0.00	0.00	0.03		0.02		0.01
0.600				0.07		0.00	0.00	0.01						
0.700				0.08		0.00	0.00	0.00						
0.750	0.10		0.09						0.03	0.01		0.01		0.02
0.800				0.08		0.03	0.00	0.00						
0.900				0.10	0.14	0.01	0.01	0.02						

续表 4.7

距丁坝侧岸壁(m)	距坝轴断面(m)													
	-3.000	-2.250	-1.500	-0.750	0.000	0.375	0.750	1.500	2.250	3.000	3.750	4.500	5.250	6.000
1.000	0.10		0.10	0.10	0.15	0.01	0.01	0.03	0.01	0.01		0.00		0.03
1.100				0.11	0.16	0.01	0.02	0.02						
1.200				0.11	0.15	0.07	0.02	0.02						
1.250			0.11						0.02	0.03		0.02		0.05
1.300				0.11	0.16	0.17	0.04	0.02						
1.400				0.11	0.16	0.18	0.11	0.02						
1.500			0.12	0.11	0.16	0.18	0.16	0.08	0.02	0.07		0.05		0.08
1.750	0.10		0.12	0.12	0.16	0.15	0.16	0.18	0.13	0.12		0.11		0.12
2.000	0.11		0.12	0.13	0.15	0.16	0.16	0.18	0.17	0.17		0.16		0.16
3.000	0.12		0.13	0.13	0.15	0.15	0.15	0.16	0.17	0.18		0.17		0.17
4.000	0.11		0.13	0.13	0.13	0.14	0.15	0.15	0.16	0.17		0.16		0.15
5.000	0.13		0.12	0.13	0.13	0.14	0.15	0.15	0.15	0.15		0.16		0.16
5.500	0.12		0.12	0.13	0.13	0.13	0.14	0.15	0.16	0.15		0.16		0.16

表 4.8　$H=0.08$ m 和 $m=10$ 时纵断面表层流速

（单位:m/s）

距丁坝侧岸壁(m)	距坝轴断面(m)													
	-3.000	-2.250	-1.500	-0.750	0.000	0.375	0.750	1.500	2.250	3.000	3.750	4.500	5.250	6.000
0.100				0.02		0.01	0.01	0.03						
0.125	0.09		0.04						0.01	0.02		0.04		0.05
0.200				0.02		0.00	0.02	0.01						
0.250	0.10		0.06						0.03	0.03		0.04		0.04
0.300				0.01		0.01	0.02	0.00						
0.400				0.04		0.01	0.02	0.01						
0.500	0.10		0.07	0.06		0.03	0.00	0.00	0.02	0.02		0.02		0.01
0.600				0.06		0.02	0.02	0.02						
0.700				0.07		0.02	0.01	0.02						
0.750	0.10		0.07						0.01	0.00		0.02		0.00

续表 4.8

距丁坝侧岸壁(m)	距坝轴断面(m)													
	-3.000	-2.250	-1.500	-0.750	0.000	0.375	0.750	1.500	2.250	3.000	3.750	4.500	5.250	6.000
0.800				0.09		0.02	0.00	0.02						
0.900				0.09		0.03	0.02	0.01						
1.000	0.10		0.08	0.09	0.15	0.01	0.03	0.03	0.02	0.03		0.02		0.01
1.100				0.10		0.02	0.02	0.02						
1.200				0.10	0.20	0.02	0.03	0.02						
1.250	0.12		0.10						0.02	0.02		0.03		0.03
1.300				0.11	0.21	0.03	0.02	0.02						
1.400				0.11	0.20	0.06	0.01	0.01						
1.500	0.11		0.11	0.11	0.19	0.15	0.00	0.00	0.02	0.02		0.03		0.03
1.600				0.11	0.20	0.14	0.04	0.00						

续表 4.8

距丁坝侧岸壁(m)	距坝轴断面(m)													
	-3.000	-2.250	-1.500	-0.750	0.000	0.375	0.750	1.500	2.250	3.000	3.750	4.500	5.250	6.000
1.700				0.12	0.20	0.16	0.10	0.01						
1.750	0.12		0.11						0.03	0.03		0.04		0.05
1.800				0.12	0.20	0.15	0.13	0.01						
1.900				0.12	0.19	0.17	0.13	0.05						
2.000	0.12		0.12	0.13	0.18	0.17	0.15	0.10	0.11	0.09		0.08		0.10
3.000	0.12		0.12	0.15	0.16	0.15	0.16	0.14	0.14	0.16		0.17		0.16
4.000	0.12		0.13	0.14	0.15	0.16	0.16	0.17	0.18	0.18		0.18		0.18
5.000	0.12		0.13	0.13	0.15	0.15	0.15	0.18	0.17	0.16		0.17		0.18
5.500	0.11		0.12	0.13	0.14	0.15	0.15	0.16	0.16	0.16		0.17		0.17

表 4.9　$H=0.10$ m 和 $m=0$ 时纵断面表层流速　（单位:m/s）

距丁坝侧岸壁(m)	距坝轴断面(m)													
	-3.000	-2.250	-1.500	-0.750	0.000	0.375	0.750	1.500	2.250	3.000	3.750	4.500	5.250	6.000
0.100				0.01		0.01	0.00	0.00						
0.125	0.09		0.07						0.01	0.02		0.06		0.05
0.200				0.04		0.02	0.00	0.00						
0.250	0.10		0.09						0.03	0.03		0.05		0.02
0.300				0.06		0.03	0.00	0.04						
0.400				0.08		0.02	0.04	0.01						
0.500	0.10		0.09	0.08		0.01	0.03	0.01	0.04	0.04		0.03		0.01
0.600				0.08		0.02	0.01	0.01						
0.700				0.08		0.01	0.01	0.00						
0.750	0.11		0.10		0.02				0.01	0.03		0.02		0.02
0.800				0.09	0.10	0.01	0.00	0.00						
0.900				0.09	0.13	0.01	0.03	0.02						
1.000	0.11		0.10	0.10	0.14	0.07	0.04	0.02	0.01	0.02		0.03		0.04

续表 4.9

距丁坝侧岸壁(m)	距坝轴断面(m)													
	-3.000	-2.250	-1.500	-0.750	0.000	0.375	0.750	1.500	2.250	3.000	3.750	4.500	5.250	6.000
1.100				0.11	0.11	0.16	0.02	0.02						
1.200				0.11	0.14	0.15	0.13	0.03						
1.250	0.12		0.11						0.02	0.02		0.06		0.08
1.300				0.11	0.14	0.15	0.15	0.09						
1.400				0.12	0.13	0.15	0.15	0.14						
1.500	0.12		0.12	0.12	0.14	0.14	0.16	0.16	0.10	0.11		0.13		0.11
1.750	0.11		0.12	0.12	0.13	0.14	0.15	0.15	0.14	0.14		0.16		0.15
2.000	0.12		0.13	0.13	0.13	0.14	0.15	0.15	0.14	0.15		0.16		0.16
3.000	0.12		0.12	0.12	0.12	0.12	0.14	0.15	0.15	0.15		0.16		0.16
4.000	0.11		0.11	0.12	0.12	0.13	0.13	0.14	0.14	0.14		0.15		0.15
5.000	0.11		0.11	0.11	0.12	0.12	0.13	0.13	0.14	0.14		0.14		0.14
5.500	0.10		0.10	0.11	0.11	0.11	0.11	0.12	0.13	0.14		0.14		0.14

表 4.10 $H=0.10$ m 和 $m=5$ 时纵断面表层流速 (单位:m/s)

距丁坝侧岸壁(m)	距坝轴断面(m)													
	-3.000	-2.250	-1.500	-0.750	0.000	0.375	0.750	1.500	2.250	3.000	3.750	4.500	5.250	6.000
0.100				0.01		0.00	0.02	0.00						
0.125	0.10		0.06						0.01	0.01		0.05		0.06
0.200				0.02		0.04	0.00	0.00						
0.250	0.10		0.08						0.00	0.00		0.04		0.05
0.300				0.04		0.01	0.00	0.00						
0.400				0.06		0.03	0.00	0.00						
0.500	0.10		0.09	0.08		0.01	0.00	0.04	0.00	0.02		0.03		0.03
0.600				0.07		0.01	0.00	0.01						
0.700				0.08		0.00	0.00	0.02						
0.750	0.11		0.09						0.00	0.01		0.01		0.00
0.800				0.08	0.12	0.03	0.00	0.02						
0.900				0.09	0.15	0.01	0.01	0.02						
0.950	0.00		0.00											

续表 4.10

距丁坝侧岸壁(m)	距坝轴断面(m)													
	-3.000	-2.250	-1.500	-0.750	0.000	0.375	0.750	1.500	2.250	3.000	3.750	4.500	5.250	6.000
1.000				0.09	0.15	0.01	0.00	0.03	0.01	0.01		0.01		0.00
1.100	0.00		0.00	0.10	0.16	0.08	0.00	0.02						
1.200				0.10	0.14	0.13	0.01	0.03						
1.250	0.12		0.11						0.02	0.01		0.03		0.05
1.300				0.10	0.16	0.17	0.03	0.01						
1.400				0.10	0.16	0.16	0.15	0.06						
1.500	0.12		0.12	0.10	0.15	0.16	0.17	0.09	0.06	0.06		0.06		0.08
1.750	0.12		0.12	0.11	0.15	0.15	0.17	0.17	0.15	0.13		0.12		0.12
2.000	0.12		0.12	0.12	0.15	0.15	0.16	0.17	0.18	0.17		0.15		0.14
3.000	0.12		0.12	0.13	0.14	0.14	0.15	0.16	0.17	0.17		0.17		0.17
4.000	0.12		0.12	0.12	0.14	0.12	0.14	0.15	0.15	0.15		0.15		0.15
5.000	0.12		0.12	0.13	0.13	0.12	0.12	0.14	0.14	0.15		0.16		0.16
5.500	0.11		0.11	0.12	0.12	0.12	0.14	0.14	0.15	0.15		0.15		0.15

表 4.11　$H=0.10$ m 和 $m=10$ 时纵断面表层流速

（单位：m/s）

距丁坝侧岸壁（m）	距坝轴断面（m）													
	-3.000	-2.250	-1.500	-0.750	0.000	0.375	0.750	1.500	2.250	3.000	3.750	4.500	5.250	6.000
0.100				0.01		0.00	0.00	0.02						
0.125	0.08		0.05						0.01	0.05		0.05		0.05
0.200				0.00		0.00	0.00	0.00						
0.250	0.09		0.06						0.03	0.04		0.04		0.04
0.300				0.02		0.00	0.00	0.00						
0.400				0.05		0.03	0.01	0.02						
0.500	0.10		0.08	0.06		0.01	0.02	0.03	0.01	0.01		0.01		0.01
0.600				0.06		0.02	0.00	0.00						
0.700				0.06		0.02	0.00	0.00						
0.750	0.10		0.08		0.03				0.01	0.00		0.00		0.01

续表 4.11

距丁坝侧岸壁(m)	距坝轴断面(m)													
	-3.000	-2.250	-1.500	-0.750	0.000	0.375	0.750	1.500	2.250	3.000	3.750	4.500	5.250	6.000
0.800				0.07	0.08	0.02	0.01	0.01						
0.900				0.08	0.14	0.02	0.02	0.02						
1.000	0.10		0.09	0.08	0.15	0.04	0.01	0.01	0.03	0.00		0.00		0.00
1.100				0.08	0.13	0.11	0.02	0.03						
1.200				0.09	0.13	0.13	0.02	0.02						
1.250	0.11		0.10						0.01	0.01		0.01		0.01
1.300				0.09	0.15	0.13	0.05	0.02						
1.400				0.09	0.14	0.16	0.09	0.03						
1.500	0.12		0.11	0.10	0.15	0.15	0.10	0.04	0.02	0.03		0.03		0.03
1.600				0.10	0.14	0.17	0.12	0.07						

续表 4.11

距丁坝侧岸壁(m)	距坝轴断面(m)													
	-3.000	-2.250	-1.500	-0.750	0.000	0.375	0.750	1.500	2.250	3.000	3.750	4.500	5.250	6.000
1.700				0.11	0.14	0.16	0.13	0.10						
1.750	0.12		0.11						0.07	0.06		0.06		0.07
1.800				0.11	0.14	0.16	0.15	0.12						
1.900				0.11	0.14	0.17	0.16	0.13						
2.000	0.12		0.11	0.11	0.14	0.15	0.16	0.13	0.12	0.10		0.10		0.10
3.000	0.11		0.12	0.13	0.15	0.15	0.14	0.16	0.18	0.19		0.19		0.19
4.000	0.11		0.11	0.12	0.13	0.14	0.14	0.15	0.17	0.18		0.19		0.18
5.000	0.12		0.12	0.13	0.13	0.15	0.14	0.15	0.16	0.17		0.17		0.17
5.500	0.10		0.12	0.12	0.13	0.13	0.14	0.14	0.16	0.16		0.17		0.17

表 4.12　$H=0.12$ m 和 $m=0$ 时纵断面表层流速　（单位:m/s）

距丁坝侧岸壁(m)	距坝轴断面(m)													
	-3.000	-2.250	-1.500	-0.750	0.000	0.375	0.750	1.500	2.250	3.000	3.750	4.500	5.250	6.000
0.100				0.04	0.13	0.08	0.04	0.02						
0.125	0.10		0.07						0.03	0.01		0.01		0.03
0.200				0.06	0.12	0.06	0.02	0.01						
0.250	0.10		0.09						0.01	0.01		0.01		0.02
0.300				0.07	0.13	0.07	0.03	0.02						
0.400				0.08	0.14	0.06	0.03	0.01						
0.500	0.11		0.09	0.08	0.14	0.06	0.01	0.01	0.02	0.01		0.00		0.02
0.600				0.08	0.13	0.04	0.00	0.01						
0.700				0.08	0.14	0.05	0.01	0.00						
0.750	0.11		0.10						0.01	0.02		0.02		0.03
0.800				0.09	0.13	0.05	0.01	0.02						
0.900				0.11	0.14	0.05	0.02	0.02						
1.000	0.11		0.10	0.10	0.13	0.14	0.06	0.05	0.03	0.02		0.04		0.06

续表 4.12

距丁坝侧岸壁(m)	距坝轴断面(m)													
	-3.000	-2.250	-1.500	-0.750	0.000	0.375	0.750	1.500	2.250	3.000	3.750	4.500	5.250	6.000
1.100				0.10	0.13	0.14	0.14	0.08						
1.200				0.11	0.13	0.14	0.14	0.12						
1.250	0.11		0.11						0.12	0.10		0.10		0.11
1.300				0.11	0.13	0.14	0.14	0.14						
1.400				0.11	0.13	0.14	0.14	0.14						
1.500	0.11		0.12	0.11	0.12	0.14	0.14	0.13	0.14	0.14		0.13		0.12
1.750	0.11		0.12	0.11	0.13	0.14	0.14	0.13	0.15	0.14		0.14		0.14
2.000	0.11		0.12	0.11	0.13	0.13	0.13	0.14	0.15	0.14		0.14		0.14
3.000	0.11		0.11	0.11	0.12	0.13	0.12	0.13	0.13	0.13		0.13		0.13
4.000	0.11		0.11	0.11	0.12	0.12	0.12	0.13	0.13	0.12		0.13		0.12
5.000	0.11		0.10	0.10	0.11	0.12	0.12	0.12	0.12	0.11		0.11		0.12
5.500	0.10		0.10	0.10	0.11	0.10	0.11	0.11	0.11	0.11		0.11		0.11

表 4.13　$H=0.12$ m 和 $m=5$ 时纵断面表层流速

（单位：m/s）

距丁坝侧岸壁（m）	距坝轴断面（m）													
	-3.000	-2.250	-1.500	-0.750	0.000	0.375	0.750	1.500	2.250	3.000	3.750	4.500	5.250	6.000
0.100				0.02	0.14	0.09	0.03	0.03						
0.125	0.09		0.07						0.02	0.01		0.02		0.02
0.200				0.04	0.13	0.08	0.02	0.02						
0.250	0.10		0.09						0.01	0.02		0.02		0.03
0.300				0.07	0.14	0.09	0.04	0.01						
0.400				0.07	0.15	0.07	0.04	0.02						
0.500	0.11		0.09	0.07	0.16	0.09	0.02	0.02	0.01	0.01		0.03		0.01
0.600				0.07	0.16	0.09	0.03	0.01						
0.700				0.08	0.15	0.06	0.02	0.03						
0.750	0.11		0.09						0.02	0.01		0.03		0.01
0.800				0.08	0.14	0.04	0.01	0.00						
0.900				0.10	0.15	0.05	0.03	0.03						
0.950	0.00		0.00											

续表 4.13

距丁坝侧岸壁(m)	距坝轴断面(m)													
	-3.000	-2.250	-1.500	-0.750	0.000	0.375	0.750	1.500	2.250	3.000	3.750	4.500	5.250	6.000
1.000				0.10	0.16	0.08	0.02	0.02	0.03	0.03		0.03		0.05
1.100	0.00		0.00	0.10	0.15	0.14	0.05	0.01						
1.200				0.10	0.15	0.15	0.09	0.04						
1.250	0.12		0.11						0.04	0.05		0.05		0.05
1.300				0.10	0.15	0.15	0.15	0.08						
1.400				0.11	0.14	0.15	0.16	0.12						
1.500	0.12		0.11	0.11	0.14	0.15	0.15	0.16	0.10	0.11		0.09		0.10
1.750	0.12		0.11	0.11	0.14	0.15	0.15	0.15	0.14	0.14		0.14		0.12
2.000	0.11		0.12	0.12	0.14	0.14	0.15	0.15	0.15	0.15		0.15		0.14
3.000	0.11		0.11	0.12	0.12	0.13	0.13	0.14	0.14	0.15		0.15		0.15
4.000	0.10		0.10	0.12	0.11	0.12	0.12	0.13	0.13	0.13		0.14		0.14
5.000	0.11		0.11	0.12	0.12	0.11	0.12	0.12	0.12	0.12		0.12		0.13
5.500	0.10		0.10	0.10	0.10	0.10	0.11	0.11	0.11	0.11		0.12		0.12

表 4.14　$H=0.12$ m 和 $m=10$ 时纵断面表层流速

（单位:m/s）

距丁坝侧岸壁(m)	距坝轴断面(m)													
	-3.000	-2.250	-1.500	-0.750	0.000	0.375	0.750	1.500	2.250	3.000	3.750	4.500	5.250	6.000
0.100				0.01	0.15	0.10	0.02	0.01						
0.125	0.09		0.07						0.01	0.00		0.00		0.01
0.200				0.04	0.16	0.09	0.02	0.01						
0.250	0.09		0.07						0.01	0.00		0.00		0.03
0.300				0.06	0.16	0.11	0.04	0.01						
0.400				0.06	0.17	0.10	0.01	0.01						
0.500	0.10		0.08	0.07	0.17	0.09	0.03	0.02	0.02	0.03		0.00		0.00
0.600				0.07	0.16	0.08	0.02	0.00						
0.700				0.07	0.16	0.08	0.04	0.00						
0.750	0.10		0.09						0.00	0.00		0.00		0.00

续表 4.14

距丁坝侧岸壁(m)	距坝轴断面(m)													
	-3.000	-2.250	-1.500	-0.750	0.000	0.375	0.750	1.500	2.250	3.000	3.750	4.500	5.250	6.000
0.800				0.07	0.15	0.06	0.02	0.00						
0.900				0.08	0.15	0.06	0.01	0.00						
1.000	0.11		0.09	0.08	0.15	0.10	0.03	0.02	0.02	0.03		0.00		0.00
1.100				0.09	0.15	0.14	0.04	0.01						
1.200				0.10	0.14	0.16	0.07	0.02						
1.250	0.12		0.11						0.02	0.02		0.02		0.03
1.300				0.10	0.15	0.17	0.09	0.04						
1.400				0.10	0.14	0.16	0.13	0.05						
1.500	0.12		0.11	0.10	0.14	0.16	0.13	0.08	0.06	0.06		0.06		0.07
1.600				0.11	0.14	0.16	0.13	0.11						

续表 4.14

距丁坝侧岸壁(m)	距坝轴断面(m)													
	-3.000	-2.250	-1.500	-0.750	0.000	0.375	0.750	1.500	2.250	3.000	3.750	4.500	5.250	6.000
1.700				0.11	0.15	0.16	0.14	0.11						
1.750	0.12		0.11						0.10	0.09		0.09		0.09
1.800				0.11	0.15	0.16	0.15	0.12						
1.900				0.12	0.14	0.16	0.16	0.13						
2.000	0.11		0.12	0.12	0.14	0.15	0.14	0.16	0.14	0.13		0.13		0.13
3.000	0.12		0.12	0.12	0.14	0.14	0.13	0.15	0.16	0.16		0.16		0.16
4.000	0.11		0.12	0.12	0.14	0.11	0.13	0.14	0.14	0.15		0.15		0.15
5.000	0.11		0.11	0.12	0.13	0.12	0.13	0.14	0.13	0.13		0.14		0.11
5.500	0.10		0.10	0.10	0.11	0.12	0.13	0.13	0.13	0.13		0.14		0.14

表 4.15　$H=0.14$ m 和 $m=0$ 时纵断面表层流速

（单位：m/s）

距丁坝侧岸壁(m)	距坝轴断面(m)													
	-3.000	-2.250	-1.500	-0.750	0.000	0.375	0.750	1.500	2.250	3.000	3.750	4.500	5.250	6.000
0.100				0.05	0.13	0.09	0.02	0.03						
0.125	0.10		0.08						0.01	0.00		0.01		0.00
0.200				0.07	0.12	0.08	0.04	0.00						
0.250	0.10		0.09						0.01	0.02		0.02		0.00
0.300				0.08	0.14	0.09	0.02	0.01						
0.400				0.08	0.13	0.08	0.02	0.00						
0.500	0.11		0.10	0.08	0.13	0.06	0.02	0.02	0.00	0.01		0.01		0.01
0.600				0.09	0.13	0.08	0.02	0.00						
0.700				0.09	0.12	0.08	0.03	0.00						
0.750	0.11		0.10						0.00	0.00		0.01		0.04
0.800				0.10	0.11	0.09	0.04	0.00						
0.900				0.10	0.13	0.11	0.06	0.05						

续表 4.15

距丁坝侧岸壁(m)	距坝轴断面(m)													
	-3.000	-2.250	-1.500	-0.750	0.000	0.375	0.750	1.500	2.250	3.000	3.750	4.500	5.250	6.000
0.950														
1.000	0.11		0.11	0.10	0.12	0.14	0.13	0.09	0.07	0.07		0.07		0.08
1.100				0.10		0.14	0.14	0.13						
1.200						0.14	0.14	0.14						
1.250	0.11		0.10						0.13	0.13		0.12		0.11
1.500	0.11		0.11	0.11	0.12	0.13	0.14	0.14	0.12	0.13		0.13		0.13
1.750	0.11		0.11	0.11	0.12	0.14	0.14	0.14	0.14	0.14		0.13		0.13
2.000	0.11		0.11	0.11	0.12	0.13	0.14	0.00	0.14	0.13		0.13		0.13
3.000	0.12		0.11	0.12	0.12	0.13	0.13	0.13	0.13	0.13		0.13		0.13
4.000	0.11		0.11	0.11	0.11	0.12	0.12	0.12	0.12	0.12		0.12		0.12
5.000	0.11		0.10	0.11	0.09	0.14	0.11	0.13	0.12	0.12		0.12		0.12
5.500	0.09		0.09	0.09	0.09	0.09	0.09	0.10	0.10	0.10		0.10		0.10

表 4.16　$H=0.14$ m 和 $m=5$ 时纵断面表层流速　（单位:m/s）

距丁坝侧岸壁(m)	距坝轴断面(m)													
	-3.000	-2.250	-1.500	-0.750	0.000	0.375	0.750	1.500	2.250	3.000	3.750	4.500	5.250	6.000
0.100					0.13	0.10	0.06							
0.125	0.09		0.08	0.05					0.02	0.01		0.01		0.00
0.200					0.14	0.08	0.04							
0.250	0.10		0.09	0.07				0.01	0.01	0.00		0.00		0.01
0.300					0.14	0.08	0.05							
0.400					0.14	0.10	0.04							
0.500	0.10		0.09	0.08	0.15	0.10	0.04	0.02	0.01	0.01		0.01		0.01
0.600					0.14	0.07	0.04							
0.700					0.14	0.08	0.04							
0.750	0.11		0.10	0.09				0.01	0.01	0.00		0.01		0.03
0.800					0.12	0.08	0.03							
0.900					0.13	0.10	0.03							

续表 4.16

距丁坝侧岸壁(m)	距坝轴断面(m)													
	-3.000	-2.250	-1.500	-0.750	0.000	0.375	0.750	1.500	2.250	3.000	3.750	4.500	5.250	6.000
1.000	0.11		0.10	0.10	0.15	0.12	0.05	0.02	0.02	0.02		0.04		0.04
1.100					0.15	0.14	0.08	0.04						
1.200					0.15	0.14	0.14	0.09						
1.250	0.12		0.11	0.11					0.09	0.09		0.08		0.09
1.300					0.13	0.14	0.14	0.12						
1.400					0.13	0.14	0.14	0.14						
1.500	0.11		0.11	0.10	0.13	0.13	0.14	0.14	0.14	0.14		0.13		0.12
1.750	0.12		0.12	0.11	0.12	0.13	0.14	0.14	0.14	0.14		0.14		0.14
2.000	0.12		0.12	0.11	0.12	0.13	0.14	0.14	0.14	0.14		0.14		0.13
3.000	0.11		0.11	0.12	0.12	0.12	0.13	0.13	0.13	0.13		0.14		0.14
4.000	0.11		0.11	0.11	0.11	0.11	0.12	0.12	0.12	0.12		0.12		0.13
5.000	0.11		0.11	0.11	0.11	0.12	0.12	0.12	0.12	0.12		0.12		0.12
5.500	0.09		0.09	0.10	0.10	0.10	0.11	0.10	0.10	0.11		0.12		0.11

表 4.17　$H=0.14$ m 和 $m=10$ 时纵断面表层流速　　（单位：m/s）

距丁坝侧岸壁(m)	距坝轴断面(m)													
	-3.000	-2.250	-1.500	-0.750	0.000	0.375	0.750	1.500	2.250	3.000	3.750	4.500	5.250	6.000
0.100				0.04	0.10	0.11	0.06	0.03						
0.200	0.08		0.06						0.02	0.02		0.02		0.00
0.200				0.05	0.12	0.10	0.04	0.00						
0.250	0.09		0.08						0.001	0.01		0.01		0.01
0.300				0.06	0.13	0.12	0.04	0.00						
0.400				0.06	0.13	0.12	0.05	0.00						
0.500	0.09		0.08	0.06	0.13	0.11	0.06	0.01	0.00	0.01		0.02		0.01
0.600				0.07	0.12	0.11	0.04	0.01						
0.700				0.07	0.12	0.10	0.06	0.02						
0.750	0.10		0.09						0.00	0.01		0.01		0.03

续表 4.17

距丁坝侧岸壁(m)	距坝轴断面(m)													
	-3.000	-2.250	-1.500	-0.750	0.000	0.375	0.750	1.500	2.250	3.000	3.750	4.500	5.250	6.000
0.800				0.07	0.13	0.11	0.04	0.01						
0.900				0.08	0.14	0.11	0.03	0.01						
1.000	0.10		0.09	0.08	0.14	0.13	0.04	0.01	0.01	0.02		0.02		0.04
1.100				0.09	0.17	0.16	0.09	0.03						
1.200				0.10	0.17	0.17	0.11	0.05						
1.250	0.12		0.11						0.05	0.06		0.05		0.09
1.300				0.10	0.17	0.15	0.11	0.06						
1.400				0.11	0.17	0.14	0.13	0.10						
1.500	0.12		0.11	0.11	0.16	0.15	0.13	0.11	0.09	0.08		0.08		0.12
1.600				0.11	0.16	0.15	0.13	0.12						

续表 4.17

距丁坝侧岸壁(m)	距坝轴断面(m)													
	-3.000	-2.250	-1.500	-0.750	0.000	0.375	0.750	1.500	2.250	3.000	3.750	4.500	5.250	6.000
1.700				0.11	0.16	0.15	0.15	0.12						
1.750	0.12		0.11						0.12	0.12		0.11		0.14
1.800				0.12	0.13	0.15	0.15	0.14						
1.900				0.12	0.14	0.15	0.15	0.15						
2.000	0.12		0.12	0.12	0.13	0.14	0.14	0.16	0.15	0.15		0.14		0.13
3.000	0.12		0.12	0.12	0.13	0.13	0.14	0.14	0.14	0.15		0.14		0.14
4.000	0.11		0.11	0.12	0.12	0.12	0.13	0.14	0.13	0.13		0.13		0.13
5.000	0.11		0.11	0.11	0.12	0.12	0.12	0.13	0.13	0.13		0.14		0.12
5.500	0.11		0.10	0.10	0.11	0.12	0.11	0.11	0.12	0.12		0.13		0.11

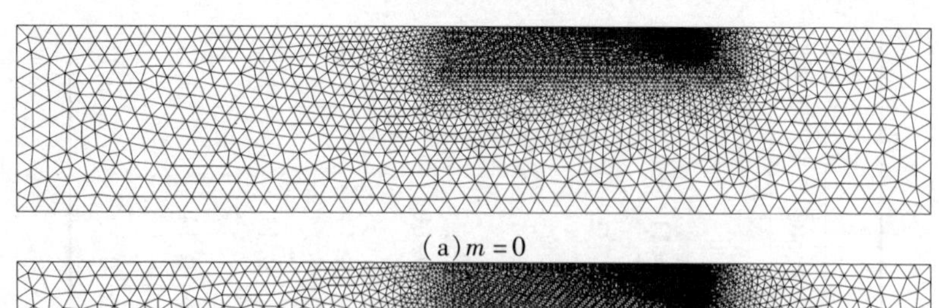

(a) $m=0$

(b) $m=5$

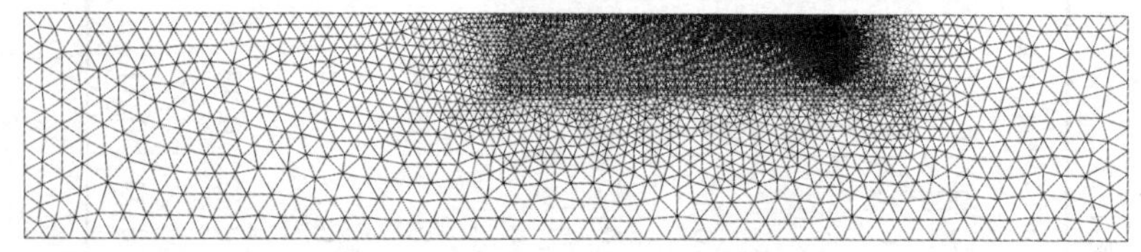

(c) $m=10$

图 4.7　丁坝三维水流数学模型平面网格

水平方向采用尺寸为 0.60 m 的三角形网格进行剖分，上游 $2L$ 和下游 $12L$ 区域内加密为 0.10 m，坝体本身加密为 0.01 m。端坡为 0、5 和 10 情况下的平面三角形单元个数分别为 17 398、22 226和 23 728。垂向 σ 坐标下分 10 层。

计算中，底床粗糙度取 $k_s=0.000\ 65$ m，时间步长取 $\Delta t=0.002$ s。

4.2.2　模型验证情况

图 4.8 ~ 图 4.11 分别为 $H=0.08$ m、0.10 m、0.12 m、0.14 m 时在 $m=0$、5、10 条件下横断面表层流速验证情况。整体来看，计算值与实测值验证较好。$H=0.10$ m 时坝头端坡上流速偏差较大（见图 4.9(c)），与坝头部分水深很浅旋桨不能全部淹没有关。

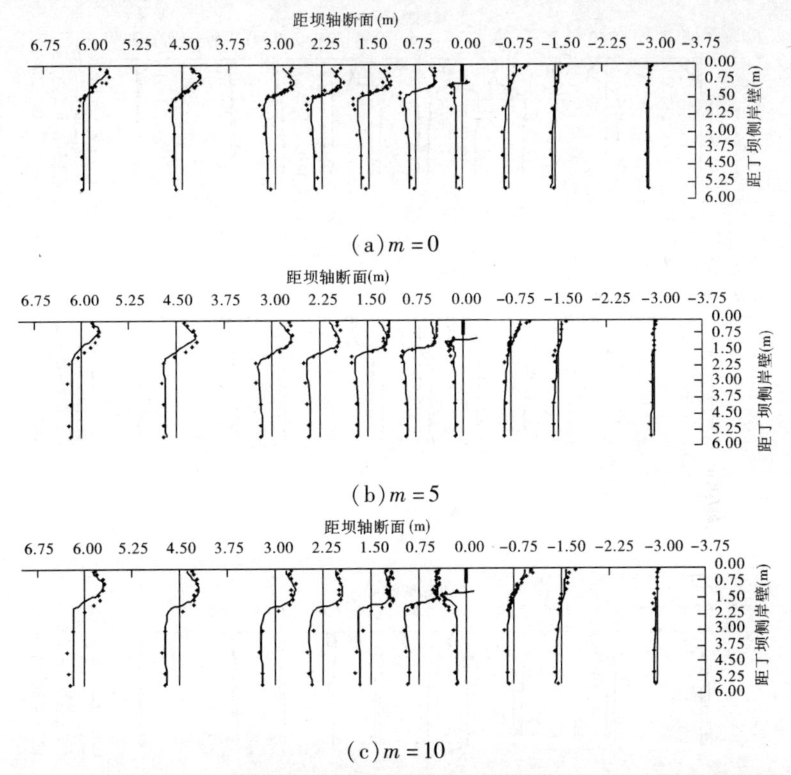

(a) $m=0$

(b) $m=5$

(c) $m=10$

图4.8　$H=0.08$ m 时横断面表层流速验证(黑色粗实线表示丁坝,黑色曲线表示计算数据,散点表示实测数据,黑色直线表示未设置丁坝时的流速,下同)

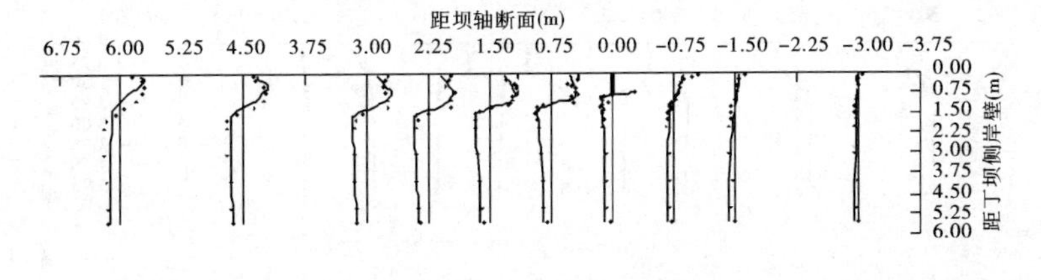

(a) $m=0$

图4.9　$H=0.10$ m 时横断面表层流速验证

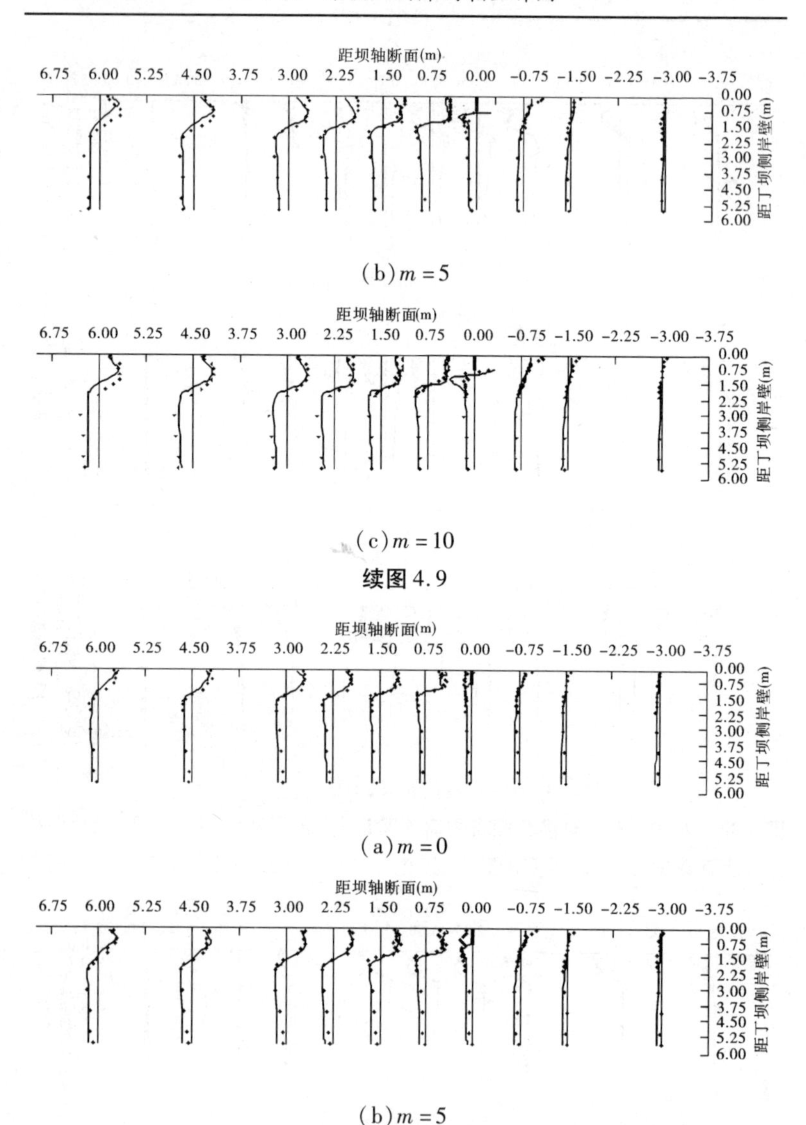

(b) $m=5$

(c) $m=10$

续图 4.9

(a) $m=0$

(b) $m=5$

图 4.10　$H=0.12$ m 时横断面表层流速验证

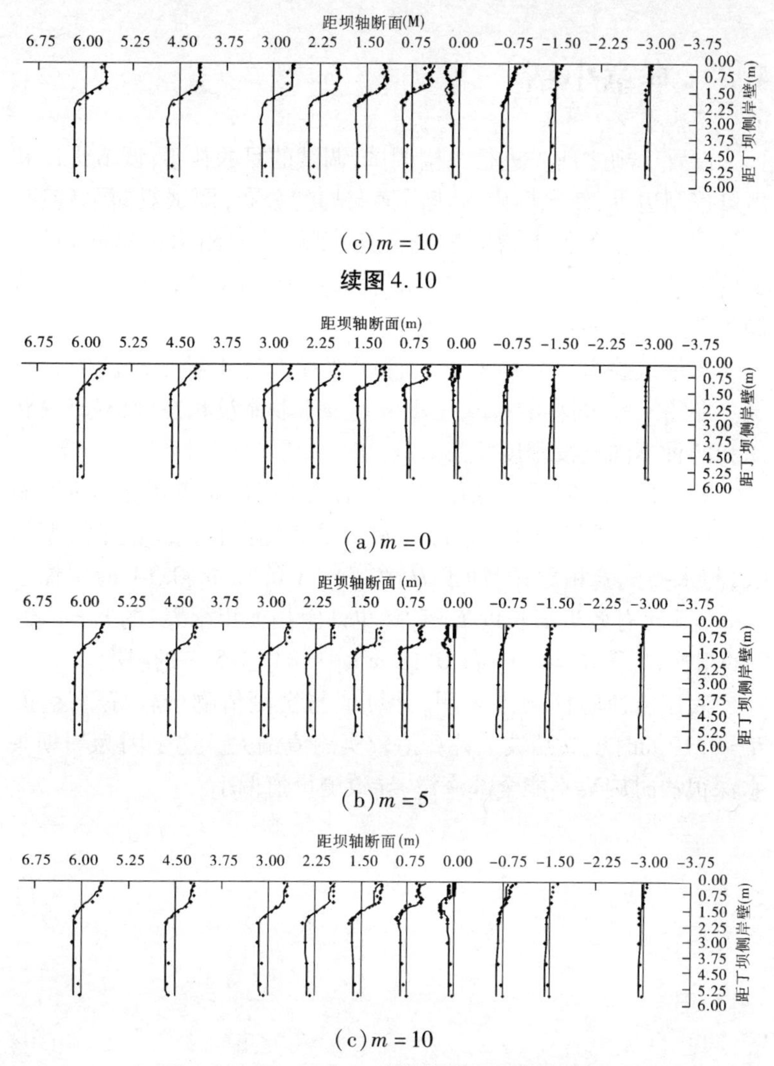

(c) $m=10$

续图 4.10

(a) $m=0$

(b) $m=5$

(c) $m=10$

图 4.11　$H=0.14$ m 时横断面表层流速验证

4.3　本章小结

设置丁坝之前先进行水槽调试,调试的目的在于:调节进口和出口控制边界,使水槽内流速沿横向均匀分布;调试双向泵转速,在不同的水深条件下得到相同流速;了解边壁阻力的影响范围。最后得到正式试验要求的 $H=0.08$ m、0.10 m、0.12 m、0.14 m 水深条件下相应的水槽控制边界条件。

水槽试验组次分别考虑 3 种端坡和上述 4 种水深的组合情况。在这 4 种水深条件下,丁坝分别处于非淹没状态、恰好淹没状态和两种不同淹没程度状态。

数学模型中除了丁坝位置与水槽试验中的布置相比向进口断面提前 2 m 的距离,其他条件与水槽试验完全相同。数学模型组次,与水槽试验相比,增加了 $H=0.08$ m、0.12 m、0.14 m 水深下与 $m=5$ 时有效近似长度 L 相等(也即阻挡面积相等)的 $m=0$、3、7 的组次,以及 $H=0.16$ m、0.18 m 时 $m=0$、3、5、7 的组次。

表层流速验证结果表明,计算值与实测值吻合较好。然而,$H=0.10$ m时坝头端坡上计算值较实测值偏大。这是因为当坝头水深很浅时旋桨不能全部淹没,导致测量值偏小。

第5章　丁坝对流场的调整作用

为方便起见,本章所作图表的坐标系与水槽试验中的有所不同。首先将水槽试验中 x 和 y 的方向调整为习惯的自左至右和自下而上方向;其次坐标值均采用相对值表示:平面以 x/L 和 y/L 表示,垂向以 z 与坝体高度 D 的比值 z/D 表示。平面流速以 V($V=\sqrt{u^2+v^2}$)与上游控制边界处平均流速 $V_0=0.10$ m/s 的比值 V/V_0 表示。

表层取在静水时自由表面以下0.01 m的位置,即 $z/D=(H-0.01\text{m})/D$,$H=0.08$ m、0.12 m、0.14 m、0.16 m、0.18 m时分别为0.7、1.1、1.3、1.5、1.7。底层平面流场取在距底床0.02 m的位置,即 $z/D=0.2$。

5.1　淹没与非淹没条件下丁坝附近流场

5.1.1　表层平面流场

图5.1为 $m=0$、$L=0.75$ m丁坝在 $\Delta H/H=0.00$、0.17、0.29时的表层平面流场。当 $\Delta H/H=0.00$(见图5.1(a)),也即非淹没时,丁坝下游出现回流区;当 $\Delta H/H=0.17$ 时(见图5.1(b)),仍出现回流区,但受坝顶过流影响,位置下移;当 $\Delta H/H=0.29$ 时(见图5.1(c)),由于淹没程度较大,回流区基本消失。

5.1.2　横向流速分布

图5.2为 $m=0$、$L=0.75$ m丁坝在非淹没和淹没条件下坝轴

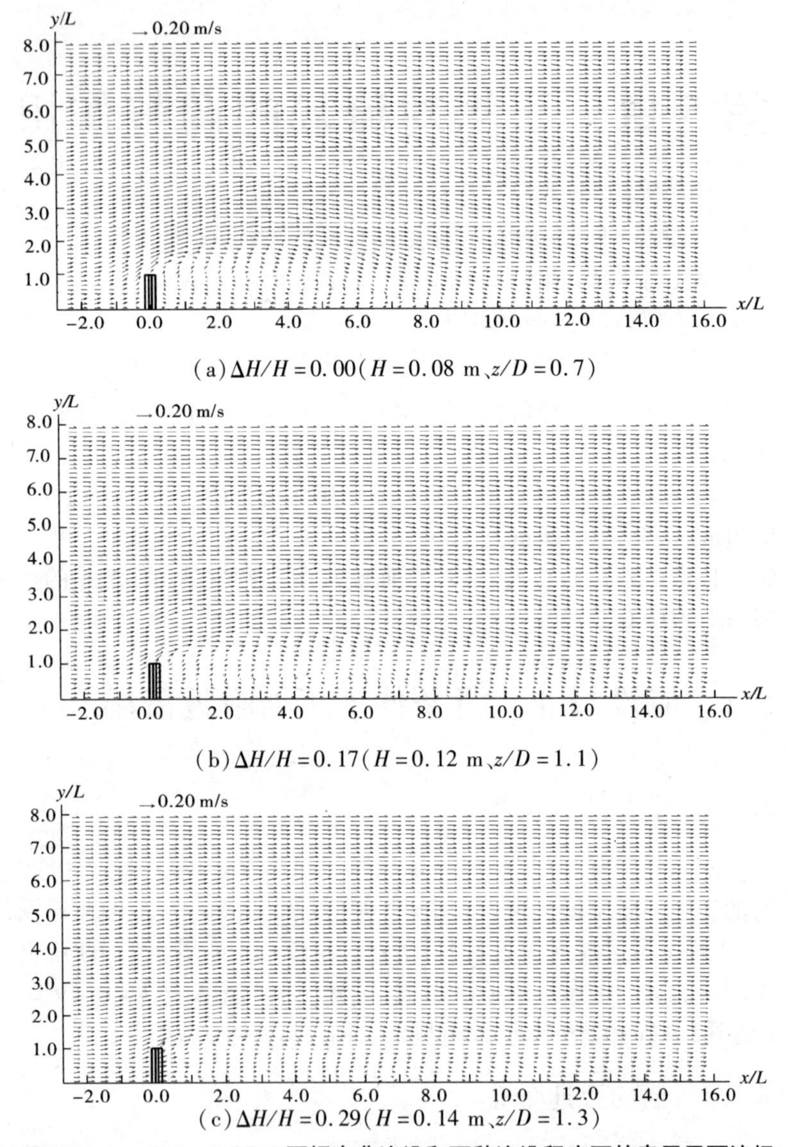

(a) $\Delta H/H=0.00$ ($H=0.08$ m、$z/D=0.7$)

(b) $\Delta H/H=0.17$ ($H=0.12$ m、$z/D=1.1$)

(c) $\Delta H/H=0.29$ ($H=0.14$ m、$z/D=1.3$)

图 5.1　$m=0$、$L=0.75$ m 丁坝在非淹没和两种淹没程度下的表层平面流场

断面横向流速分布。两种条件下,坝头附近横向流速都较大,最大横向流速可达0.08 m/s,即$0.8V_0$。坝头附近横向流速的垂线分布自表层向下逐渐增加,$\Delta H/H=0.00$和$\Delta H/H=0.17$时分别至$z/H=0.25(z/D=0.20)$和$z/H=0.21(z/D=0.25)$时最大,约为表层流速的1.1倍和1.2倍,然后减小。

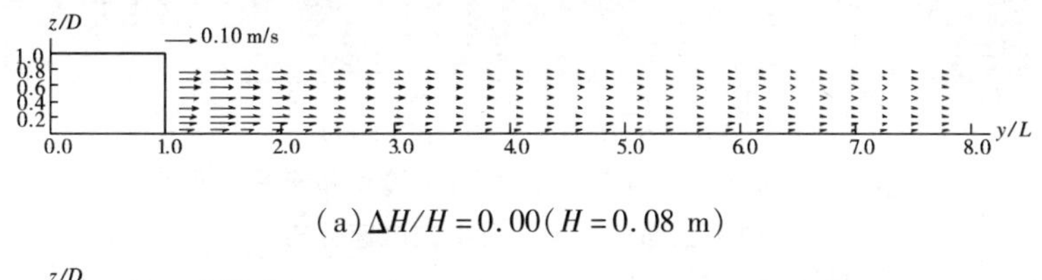

(a)$\Delta H/H=0.00(H=0.08\ \text{m})$

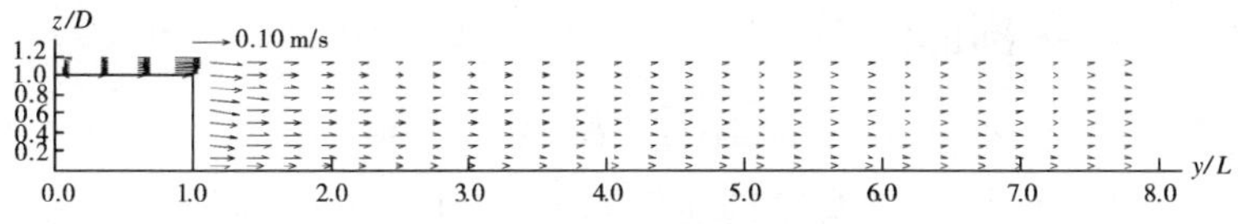

(b)$\Delta H/H=0.17(H=0.12\ \text{m})$

图5.2 $m=0$、$L=0.75$ m丁坝在非淹没和淹没条件下坝轴断面($x/L=0.0$)横向流速分布

与非淹没情况相比,$\Delta H/H=0.17$时,除在紧邻坝头处($y/L=1.1$)横向流速较大外,在稍远处($1.1<y/L<3.5$)横向流速明显减小。若以横向流速大于0.02 m/s,即$0.2V_0$计,非淹没时横向流动影响最远处约在$y/L=3.5$处,即坝头以外约$2.5L$内;$\Delta H/H=0.17$时横向流动影响最远处约在$y/L=3.0$处,即坝头以外约$2.0L$内。淹没情况下横向流动的影响范围比非淹没时小。

图5.3为丁坝在非淹没和淹没条件下收缩断面($x/L=2.7$)的横向流速分布。在非淹没条件下,距丁坝侧岸壁$(1.5\sim3.5)L$范围内存在二次流。在淹没条件下,距丁坝侧岸壁$(1.4\sim1.8)L$范围内存在二次流。相比较而言,淹没条件下二次流的范围明显缩小。

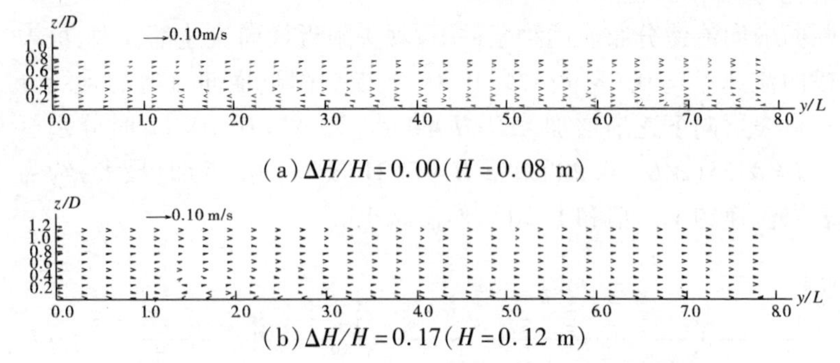

(a) $\Delta H/H=0.00(H=0.08\ \mathrm{m})$

(b) $\Delta H/H=0.17(H=0.12\ \mathrm{m})$

图 5.3　$m=0$、$L=0.75$ m 丁坝在非淹没和淹没条件下收缩断面($x/L=2.7$)横向流速分布

5.1.3　纵剖面流场

图 5.4 ~ 图 5.6 为 $m=0$、$L=0.75$ m 丁坝分别在 $y/L=0.5$ 纵剖面处、$y/L=1.0$ 坝头纵剖面处和 $y/L=1.5$ 收缩纵剖面处在非淹没和淹没条件下的流场。

在 $y/L=0.5$ 纵剖面处，纵向水流受丁坝坝体阻挡。$\Delta H/H=0.00$ 时，丁坝下游流速很小。$\Delta H/H=0.17$ 时，坝顶以上流速及其紧邻下游附近表层流速为 $(1.1\sim1.7)V_0$，且下游出现一横轴环流。在 $y/L=1.0$ 坝头纵剖面处，$\Delta H/H=0.17$ 时上游纵向流速比 $\Delta H/H=0.00$ 时有所增加；下游流速都很小。在 $y/L=1.5$ 收缩纵剖面处，$\Delta H/H=0.17$ 时丁坝下游 $x/L>1.0$ 范围内的纵向流速明显比 $\Delta H/H=0.00$ 时大。这与下游表层回流区（见图 5.1）范围的变化是一致的。

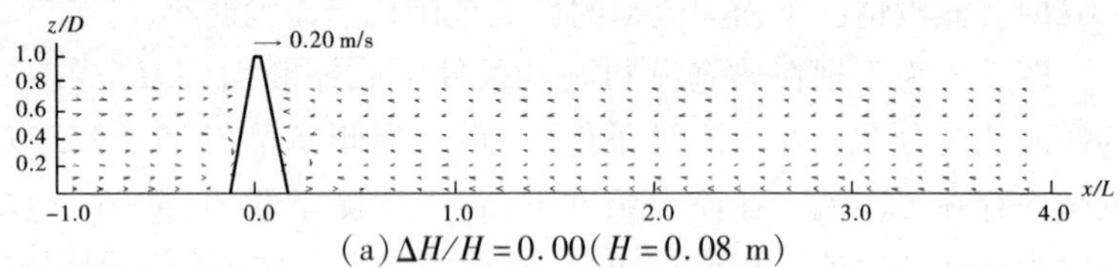

(a) $\Delta H/H=0.00(H=0.08\ \mathrm{m})$

图 5.4　$m=0$、$L=0.75$ m 丁坝在非淹没和淹没条件下 $y/L=0.5$ 纵剖面处流场

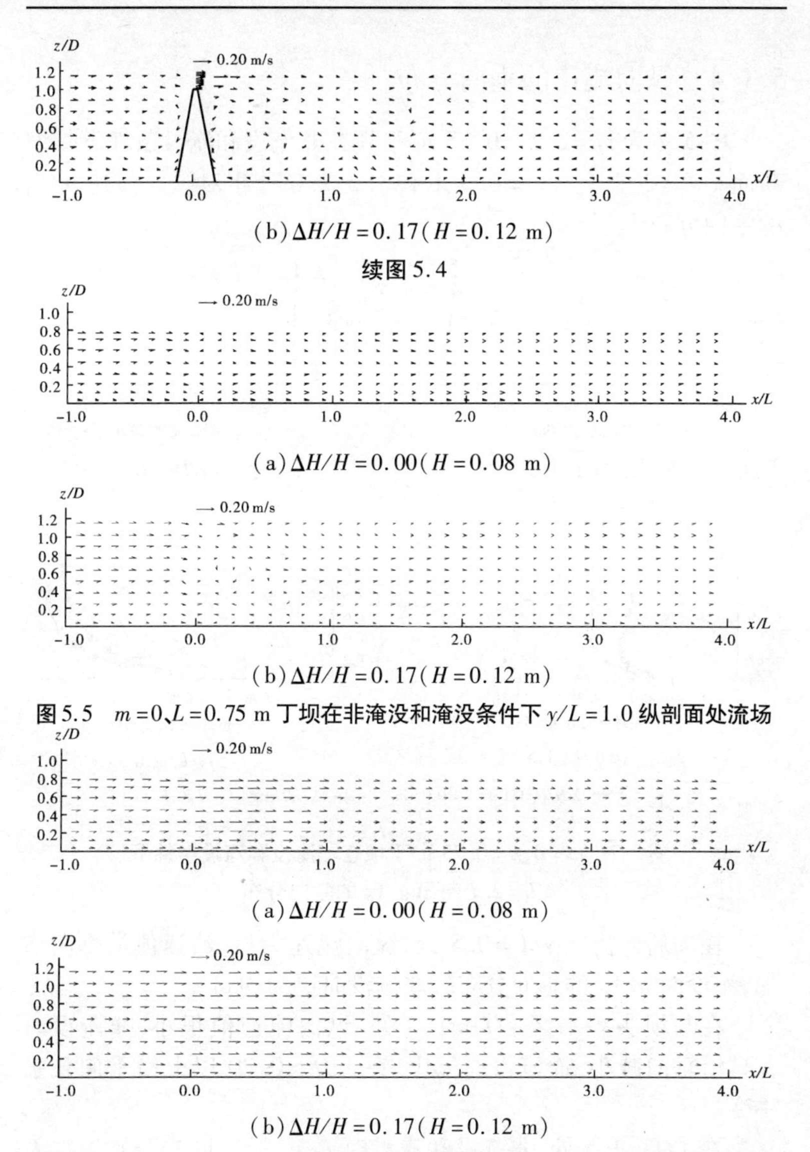

(b) $\Delta H/H=0.17(H=0.12\ \text{m})$

续图5.4

(a) $\Delta H/H=0.00(H=0.08\ \text{m})$

(b) $\Delta H/H=0.17(H=0.12\ \text{m})$

图5.5　$m=0$、$L=0.75$ m 丁坝在非淹没和淹没条件下 $y/L=1.0$ 纵剖面处流场

(a) $\Delta H/H=0.00(H=0.08\ \text{m})$

(b) $\Delta H/H=0.17(H=0.12\ \text{m})$

图5.6　$m=0$、$L=0.75$ m 丁坝在非淹没和淹没条件下 $y/L=1.5$ 纵剖面处流场

5.1.4　纵向流速的垂向分布

图 5.7 为 $m=0$、$L=0.75$ m 丁坝在非淹没和淹没条件下收缩断面 $x/L=2.7$ 上 $y/L=0.5$、1.0、1.5、2.0 处相对纵向流速 u/V_0 的垂向分布。

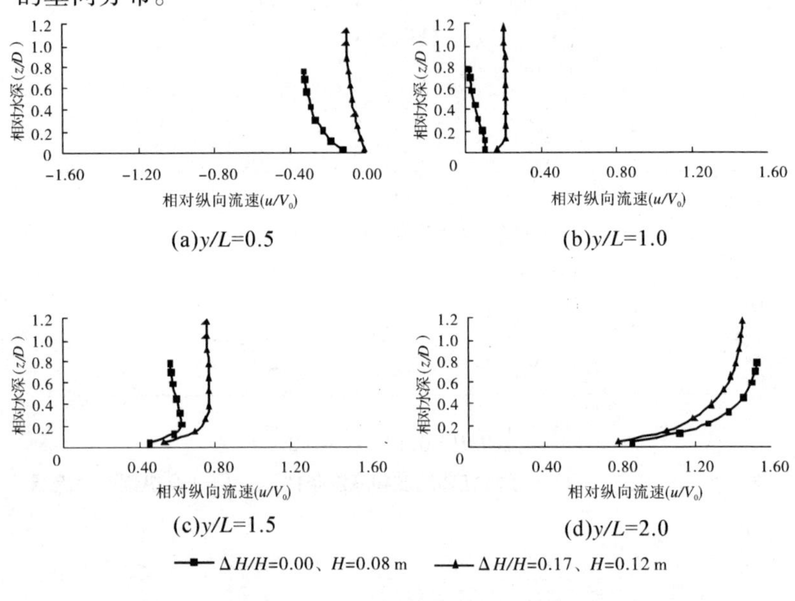

图 5.7　$m=0$、$L=0.75$ m 丁坝在非淹没和淹没条件下 $x/L=2.7$ 断面 u/V_0 的垂向分布

在坝后回流区 $y/L=0.5$ 处，纵向流速为负，流速值沿垂向增加，淹没时 u/V_0 的垂向分布较非淹没时更为均匀。

在与坝头齐平区 $y/L=1.0$ 处，纵向流速值很小，非淹没时 u/V_0 沿垂向减小，而淹没时 u/V_0 在 $z/D>0.20$ 以上沿垂向几乎不变。

在 $y/L=1.5$ 处，非淹没和淹没时 u/V_0 沿垂向先分别增加至 $z/D=0.25$、0.40 后逐渐减小。淹没时流速较非淹没时增加，且在

$z/D>0.25$ 以上沿垂向变化很小。

在主流区 $y/L=2.0$ 处,非淹没和淹没时 u/V_0 沿垂向逐渐增加。但与前面三处位置处不同的是,淹没时流速较非淹没时减小。然而,淹没时的垂向分布仍较非淹没时均匀。

5.1.5　紊动动能的垂向分布

图5.8为 $m=0$、$L=0.75$ m丁坝在非淹没和淹没条件下收缩断面($x/L=2.7$)$y/L=0.5$、1.0、1.5、2.0处 k 值的垂向分布。

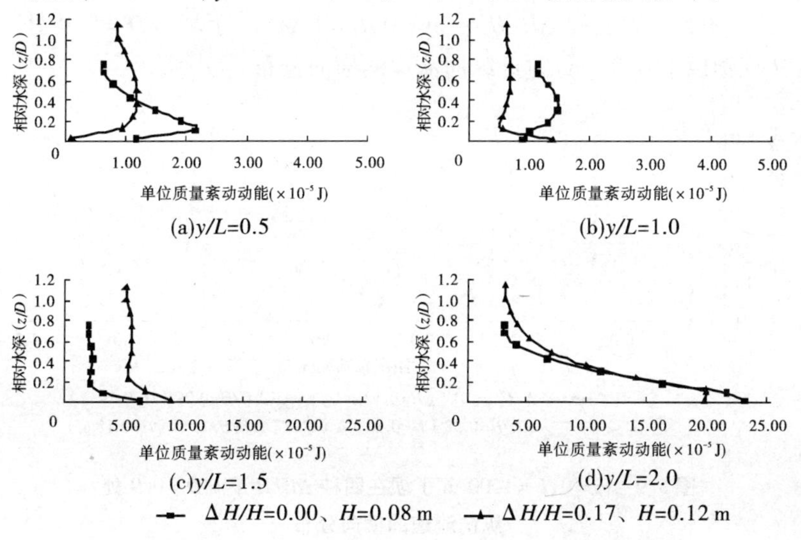

图5.8　$m=0$、$L=0.75$ m丁坝在非淹没和淹没条件下 $x/L=2.7$ 断面 k 值的垂向分布

在丁坝下游回流区 $y/L=0.5$ 处,淹没和非淹没条件下 k 值均沿垂向减小。在 $z/D<0.4$ 范围内,淹没条件下的 k 值小于非淹没条件下的值,而在 $z/D\geq0.4$ 范围内,则大于非淹没条件下的值。在 $y/L=1.0$ 处,淹没条件下的 k 值沿垂向先减小而后逐渐稳定,非淹没条件下先增加而后减小。在 $y/L=1.5$ 处,淹没条件下的 k

值大于非淹没时的值,自底层先减小,至 $z/D>0.2$ 后则变化不大。在 $y/L=2.0$ 处,淹没条件下的 k 值大于非淹没时的值,自底层向上逐渐减小。

5.2　淹没程度对丁坝附近流场的影响

5.2.1　坝顶以下纵向流速的横向分布

图 5.9 为四种 $\Delta H/H$ 下 $m=0$、$L=1.00$ m 丁坝 $z/D=0.9$ 处(坝顶以下 0.01 m)附近纵向流速的横向分布。

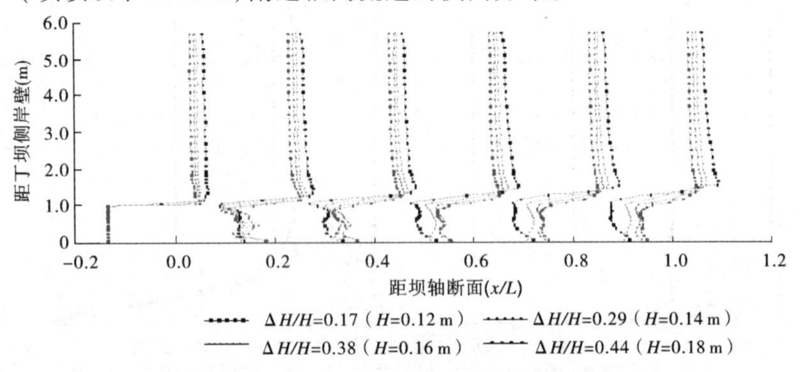

图 5.9　$m=0$、$L=1.00$ m 丁坝在四种 $\Delta H/H$ 下 $z/D=0.9$ 处纵向流速的横向分布

对于相同 $\Delta H/H$ 下的每条横断面,在 $y/L>1.5$ 的主流区内,随着 y/L 的增加,纵向流速均有所减小;在 $1.0<y/L\leqslant 1.5$ 坝头附近区域内,纵向流速随着 y/L 的增加而迅速增加;在 $y/L\leqslant 1.0$ 区域内,受坝体阻挡纵向流速值很小。

对于相同的 y/L 处的每条横断面,在 $y/L>1.5$ 的主流区内,纵向流速随着 $\Delta H/H$ 的增加而减小,在坝轴断面主流区内($x/L=0.0$、$y/L=4.0$)四种 $\Delta H/H$ 下分别为 $1.29V_0$、$1.20V_0$、$1.17V_0$、

$1.11V_0$；当 $1.0 < y/L \leq 1.5$ 时，纵向流速随着 $\Delta H/H$ 的增加而增加；当 $y/L \leq 1.0$ 时，纵向流速随着 $\Delta H/H$ 的变化在不同位置的横断面上是不一样的，在 $x/L = 0.2$ 横断面上变化不规则，在 $x/L = 0.4$、0.6 横断面上先增加至 $\Delta H/H = 0.38$ 时再减小，在 $x/L \geq 0.8$ 横断面上随 $\Delta H/H$ 增加而增加。

这种流速分布变化表明，丁坝处于淹没条件下，对低于坝顶的水流仍起一定的调整作用，只是这种调整作用随着 $\Delta H/H$ 的增加而减弱。

5.2.2　表层平面流场

图5.10为 $m=0$、$L=1.00$ m丁坝分别在 $\Delta H/H=0.17$、0.29、0.38、0.44 时的表层流场。当 $\Delta H/H=0.17$ 时，丁坝下游仍出现回流区；当 $\Delta H/H=0.29$、0.38、0.44 时，下游回流区消失，且原回流区内的流速随着 $\Delta H/H$ 的增加而增大。坝顶以上和坝头附近水流的流向偏角随着 $\Delta H/H$ 的增加而减小（见图5.11），其中 $y/L=1.0$ 处的流向偏角在四种 $\Delta H/H$ 下分别为61°、48°、34°、26°。

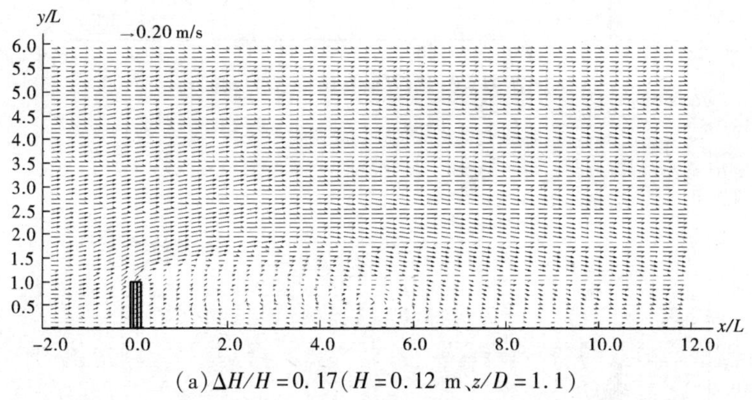

(a) $\Delta H/H=0.17$ ($H=0.12$ m、$z/D=1.1$)

图5.10　$m=0$、$L=1.00$ m丁坝在四种 $\Delta H/H$ 下的表层流场

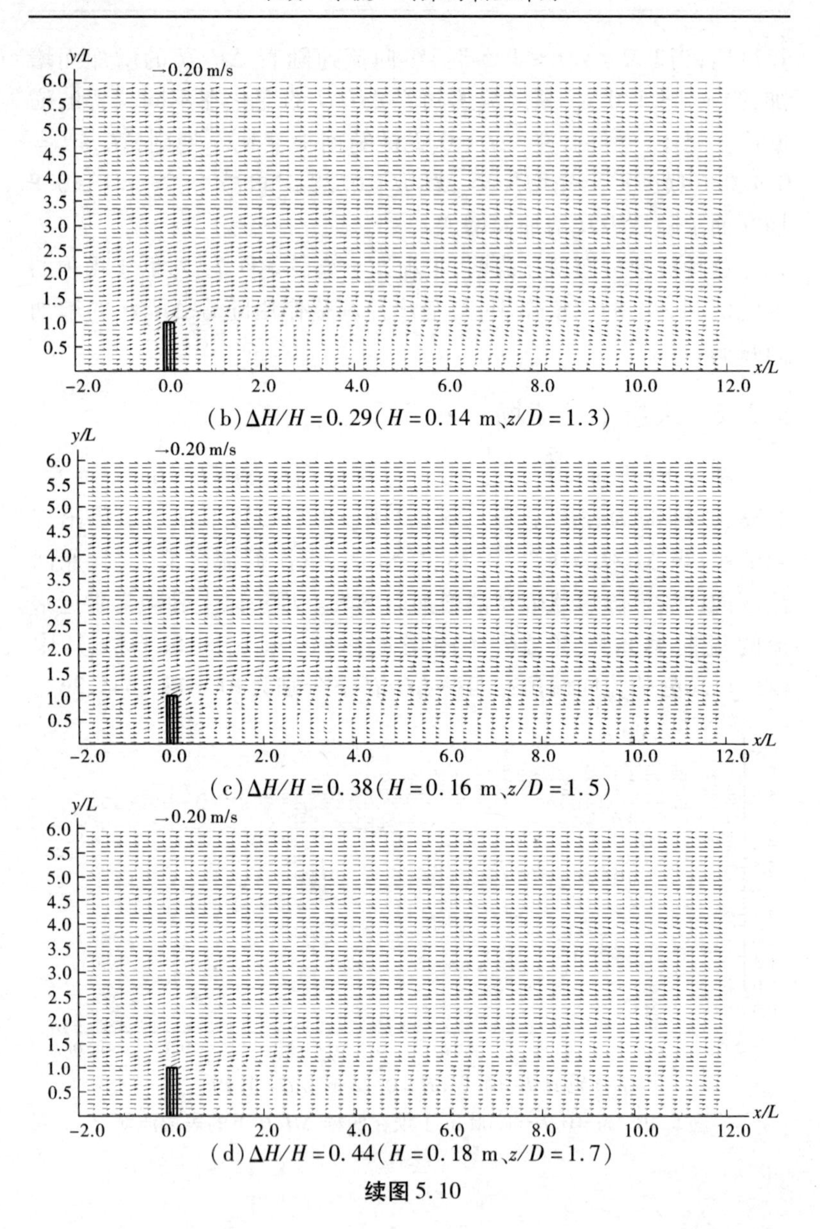

(b) $\Delta H/H=0.29$ ($H=0.14$ m、$z/D=1.3$)

(c) $\Delta H/H=0.38$ ($H=0.16$ m、$z/D=1.5$)

(d) $\Delta H/H=0.44$ ($H=0.18$ m、$z/D=1.7$)

续图 5.10

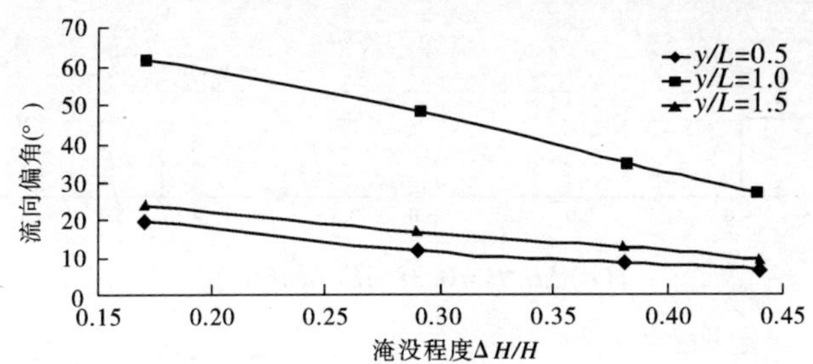

图 5.11　四种 $\Delta H/H$ 下 $m=0$、$L=1.00$ m 丁坝坝轴断面上（$x/L=0.0$）流向偏角

5.2.3　横向流速分布

图 5.12 为 $m=0$、$L=1.00$ m 丁坝分别在 $\Delta H/H=0.17$、0.29、0.38、0.44 时坝轴断面横向流速分布。坝顶以上和坝头以外附近区域内的横向流速随着 $\Delta H/H$ 的增加明显减小。四种 $\Delta H/H$ 下的横向水流相对影响范围（大于 $0.2V_0$）b_t/L 分别为坝头以外2.0、1.2、0.8、0.4（见图 5.13），与 $\Delta H/H$ 呈如下变化关系

$$\frac{b_t}{L}=-5.80\frac{\Delta H}{H}+2.96$$

这表明丁坝附近的横向流动随 $\Delta H/H$ 的增加呈现减弱的趋势。

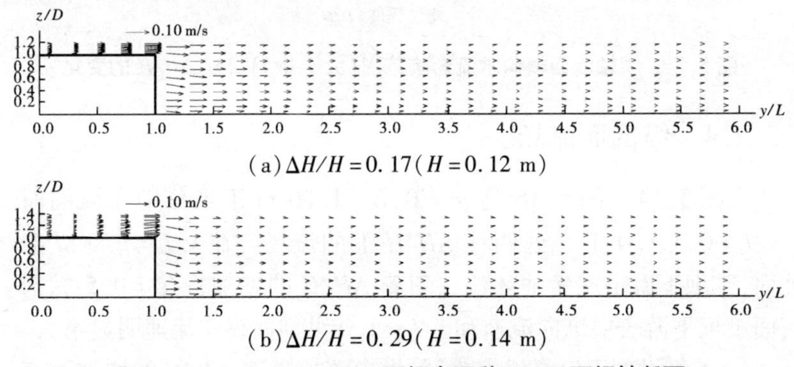

(a) $\Delta H/H=0.17$（$H=0.12$ m）

(b) $\Delta H/H=0.29$（$H=0.14$ m）

图 5.12　$m=0$、$L=1.00$ m 丁坝在四种 $\Delta H/H$ 下坝轴断面（$x/L=0.0$）横向流速分布

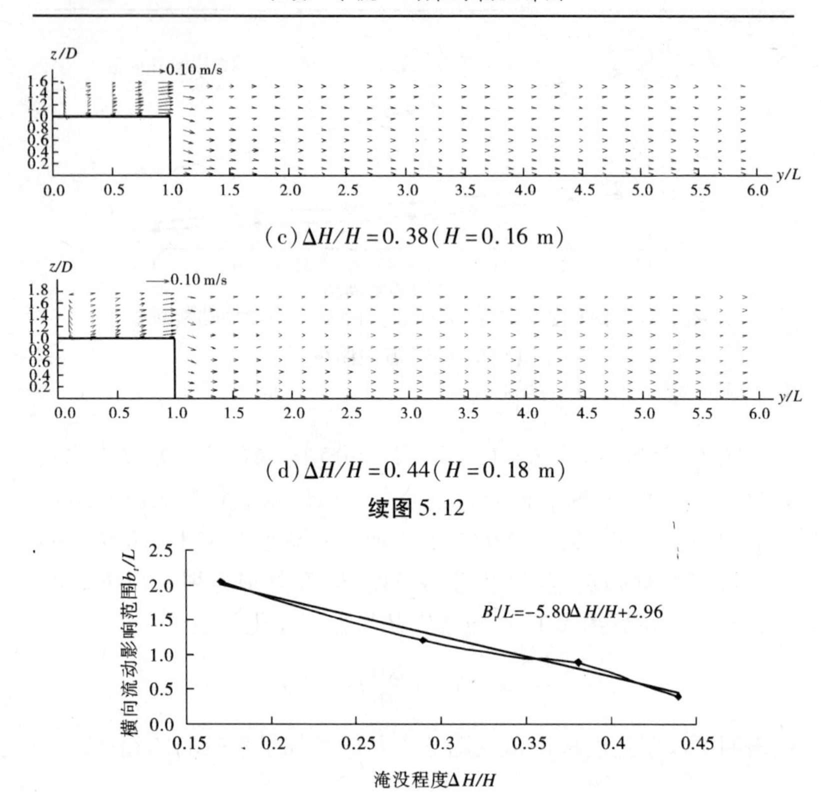

(c) $\Delta H/H = 0.38$ ($H = 0.16$ m)

(d) $\Delta H/H = 0.44$ ($H = 0.18$ m)

续图 5.12

图 5.13　坝轴断面横向水流影响范围(大于 $0.2V_0$)随 $\Delta H/H$ 的变化

5.2.4　纵剖面流场

图 5.14 ~ 图 5.16 为 $m = 0$、$L = 1.00$ m 丁坝分别在纵剖面 $y/L = 0.5$、1.0、1.5 处四种 $\Delta H/H$ 下的流场。在 $y/L = 0.5$ 纵剖面,丁坝下游出现横轴环流。随着 $\Delta H/H$ 的增加,$y/L = 0.5$ 纵剖面丁坝下游表层纵向流速和 $y/L = 1.0$ 纵剖面纵向流速明显增大。$y/L = 1.5$ 纵剖面已靠近主流区,纵向流速随着 $\Delta H/H$ 的增加而有所减小。

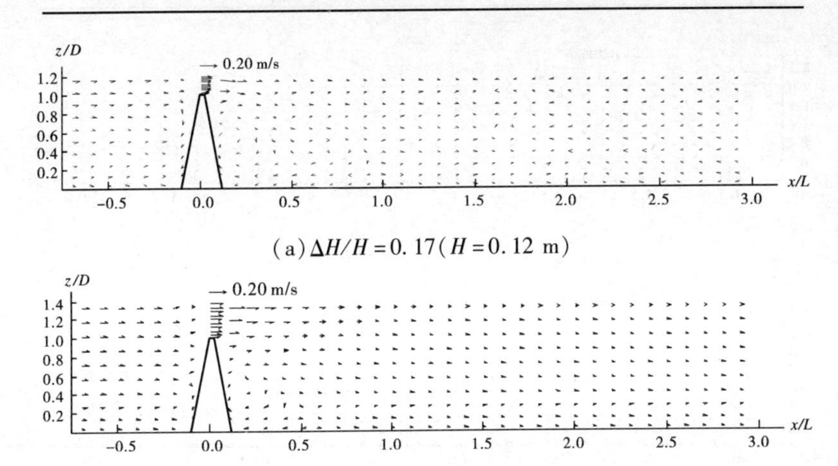

(a) $\Delta H/H=0.17(H=0.12\ \mathrm{m})$

(b) $\Delta H/H=0.29(H=0.14\ \mathrm{m})$

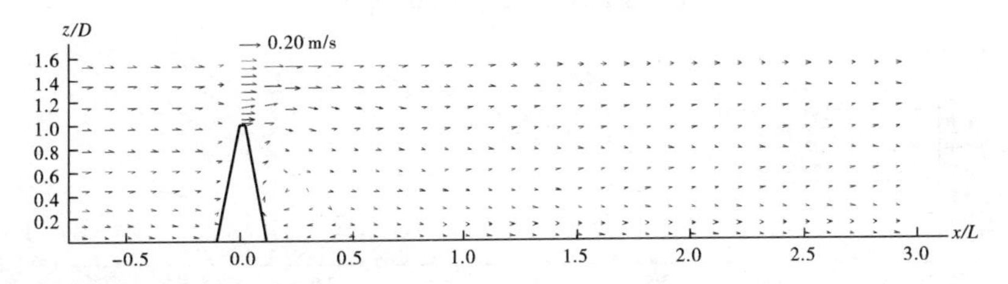

(c) $\Delta H/H=0.38(H=0.16\ \mathrm{m})$

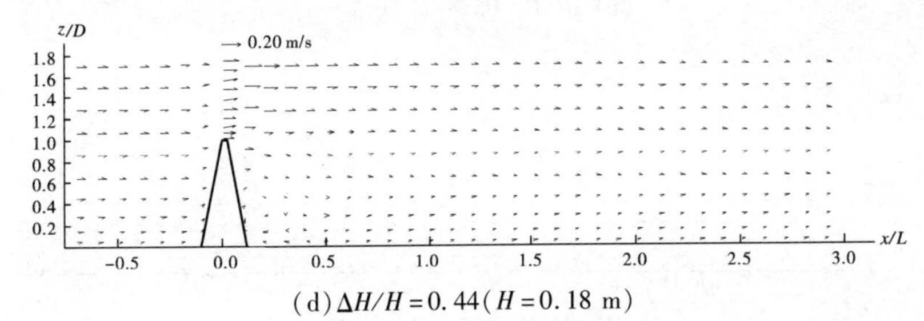

(d) $\Delta H/H=0.44(H=0.18\ \mathrm{m})$

图 5.14　$m=0$、$L=1.00$ m 丁坝在四种 $\Delta H/H$ 下 $y/L=0.5$ 纵剖面流场

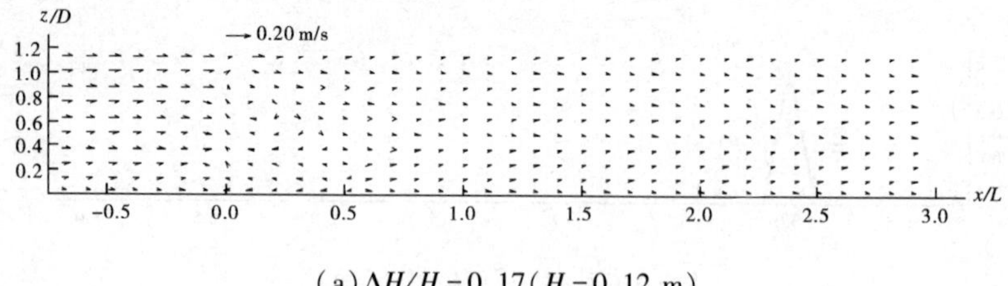

(a) $\Delta H/H=0.17(H=0.12\ \text{m})$

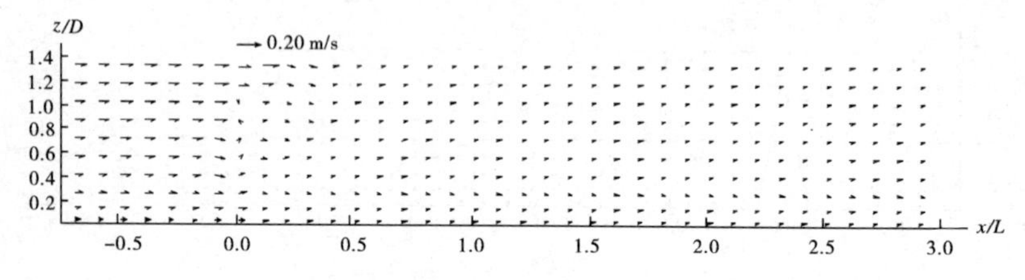

(b) $\Delta H/H=0.29(H=0.14\ \text{m})$

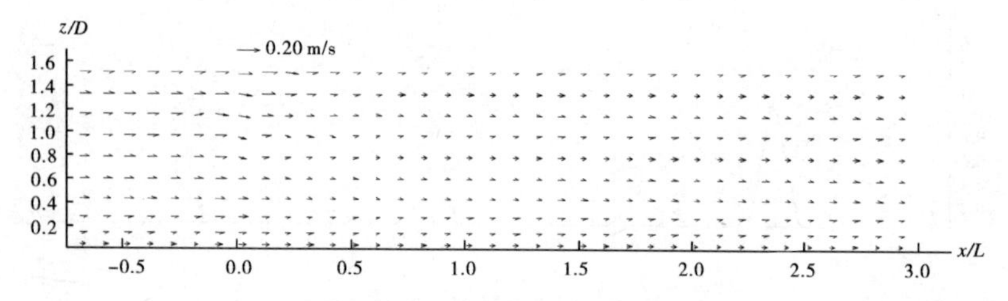

(c) $\Delta H/H=0.38(H=0.16\ \text{m})$

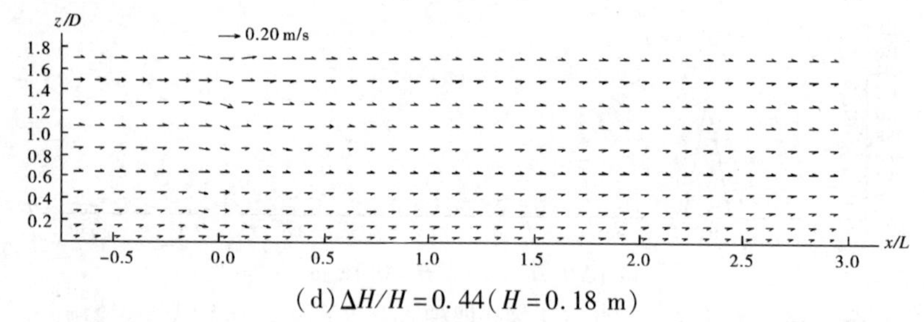

(d) $\Delta H/H=0.44(H=0.18\ \text{m})$

图 5.15　$m=0$、$L=1.00$ m 丁坝在四种 $\Delta H/H$ 下 $y/L=1.0$ 纵剖面流场

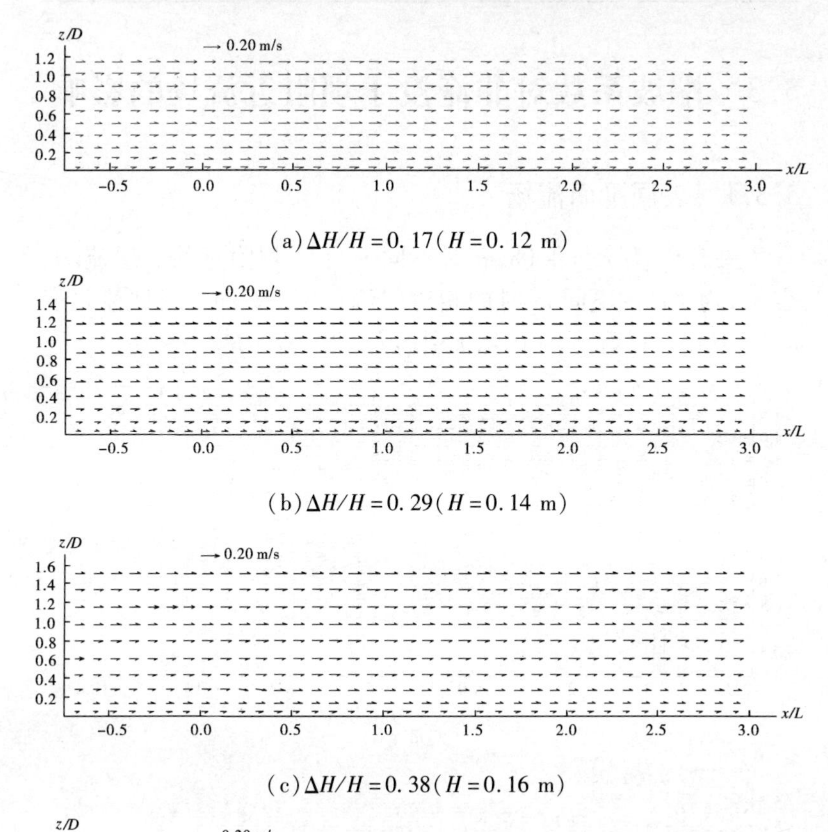

(a) $\Delta H/H=0.17(H=0.12\ \text{m})$

(b) $\Delta H/H=0.29(H=0.14\ \text{m})$

(c) $\Delta H/H=0.38(H=0.16\ \text{m})$

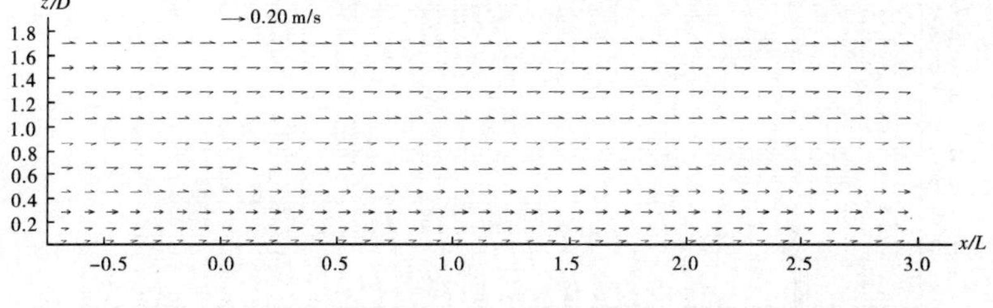

(d) $\Delta H/H=0.44(H=0.18\ \text{m})$

图5.16　$m=0$、$L=1.00$ m 丁坝在四种 $\Delta H/H$ 下 $y/L=1.5$ 纵剖面流场

5.3　端坡系数对非淹没丁坝附近流场的影响

5.3.1　表层平面流场

图 5.17 为 $H=0.08$ m 时不同 m 下丁坝附近的表层流场。表 5.1为统计的不同 m 时的相对回流长度 l/L 和相对回流宽度 b/L。从中可以看出,m 的增加引起 l/L 和 b/L 的减小。

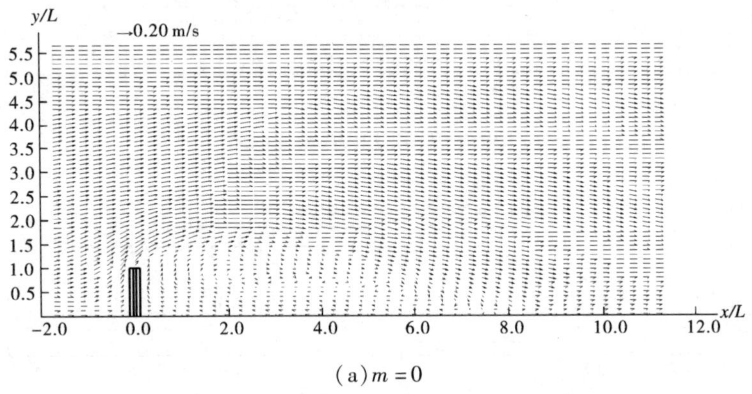

(a) $m=0$

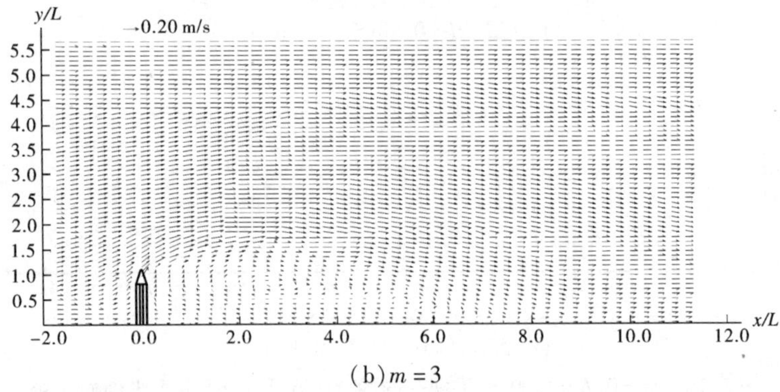

(b) $m=3$

图 5.17　$H=0.08$ m 时 $L=1.05$ m 丁坝不同 m 下表层($z/D=0.7$)流场

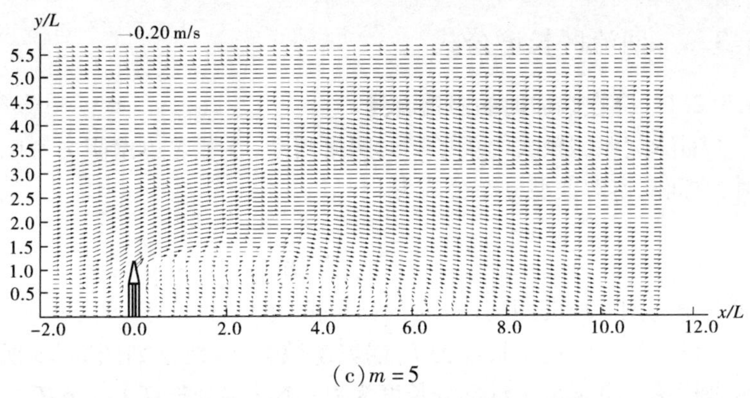

(c) $m=5$

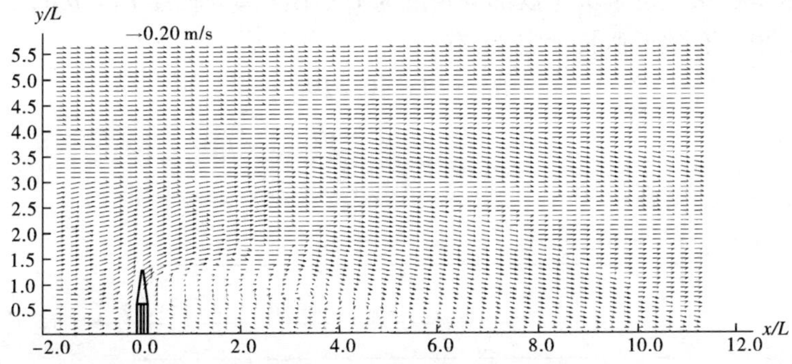

(d) $m=7$

续图5.17

表5.1　$H=0.08$ m 时 $L=1.05$ m 丁坝不同 m 下相对回流长度和相对回流宽度

端坡系数 m	相对回流长度 l/L	相对回流宽度 b/L
0	7.43	1.65
3	7.14	1.55
5	6.86	1.46
7	6.55	1.36

5.3.2 回流区长度公式

5.3.2.1 存在端坡时的阻挡流量

对于宽深比较大的矩形二元明渠流动,不考虑边壁阻力影响时,空间流速对数型分布公式为

$$u = V_0 + \frac{u_*}{\kappa}\ln\frac{ez}{H}$$

式中:z 为到底床的距离;e 为自然对数的底。

设丁坝有效近似长度为 L,端坡系数为 m,建立如图 5.18 所示坐标系。设未被淹没部分长度为 L_1,淹没部分长度 $L_2 = mH$,那么根据有效近似长度定义,有

$$HL = HL_1 + 0.5HL_2$$

则

$$L_1 = L - 0.5mH$$

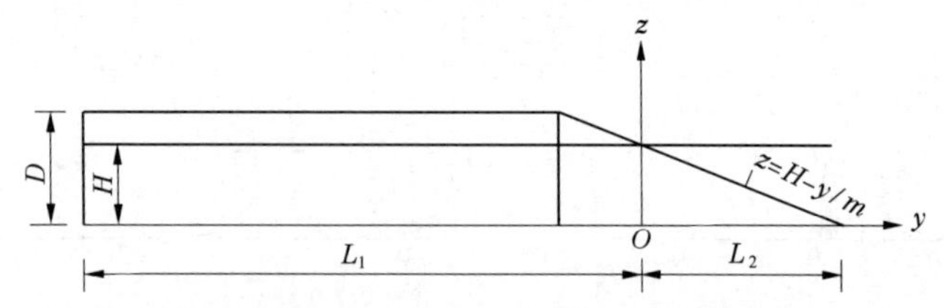

图 5.18 非淹没时相等有效近似长度 L 不同 m 下的阻挡流量计算示意图

显然,L_1 对应的阻挡流量 $Q_1 = L_1HV_0$。下面计算对应于 L_2 部分的淹没端坡体的阻挡流量 Q_2。由于端坡体表面所在直线方程可表示为 $z = H - y/m$,则

$$Q_2 = \int_0^{L_2}\int_0^{H-y/m}\left(V_0 + \frac{u_*}{\kappa}\ln\frac{ez}{H}\right)\mathrm{d}z\mathrm{d}y$$

经积分,可得 $Q_2 = \frac{m}{2}V_0H^2 - \frac{mu_*H^2}{4\kappa}$。

那么,总的阻挡流量 $Q_b = Q_1 + Q_2 = L_1HV_0 + \frac{m}{2}V_0H^2 -$

$\frac{mu_* H^2}{4\kappa} = LHV_0 - \frac{mu_* H^2}{4\kappa}$。

相应地，流量压缩比可表示为

$$Q_b/Q = \left(LHV_0 - \frac{mu_* H^2}{4\kappa}\right)/(BHV_0) = \left(LV_0 - \frac{mu_* H}{4\kappa}\right)/(BV_0)$$

5.3.2.2　存在端坡时的回流长度公式

乐培九等[7]认为决定丁坝局部水头损失的主要因素有：流速水头$\frac{V^2}{2g}$，丁坝断面束窄比 $\eta = L/B$，局部损失产生的主要范围 l'（与回流区长度 l 有关），水流雷诺数 Re，河床相对糙率 $nH^{-1/6}$。从局部水头损失的角度总结出非淹没时回流长度公式。

取丁坝所在断面 1 和回流区下游流速分布恢复接近正常的断面 2，两断面过水面积分别为 A_1、A_2，平均流速分别为 u_1、u_2。根据质量守恒定律，则有

$$u_1 A_1 = u_2 A_2 \tag{5.1}$$

根据波达公式，坝头直立时丁坝引起的总的局部水头损失可表示为

$$h_{j0} = \left(\frac{A_2}{A_1} - 1\right)^2 \frac{u_2^2}{2g} \tag{5.2}$$

端坡的存在对总水头损失产生影响，设这种影响为 h_{jm}，相应的影响系数为 λ_{jm}，那么

$$h_{jm} = \lambda_{jm} \frac{u_1^2}{2g} \tag{5.3}$$

那么，总的水头损失可表示为

$$h_j = h_{j0} + h_{jm} = \left(\frac{A_2}{A_1} - 1\right)^2 \frac{u_2^2}{2g} + \lambda_{jm} \frac{u_1^2}{2g} \tag{5.4}$$

设丁坝下游局部水头损失系数为 λ_j，考虑到局部水头损失主要集中在回流长度范围内，则

$$h_j = \lambda_j \frac{l}{4H}\left(\frac{u_1 + u_2}{2}\right)^2 \frac{1}{2g} \tag{5.5}$$

由式(5.1) ~式(5.4)可得到如下形式的回流区长度公式

$$l = \frac{4H}{\lambda_j} \frac{(\eta^2 + \lambda_{jm})}{(1 - 0.5\eta)^2} \tag{5.6}$$

与乐培九的公式相比,式(5.6)多出表示端坡作用的 λ_{jm} 项。

程年生[5]研究了边坡系数对丁坝下游回流长度的影响,当迎、背水边坡系数不大时(如0、1、2)得到

$$l = l_0 - 10.8Lm_1\left(\frac{H}{L}\right)^{1.67} = l_0 - 10.8m_1H^{1.67}L^{-0.67}$$

式中:l_0 为丁坝直立时的回流长度;m_1 为迎水边坡系数。

综合以上分析,可得到不同 m 下有迎、背水边坡的丁坝回流长公式结构为

$$l = \frac{4H}{\lambda_j} \frac{(\eta^2 + \lambda_{jm})}{(1 - 0.5\eta)^2} - 10.8m_1H^{1.67}L^{-0.67}$$

关于局部水头损失系数 λ_j 的表达式,采用乐培九的研究结果,为

$$\lambda_j = C\eta^{1.5}Re^{0.44}\left(\frac{n}{H^{1/6}}\right)^{1.1}$$

式中:C 为经验系数。

根据本书试验资料,可得到如下的丁坝回流长公式

$$l = \frac{124H}{\eta^{1.5}Re^{0.44}}\left(\frac{H^{1/6}}{n}\right)^{1.1} \frac{(\eta^2 - 0.000\,005m^2 - 0.000\,26m)}{(1 - 0.5\eta)^2} - 10.8m_1H^{1.67}L^{-0.67} \tag{5.7}$$

考虑到相等阻挡面积下端坡系数 m 不同时阻挡流量存在差别,取 η 为流量压缩比 Q_b/Q,对于矩形断面,$\eta = \left(LV_0 - \frac{mu_*H}{4\kappa}\right)/(BV_0)$。

图5.19显示在不同的 H、L 和 m 下(见表5.1和表5.2),拟

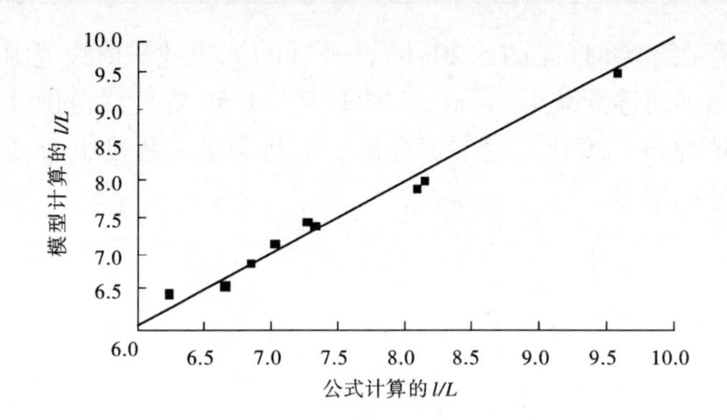

图5.19　非淹没时拟合公式计算的 l/L 与模型计算值

合公式(5.7)计算的 l/L 与模型计算值吻合得很好。

表5.2　非淹没时不同试验条件下丁坝下游回流区相对回流长度

水深 H	有效近似长度 L	端坡系数 m	相对回流长 l/L
0.08	0.75	0	8.00
0.08	1.35	10	6.44
0.10	0.75	0	9.50
0.10	1.00	5	7.90
0.10	1.25	10	7.36

5.3.3　底层平面流速分布

图5.20为 $H=0.08$ m时 $L=1.05$ m丁坝不同 m 下坝头附近底层($z/D=0.2$)V/V_0 等值线分布。与坝头直立(见图5.20(a))时相比，$m=3$ 时(见图5.20(b))$V/V_0=1.40$、1.50等值线范围明显缩小。这表明端坡的存在改变了近底床处较强流速等值线的范

围。存在端坡时(见图 5.20(b)、(c)、(d)),上述等值线范围随着 m 的增加而逐渐减小,至 $m=7$ 时 $V/V_0=1.50$ 等值线范围几乎消失。这种 m 的变化对底层流速的影响将会很大程度上改变坝头局部冲刷形态。

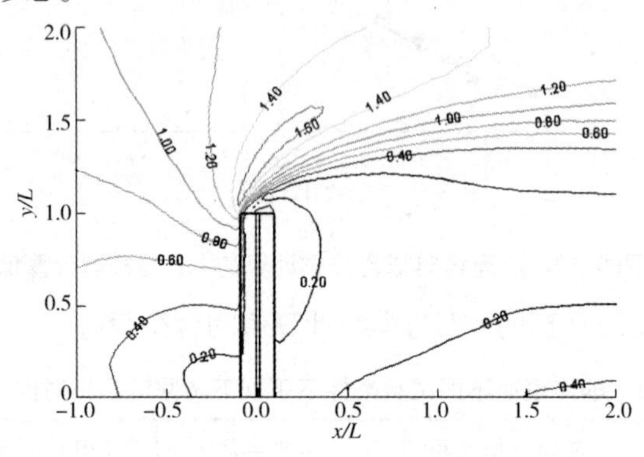

(a) $m=0$

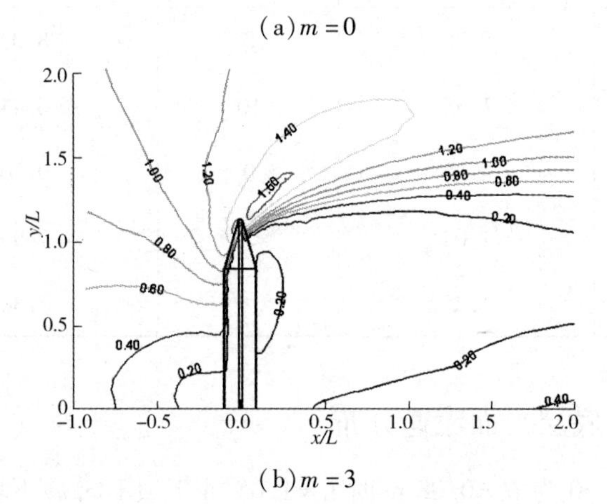

(b) $m=3$

图 5.20　$H=0.08$ m 时 $L=1.05$ m 丁坝不同 m 下坝头附近底层($z/D=0.2$) V/V_0 等值线分布

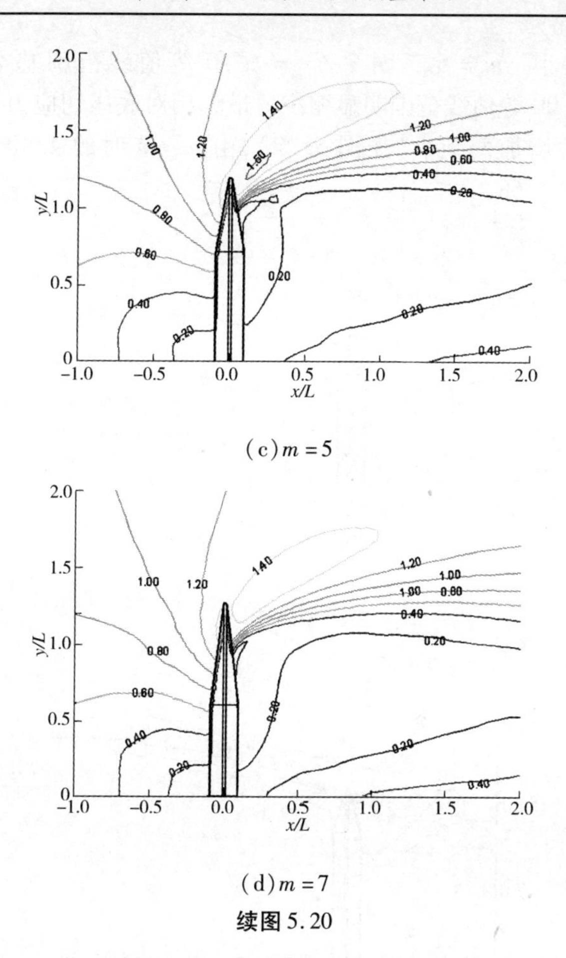

(c) $m=5$

(d) $m=7$

续图5.20

5.3.4　底床切应力分布

图5.21为 $H=0.08$ m时 $L=1.05$ m丁坝不同 m 下坝头附近相对底床切应力 τ_b/τ_0（τ_0 为未布置丁坝时的底床切应力，也等于上游控制边界处的底床切应力）等值线分布。与 $m=0$ 时相比，$m=3$时 $\tau_b/\tau_0=4.00$ 等值线范围基本消失，$\tau_b/\tau_0=3.50$ 等值线范

围明显缩小。$m=5$、7 时 $\tau_b/\tau_0=3.50$ 等值线范围基本消失，$\tau_b/\tau_0=3.00$ 等值线范围明显缩小。最大相对底床切应力 $\tau_{b\max}/\tau_0$ 随着 m 的增加而减小（见图 5.22），由 $m=0$ 时的 4.40 减小至 $m=7$时的 3.68。

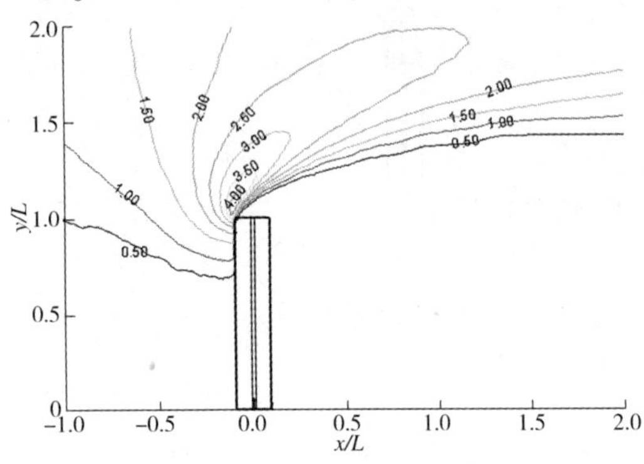

(a) $m=0$

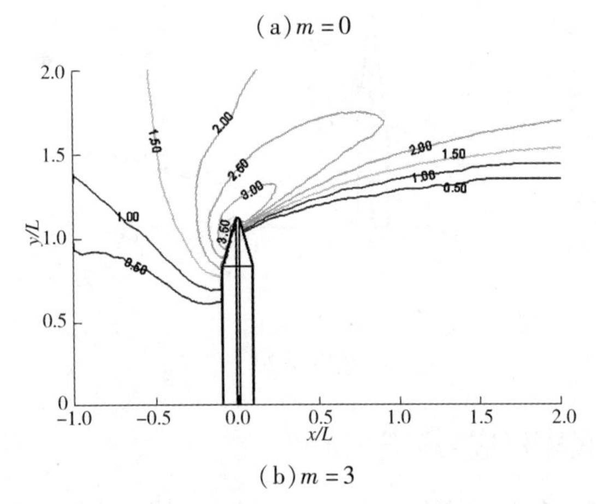

(b) $m=3$

图 5.21　$H=0.08$ m 时 $L=1.05$ m 丁坝不同 m 下坝头附近相对底床切应力 τ_b/τ_0 等值线分布

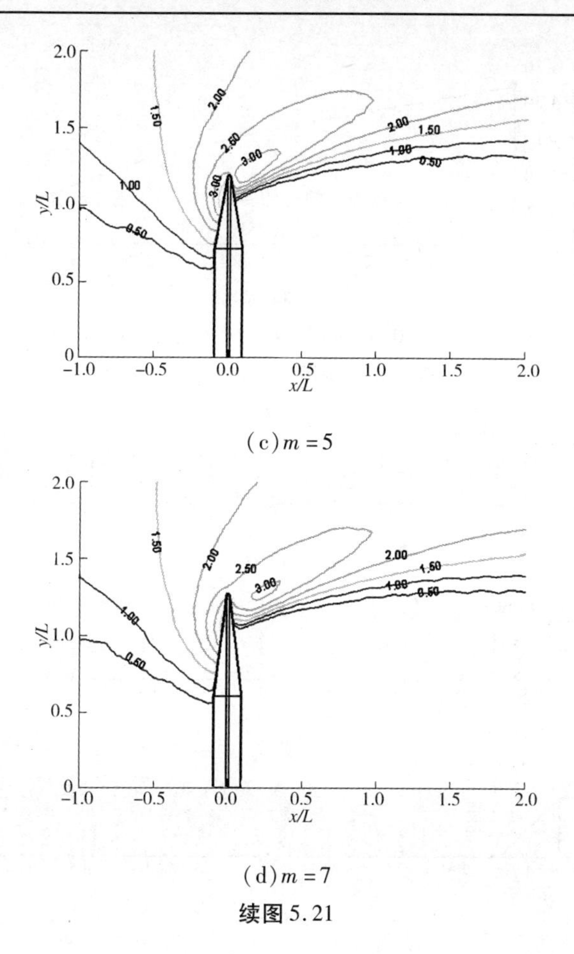

(c) $m=5$

(d) $m=7$

续图 5.21

5.3.5　横向流速分布

图 5.23 为 $H=0.08$ m 时 $L=1.05$ m 丁坝不同 m 下坝轴断面 ($x/L=0.0$) 横向流速分布。坝头直立时,其附近的横向流速比存在端坡时稍大。存在端坡时,不同 m 下横向流速和横向水流影响范围差别不大。另外,存在端坡时,端坡体上的横向流速很大。

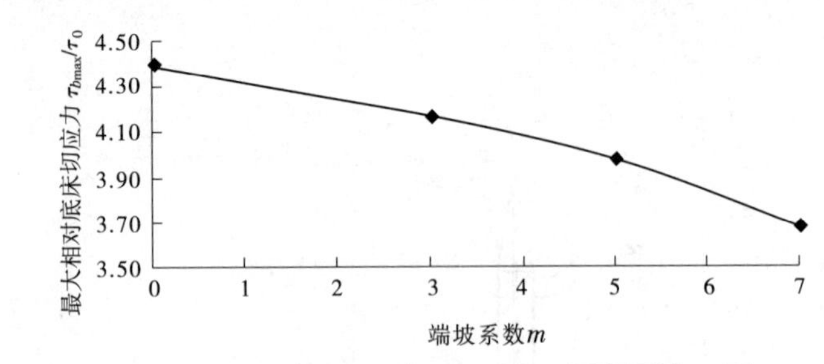

图 5.22　$H=0.08$ m 时 $L=1.05$ m 丁坝不同 m 下

最大相对底床切应力 τ_{bmax}/τ_0

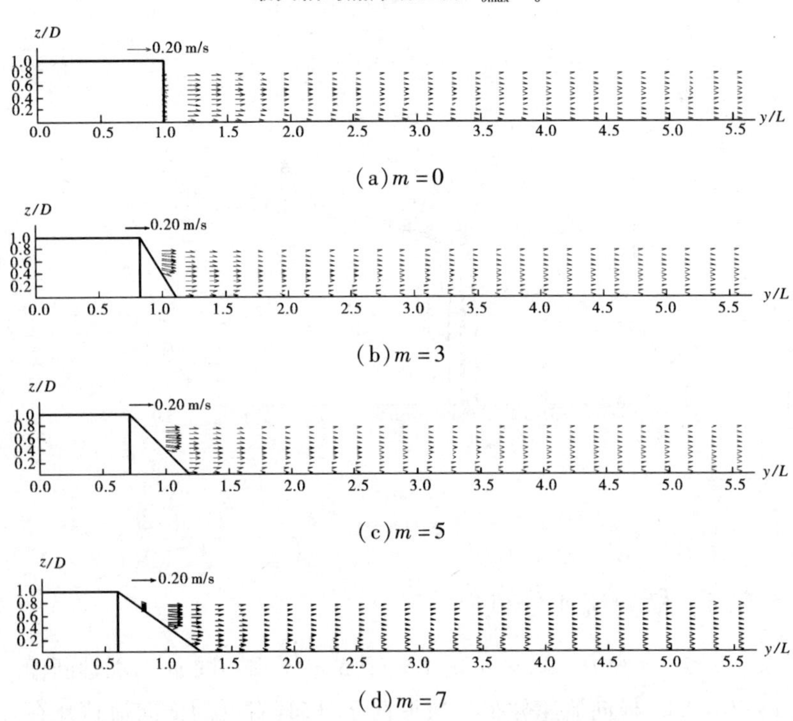

图 5.23　$H=0.08$ m 时 $L=1.05$ m 丁坝不同 m 下

坝轴断面($x/L=0.0$)横向流速分布

5.3.6　纵剖面流场

图 5.24 ~ 图 5.26 分别是 $H=0.08$ m 时 $L=1.05$ m 丁坝纵剖面 $y/L=0.5$、1.0、1.5 处不同 m 下的流场。

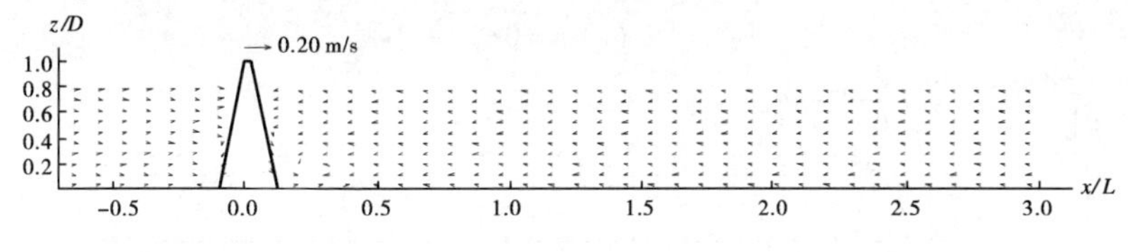

(a) $m=0$

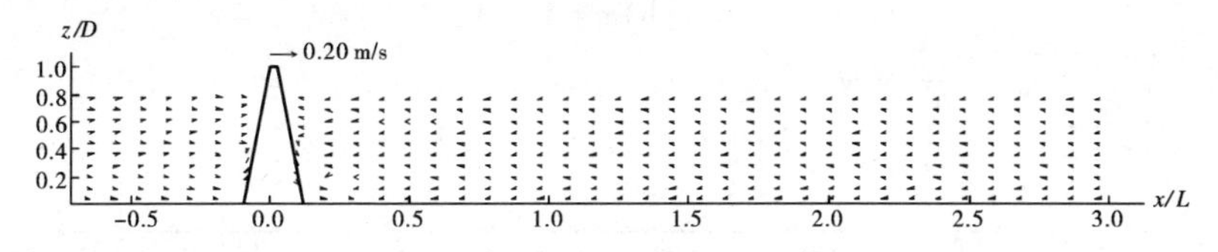

(b) $m=3$

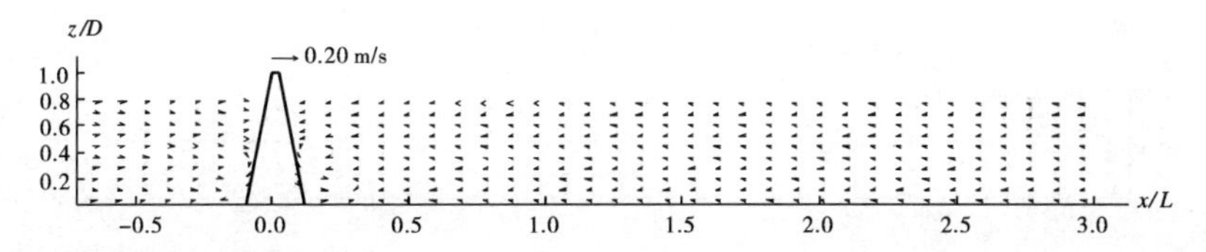

(c) $m=5$

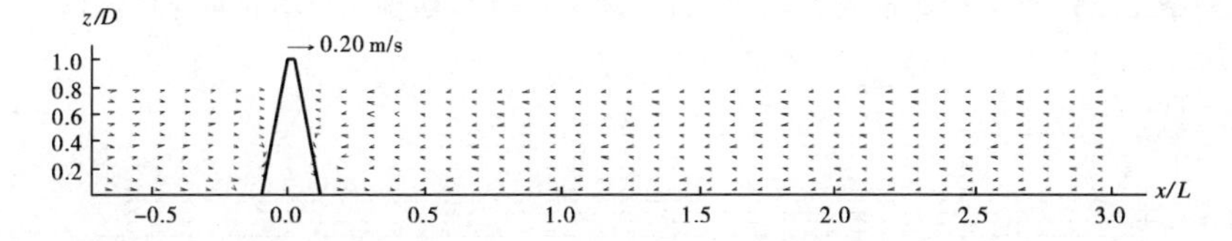

(d) $m=7$

图 5.24　$H=0.08$ m 时 $L=1.05$ m 丁坝 $y/L=0.5$ 纵剖面处不同 m 下的流场

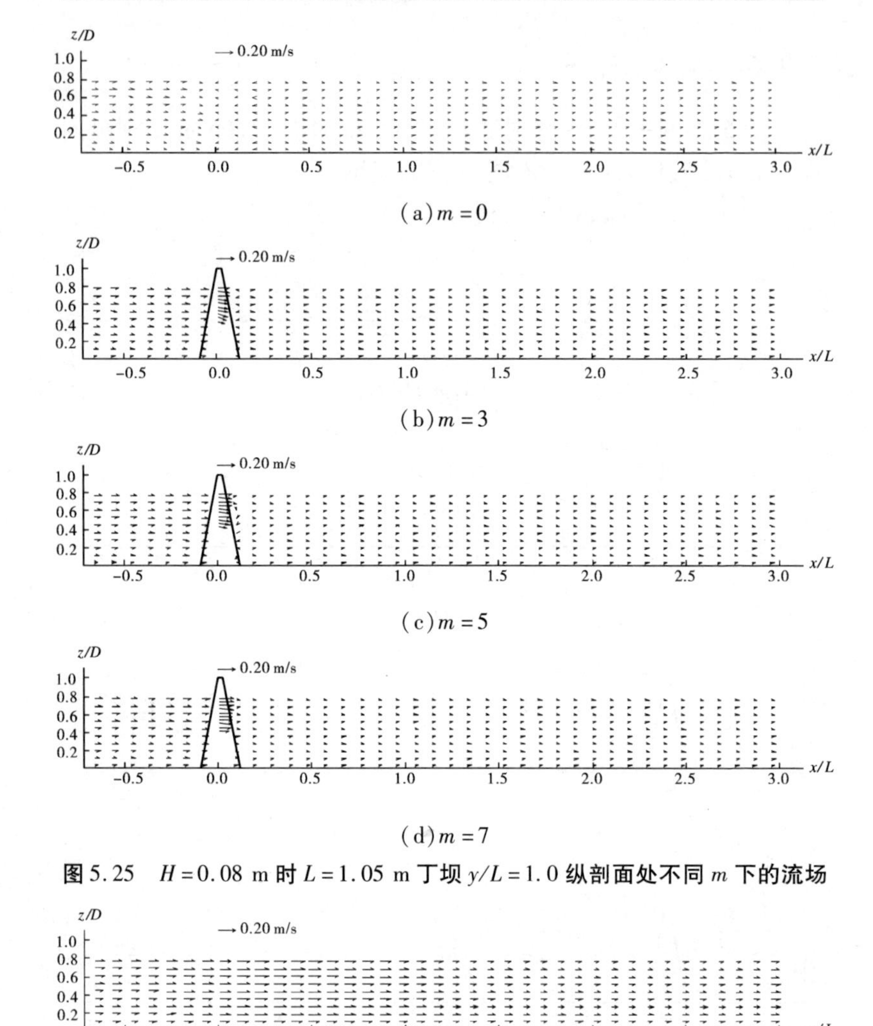

(a) $m=0$

(b) $m=3$

(c) $m=5$

(d) $m=7$

图 5.25　$H=0.08$ m 时 $L=1.05$ m 丁坝 $y/L=1.0$ 纵剖面处不同 m 下的流场

(a) $m=0$

图 5.26　$H=0.08$ m 时 $L=1.05$ m 丁坝 $y/L=1.5$ 纵剖面处不同 m 下的流场

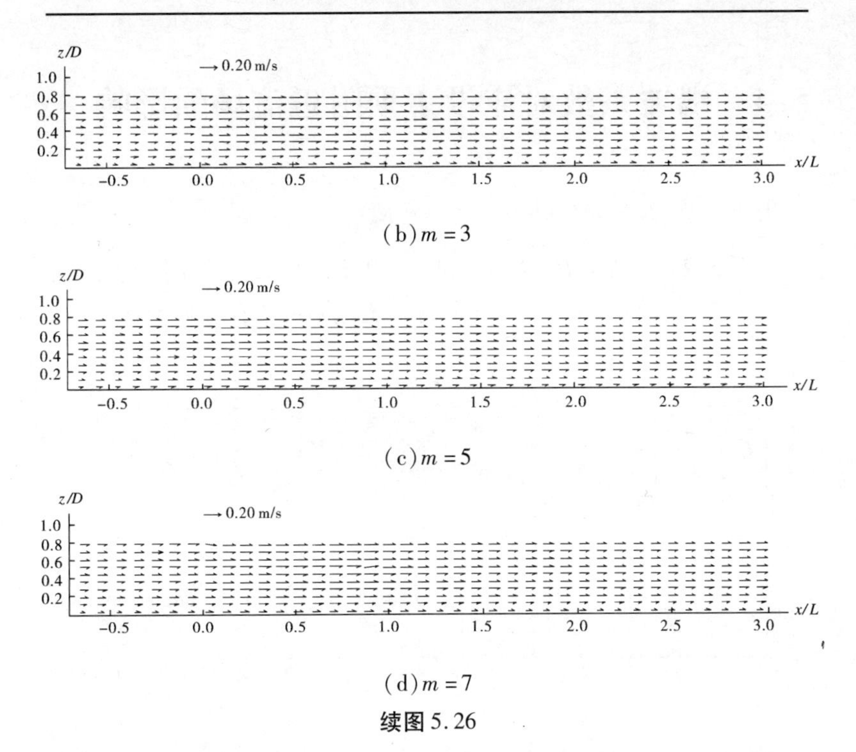

(b) $m=3$

(c) $m=5$

(d) $m=7$

续图5.26

在 $y/L=0.5$ 纵剖面处，纵向水流受到坝体阻挡，丁坝上游和下游纵向流速都很小，不同 m 下纵剖面流场没有明显差别。

在 $y/L=1.0$ 纵剖面处，存在端坡时的流场与坝头直立时差别明显。存在端坡时，部分纵向水流受到端坡体的阻挡，部分水流以较大流速从端坡体上越过；丁坝上游纵向流速比坝头直立时稍大，下游流速差别不大。存在端坡时不同 m 下的纵向流场差别不明显。

在 $y/L=1.5$ 纵剖面处，坝头直立时丁坝下游（$x/L>1.0$）纵向流速比存在端坡时小；存在端坡时，不同 m 下的纵向流场差别不明显。

5.4　端坡系数对淹没丁坝附近流场的影响

5.4.1　表层平面流场

图 5.27 为 $\Delta H/H=0.17$ 和 $m=0$、3、5、7 时丁坝附近表层流场。由于淹没程度较小，丁坝下游一定范围内仍存在回流区。

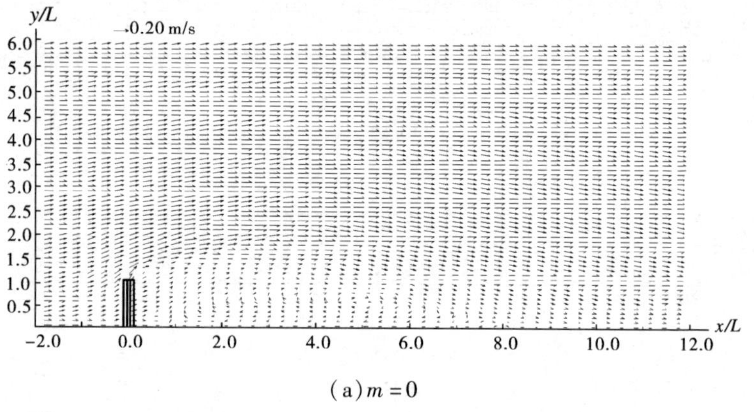

(a) $m=0$

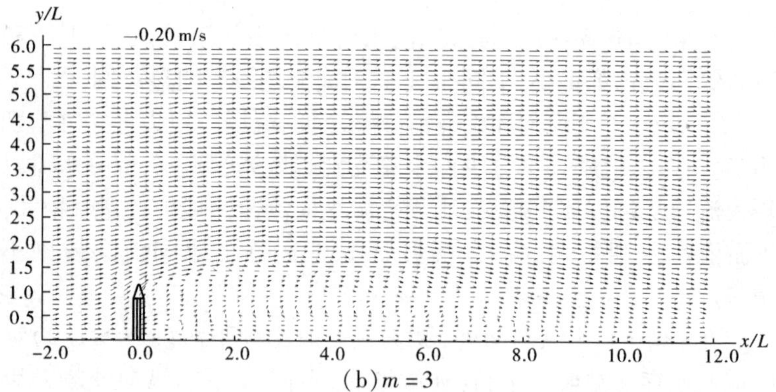

(b) $m=3$

图 5.27　$\Delta H/H=0.17$($H=0.12$ m)时 $L=1.00$ m 丁坝不同 m 下附近表层($z/D=1.1$)流场

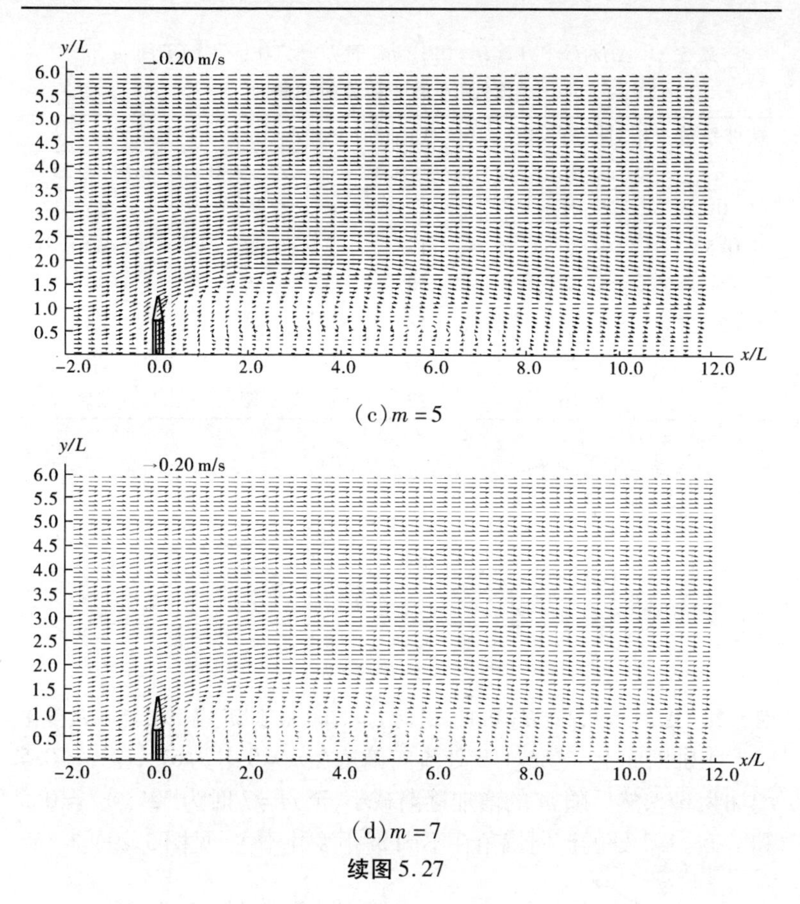

(c) $m=5$

(d) $m=7$

续图 5.27

表 5.3 为统计的不同 m 时的 l/L，此处的回流长度是指从坝轴断面到下游边壁附近流速重新指向下游方向处的纵向长度。当坝头从直立到 $m=1$ 时，l/L 从 7.81 增至 9.56；当 $m>1$ 时，l/L 逐渐减小至 $m=7$ 时为 8.16（见图 5.28）。淹没时从直立到具有一定端坡时的变化性质与在一定端坡下的变化性质是不同的。

表 5.3　$\Delta H/H=0.17(H=0.12\ \mathrm{m})$ 时 $L=1.00\ \mathrm{m}$ 丁坝不同 m 下相对回流长度和流向偏角

端坡系数	相对回流长度	坝轴断面($x/L=0.0$)流向偏角(°)		
m	l/L	$y/L=0.5$	$y/L=1.0$	$y/L=1.5$
0	7.81	19	61	23
0.5	9.30	17	67	20
1	9.56	18	55	20
3	8.71	18	41	23
5	8.28	20	35	22
7	8.16	22	32	21

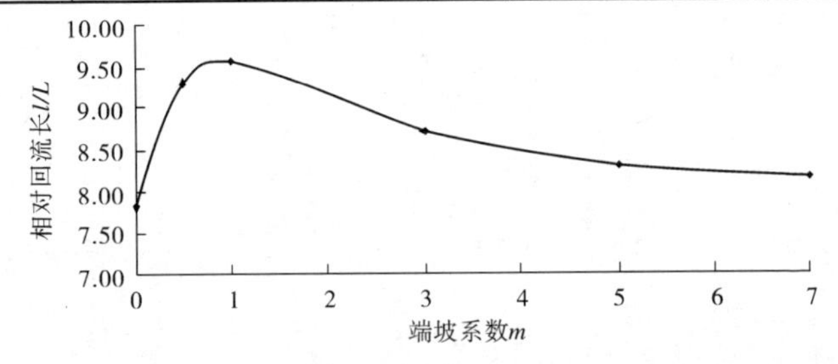

图 5.28　$\Delta H/H=0.17(H=0.12\ \mathrm{m})$ 时 $L=1.00\ \mathrm{m}$ 丁坝下游 l/L 随 m 的变化

坝轴断面上，$y/L=1.0$ 处流向偏角在 $m=0$ 时为61°，至 $m=0.5$ 增加为67°，然后随 m 的增加逐渐减小，至 $m=7$ 时为32°；$y/L=0.5$ 和 $y/L=1.5$ 处的流向偏角在不同 m 下变化不大(见图 5.29)。

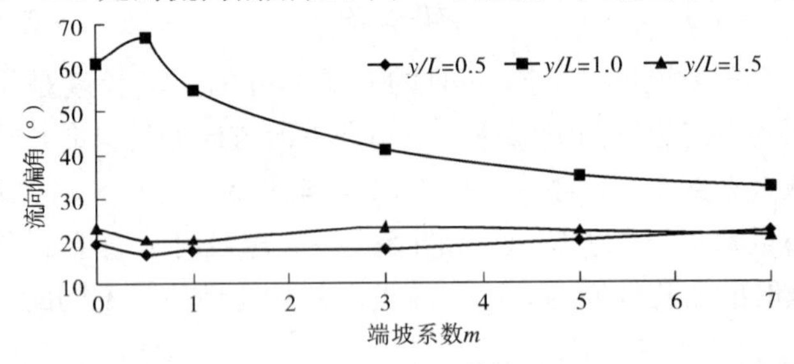

图 5.29　$\Delta H/H=0.17(H=0.12\ \mathrm{m})$ 时 $L=1.00\ \mathrm{m}$ 丁坝坝轴断面上流向偏角随 m 的变化

5.4.2　回流区长度公式

5.4.2.1　存在端坡时的阻挡流量计算

建立如图 5.30 所示坐标系，根据端坡系数定义，端坡体部分长度 $L_2 = mD$。根据有效近似长度定义，$DL = DL_1 + 0.5L_2D$，那么坝体部分长度 $L_1 = L - 0.5mD$。

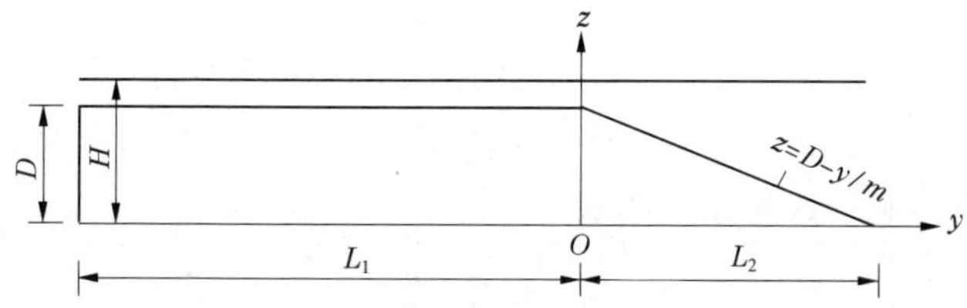

图 5.30　淹没时有效近似长度 L 相等时不同 m 下的阻挡流量计算

设坝体部分对应的阻挡流量为 Q_1，端坡体对应的阻挡流量为 Q_2。那么

$$Q_1 = L_1\int_0^D\left(V_0 + \frac{u_*}{\kappa}\ln\frac{ez}{H}\right)\mathrm{d}z = (L - 0.5mD)D\left(V_0 + \frac{u_*}{\kappa}\ln\frac{D}{H}\right)$$

$$Q_2 = \int_0^{L_2}\int_0^{D-y/m}\left(V_0 + \frac{u_*}{\kappa}\ln\frac{ez}{H}\right)\mathrm{d}z\mathrm{d}y = \frac{m}{2}V_0D^2 - \frac{mu_*D^2}{4\kappa}\left(2\ln\frac{D}{H} - 1\right)$$

总的阻挡流量为

$$Q_b = Q_1 + Q_2 = LDV_0 + LD\frac{u_*}{\kappa}\ln\frac{D}{H} - \frac{mu_*D^2}{\kappa}\left(\ln\frac{D}{H} - \frac{1}{4}\right)$$

流量压缩比为

$$\eta = Q_b/Q = \left[LDV_0 + LD\frac{u_*}{\kappa}\ln\frac{D}{H} - \frac{mu_*D^2}{\kappa}\left(\ln\frac{D}{H} - \frac{1}{4}\right)\right]\Big/(BHV_0)$$

5.4.2.2　存在端坡时的回流长度公式

淹没时的坝顶过流具有较大流速，使得下游表层一定范围内的水体仍朝与主流一致的方向流动。当 $\Delta H/H$ 较小时，由于坝顶过流量很小，影响范围有限，这样在影响范围以外仍出现回流区。

关于淹没条件下 $\Delta H/H$ 较小时丁坝下游回流区长度公式的研究很少,本文采用与非淹没时类似的思路进行初步探讨。

坝头直立时,淹没丁坝引起的总的水头损失采用孔祥柏[12]的研究成果,设局部水头损失系数为 λ_{j0},那么总的局部水头损失可表示为

$$h_{j0} = \lambda_{j0} \frac{u_2^2}{2g}$$

式中:$\lambda_{j0} = 0.075\eta^{1.75}$,下标"0"表示 $m=0$,即坝头直立情况。

端坡的存在会对总的水头损失产生影响,设这种影响为 h_{jm},相应的影响系数为 λ_{jm},那么

$$h_{jm} = \lambda_{jm} \frac{u_2^2}{2g}$$

那么,总的局部水头损失 h_j 应为

$$h_j = h_{j0} + h_{jm} = (\lambda_{j0} + \lambda_{jm}) \frac{u_2^2}{2g} \tag{5.8}$$

与非淹没时的表达式结构相同,设下游局部水头损失系数为 λ_j,考虑到局部水头损失主要集中在回流长度范围内,则

$$h_j = \lambda_j \frac{l}{4H} \left(\frac{u_1 + u_2}{2} \right)^2 \frac{1}{2g} \tag{5.9}$$

那么,由式(5.8)和式(5.9)可得 $l = \dfrac{4H(\lambda_{j0} + \lambda_{jm})}{\lambda_j} \cdot \left(\dfrac{2}{u_1/u_2 + 1} \right)^2$。

与非淹没时不同,淹没时存在坝顶过流,在计算丁坝断面主流区平均流速时应考虑这部分流量。设坝顶过流量为 Q_0,那么

$$\frac{u_1}{u_2} = \frac{\left(1 - \dfrac{Q_0}{Q}\right)}{\left(1 - \dfrac{L}{B}\right)}$$

应强等[11]给出了如下形式的坝顶相对过流量 Q_0/Q 公式

$$\frac{Q_0}{Q}=\left(\frac{L}{B}\right)^{1+0.01\frac{B}{H}\left[\left(\frac{L}{B}-0.75\right)^2-\frac{1}{16}\right]}\left(1-\frac{\Delta H}{H}\right)^{0.5+\frac{2H}{B}}$$

该公式的适用范围为 $0.1<L/B<0.3$，$0.25<\Delta H/H<0.78$。本书试验资料中 $\Delta H/H=0.17$ 在公式适用范围之外，故需要进行修正。根据模型计算的坝顶过流量与应强公式的计算值之间的关系（见图 5.31），得到如下计算 Q_0/Q 的修正公式

$$\frac{Q_0}{Q}=0.62\left(\frac{L}{B}\right)^{1+0.01\frac{B}{H}\left[\left(\frac{L}{B}-0.75\right)^2-\frac{1}{16}\right]}\left(1-\frac{\Delta H}{H}\right)^{0.5+\frac{2H}{B}}-0.003\,8$$

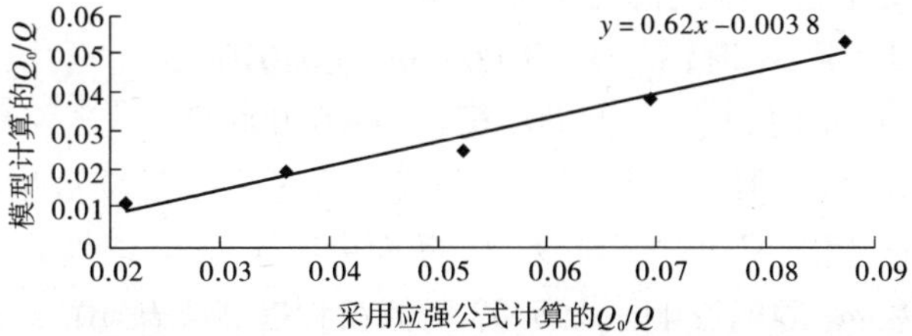

图 5.31　$\Delta H/H=0.17$（$H=0.12$ m）时拟合的坝顶相对溢流量计算公式

关于下游局部水头损失系数 λ_j 的表达式结构仍采用乐培九等[7]的研究结果，为

$$\lambda_j=C\eta^{1.5}Re^{0.44}\left(\frac{n}{H^{1/6}}\right)^{1.1}$$

式中：C 为待定经验关系式，在非淹没时为常数，在淹没时根据试验资料分析，还与相对阻挡流量有关，也即 $C=f(\eta)$。

关于边坡的影响仍采用程年生等[5]的研究结果，在淹没时考虑淹没程度的影响，则回流长度的结构应为

$$l=\frac{4H(\lambda_{j0}+\lambda_{jm})}{f(\eta)\eta^{1.5}Re^{0.44}\left(\frac{n}{H^{1/6}}\right)^{1.1}}\left[\frac{2\left(1-\frac{L}{B}\right)}{\left(1-\frac{Q_0}{Q}\right)+\left(1-\frac{L}{B}\right)}\right]^2-$$

$$10.8m_1H^{1.67}L^{0.67}\left(1-\frac{\Delta H}{H}\right)$$

根据本书试验资料，确定相关表达式如下

$$l=\frac{2\,089H(\eta^{1.75}+\lambda_{jm})(\eta+0.042\,7)}{\eta^{1.5}Re^{0.44}\left(\frac{n}{H^{1/6}}\right)^{1.1}\left[\left(1-\frac{Q_0}{Q}\right)/\left(1-\frac{L}{B}\right)+1\right]^2}-$$
$$10.8m_1H^{1.67}L^{0.67}\left(1-\frac{\Delta H}{H}\right) \tag{5.10}$$

式中，反映端坡作用的影响系数 λ_{jm} 由于 l/L 在 $0<m<1$ 和 $m>1$ 范围的变化趋势不同而分别表示如下：

当 $0<m<1$ 时，$\lambda_{jm}=-0.009\,3m^2+0.016m$；

当 $m>1$ 时，$\lambda_{jm}=-0.002\,67\ln m+0.006\,67$。

由式(5.10)结构可以看出，公式综合考虑了丁坝流量压缩比 $\eta=Q_b/Q$、相对坝顶过流量 Q_0/Q、断面束窄比 L/B、端坡系数 m 和边坡系数 m_1 等的影响。图5.32为淹没程度 $\Delta H/H=0.17$ 时不同试验条件下(见表5.3和表5.4)拟合公式计算得到的 l/L 值与模型计算的 l/L 值，可以看出拟合值与模型计算值吻合较好。

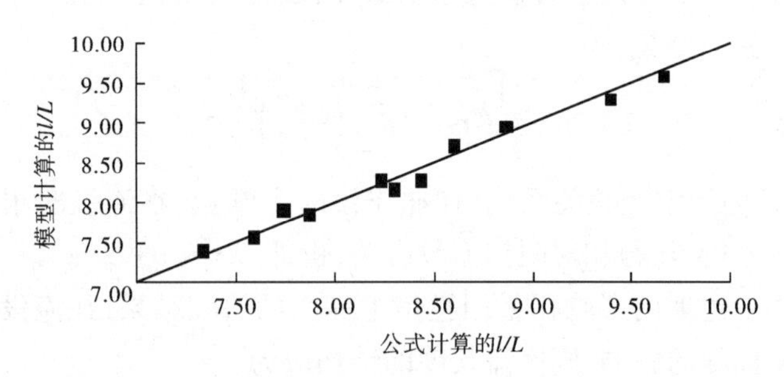

图5.32　$\Delta H/H=0.17$ ($H=0.12$ m)时拟合公式计算的 l/L 与模型计算值

表 5.4　$\Delta H/H = 0.17$($H = 0.12$ m)时淹没丁坝不同试验条件下的 l/L

水深 H	有效近似长度 L	端坡系数 m	相对回流长度 l/L
0.12	0.500	0	8.94
0.12	0.750	0	8.27
0.12	1.250	0	7.57
0.12	1.250	10	7.90
0.12	1.500	0	7.40

5.4.3　底层平面流速分布

图 5.33 为 $\Delta H/H = 0.17$ 时不同 m 下坝头附近底层流速等值线分布。可以看出,等值线随 m 的变化趋势与非淹没情况下(见图 5.20)基本相同。$m = 0$ 时,$V/V_0 = 1.40$ 等值线范围仍较大,$m = 3$、5和 $m = 7$ 时已不存在。值得注意的是,$V/V_0 = 1.30$ 等值线范围在 $m = 0$ 与 $m = 3$ 时差别并不大。在 $m > 3$ 时,$V/V_0 = 1.30$ 等值线范围随着 m 的增加也呈减小趋势,至 $m = 7$ 范围已明显减小。

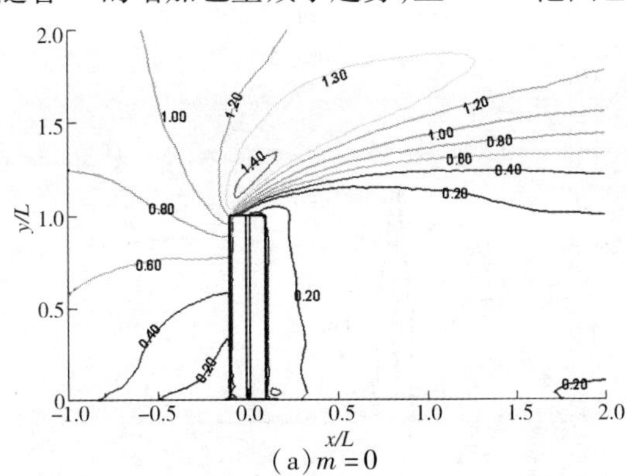

(a) $m = 0$

图 5.33　$\Delta H/H = 0.17$($H = 0.12$ m)时 $L = 1.00$ m 丁坝不同 m 下坝头附近底层($z/D = 0.2$)V/V_0 等值线分布

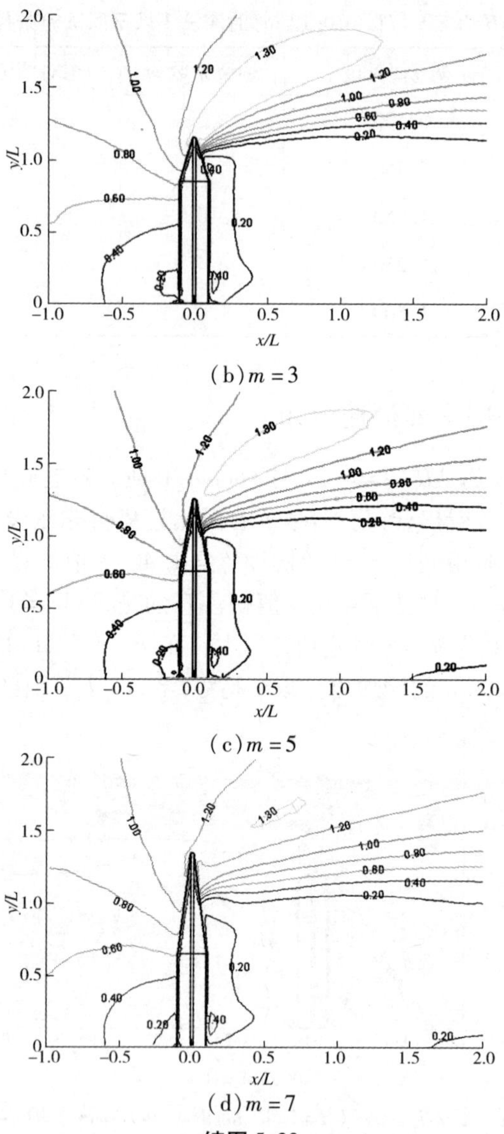

(b) $m=3$

(c) $m=5$

(d) $m=7$

续图 5.33

5.4.4　底床切应力分布

图 5.34 为 $\Delta H/H=0.17(H=0.12\ \mathrm{m})$ 时 $L=1.00$ m 丁坝不同 m 下坝头附近相对底床切应力 τ_b/τ_0 分布。与 $m=0$ 时相比，$m=3$ 时 $\tau_b/\tau_0=3.50$ 等值线范围基本消失。$m=5$、7 时，$\tau_b/\tau_0=2.50$ 等值线范围明显缩小。值得注意的是，$\tau_b/\tau_0=2.50$ 等值线范围在 $m=3$ 时与 $m=0$ 时没有明显变化。

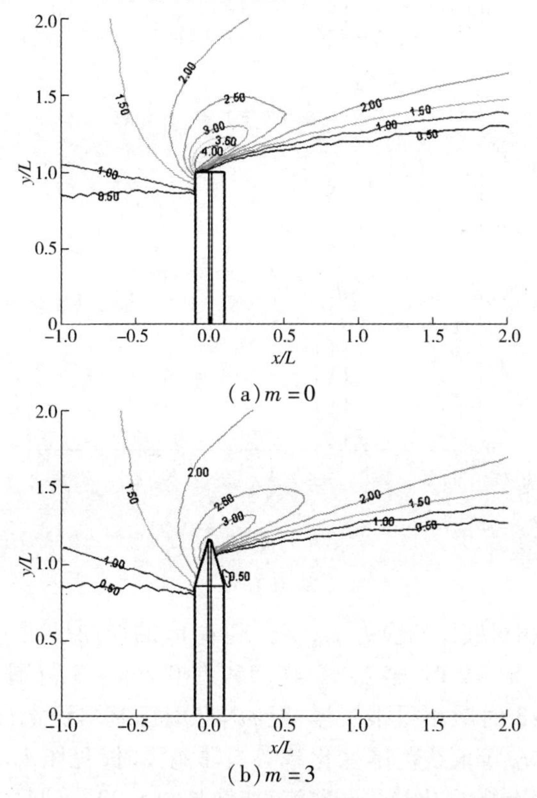

(a) $m=0$

(b) $m=3$

图 5.34　$\Delta H/H=0.17(H=0.12\ \mathrm{m})$ 时 $L=1.00$ m 丁坝不同 m 下坝头附近相对底床切应力 τ_b/τ_0 等值线分布

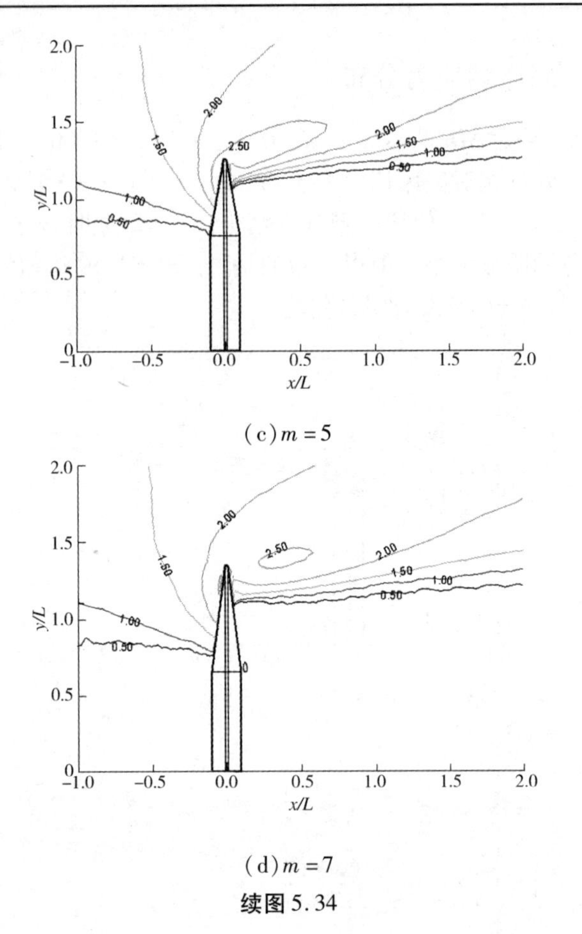

(c) $m=5$

(d) $m=7$

续图 5.34

最大相对底床切应力 $\tau_{b\max}/\tau_0$ 随着 m 的增加呈减小趋势(见图 5.35)。$m=0$ 时,$\tau_{b\max}/\tau_0=6.16$,在 $0<m<3$ 范围内减小很快,在 $m>3$ 时减小得很缓慢,至 $m=7$ 时已基本稳定,$\tau_{b\max}/\tau_0=2.90$。τ_b/τ_0 等值线范围变化趋势与非淹没时(见图 5.21)相同,$\tau_{b\max}/\tau_0$ 随 m 的变化趋势与非淹没时(见图 5.22)不同。

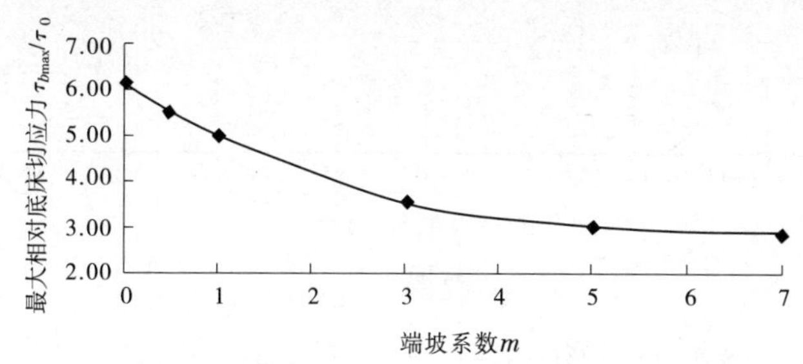

图 5.35　$\Delta H/H=0.17(H=0.12\ \text{m})$ 时 $L=1.00$ m 丁坝不同 m 下最大相对底床切应力 τ_{bmax}/τ_0

5.4.5　横向流速分布

图5.36为 $\Delta H/H=0.17$ 时丁坝坝头断面处横向流速分布。存在端坡时,端坡体上横向流速明显很大。端坡体以外的横向流速受 m 的影响很小。

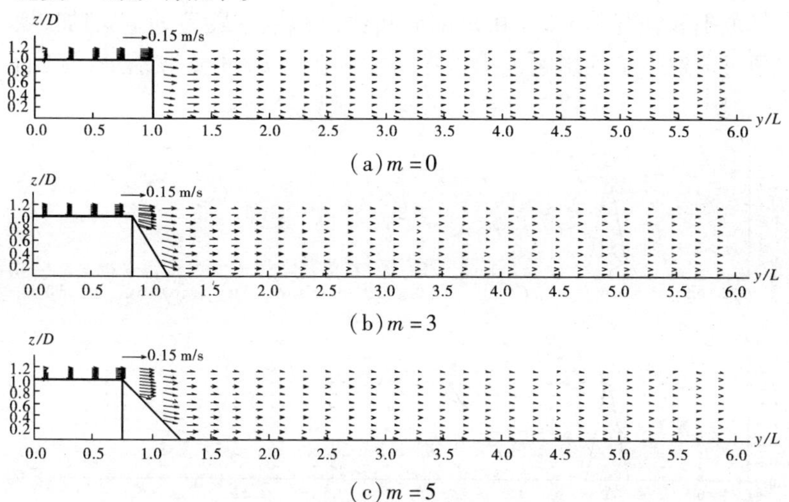

图 5.36　$\Delta H/H=0.17(H=0.12\ \text{m})$ 时 $L=1.00$ m 丁坝不同 m 下坝轴横断面($x/L=0.0$)流速分布

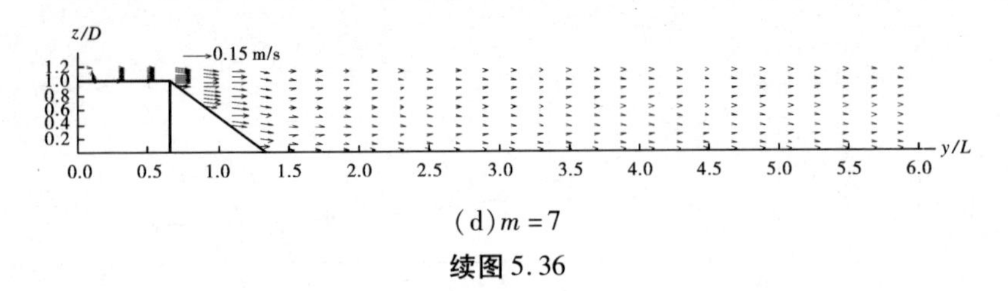

(d) $m=7$

续图 5.36

5.4.6 纵剖面流场

图 5.37 ~ 图 5.39 分别为 $\Delta H/H=0.17$ 时不同 m 下 $y/L=0.5$、1.0、1.5 处纵剖面流场。在 $y/L=0.5$ 纵剖面(见图 5.37),受坝体阻挡和坝顶过流影响,丁坝下游出现一横轴环流,坝顶过流流速和紧邻坝顶下游的流速较大。在 $y/L=1.0$ 纵剖面(见图 5.38),$m=0$ 时不受坝顶阻挡,$m>0$ 时受端坡体的阻挡作用,部分水流以较大流速越过端坡体。丁坝下游仍存在横轴环流,但其范围和强度与 $y/L=0.5$ 剖面相比已减弱。随着 m 的增加,坝顶过流对下游的影响范围也在增加。在 $y/L=1.5$ 收缩处纵剖面(见图 5.39),m 的变化对流场的影响已经很小。

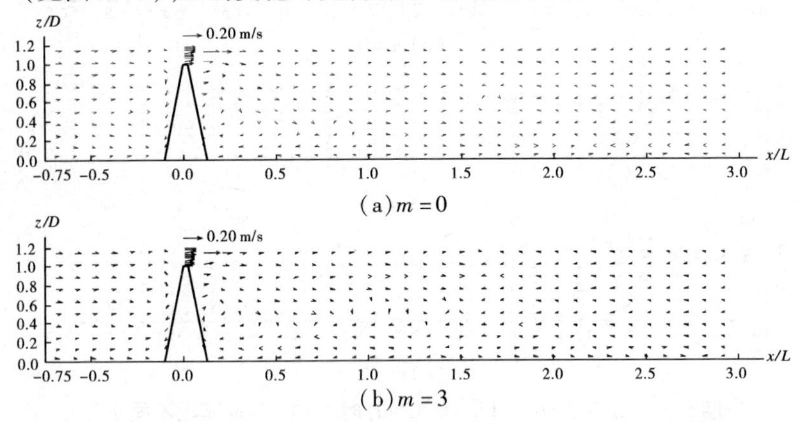

图 5.37　$\Delta H/H=0.17$($H=0.12$ m)时 $L=1.00$ m 丁坝 $y/L=0.5$ 纵剖面处不同 m 下的流场

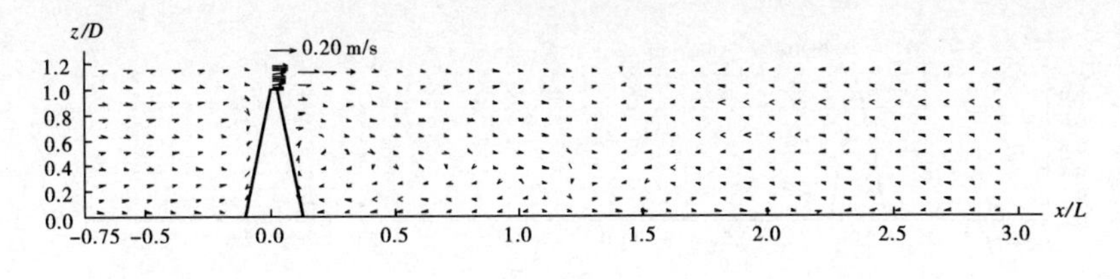

(c)$m=5$

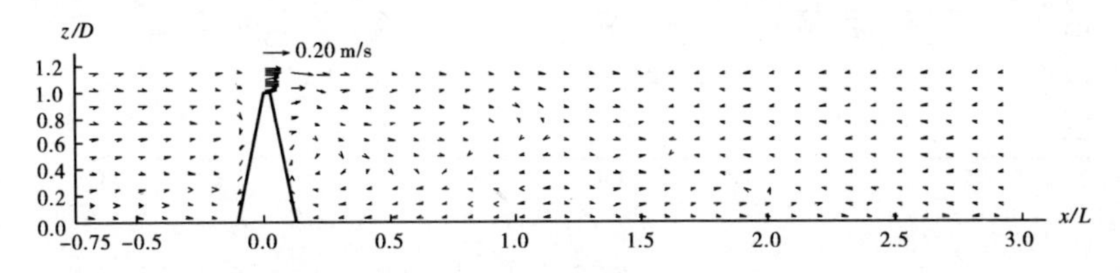

(d)$m=7$

续图 5.37

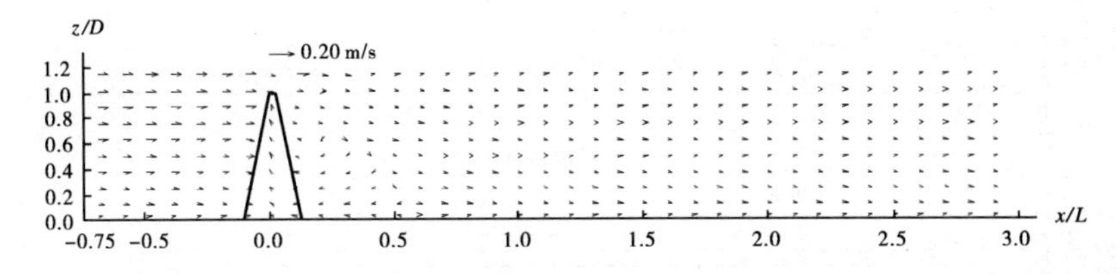

(a)$m=0$

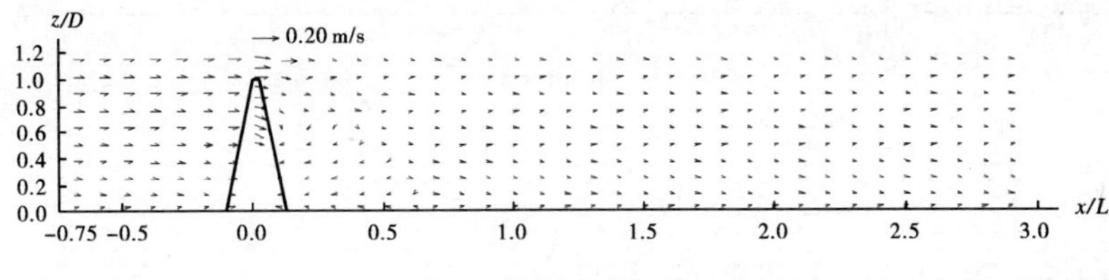

(b)$m=3$

图 5.38　$\Delta H/H=0.17(H=0.12\ \text{m})$时 $L=1.00$ m 丁坝 $y/L=1.0$ 纵剖面处不同 m 下的流场

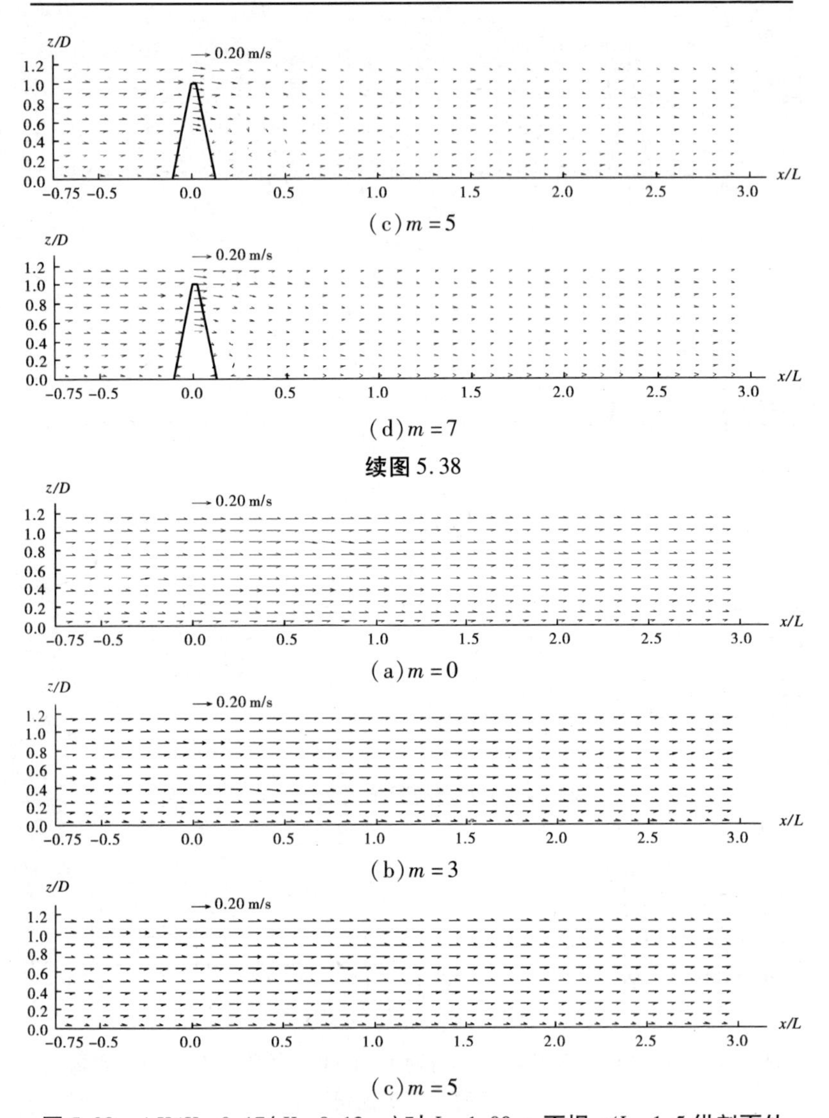

(c) $m=5$

(d) $m=7$

续图 5.38

(a) $m=0$

(b) $m=3$

(c) $m=5$

图 5.39　$\Delta H/H=0.17$ ($H=0.12$ m) 时 $L=1.00$ m 丁坝 $y/L=1.5$ 纵剖面处不同 m 下的流场

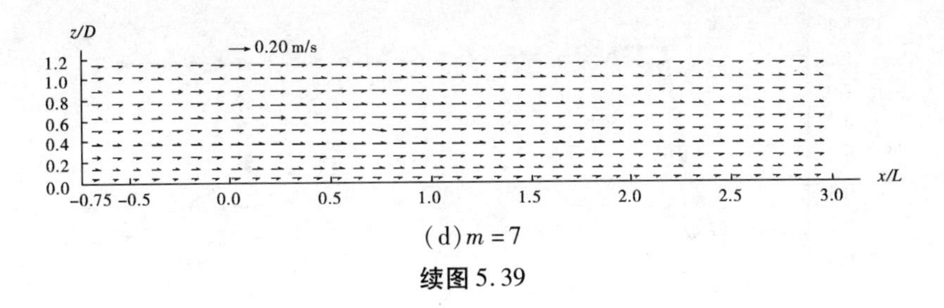

(d)$m=7$

续图5.39

5.5　淹没丁坝相对单宽流量分布

相对单宽流量 q/q_{in} 为单宽流量 $q=Hu$ 与上游边界给定的单宽流量 q_{in} 的比值。

5.5.1　端坡系数对相对单宽流量分布的影响

图5.40和图5.41分别为 $\Delta H/H=0.17$（$H=0.12$ m）、$L=1.00$ m和 $\Delta H/H=0.29$（$H=0.14$ m）、$L=1.00$ m不同 m 时 $x/L=0.0$（坝轴横断面）、$x/L=0.2$（下游0.20 m处）和 $x/L=1.0$（下游1.00 m处）断面的 q/q_{in} 分布。两种淹没程度下的变化趋势相同，下面以 $\Delta H/H=0.17$ 为例进行说明。

对于 $x/L=0.0$ 断面和 $x/L=0.2$ 断面，在 $1.2<y/L<1.7$ 范围内，$\Delta H/H=0.17$ 时 $m=0$、3、5、7时 $q_{max}/q_{in}=1.26$、1.20、1.19、1.18，也即直立时坝头附近集中较多的单宽流量，然后随着 m 的增大，坝头附近 q/q_{in} 逐渐减小，至 $m=7$ 时，与主流区中的值趋于一致。对于 $x/L=1.0$ 断面，在 $m=0$、3、5、7时，$q_{max}/q_{in}=1.40$、1.39、1.39、1.36。不同 m 对 q/q_{in} 的影响与 $x/L=0.0$、0.2断面相比已减小。

图5.42为 $\Delta H/H=0.17$（$H=0.12$ m）、$L=1.00$ m时不同 m 下 q/q_{in} 等值线分布，可以发现 $m=0$ 和 $m=3$ 时 q/q_{in} 等值线范围变化与 $m>3$ 时的变化是不同的，主要表现在 $m=3$ 时 $q/q_{in}\geqslant1.15$ 等值线分布范围与 $m=0$ 时相比，基本持平或略有增加。而在

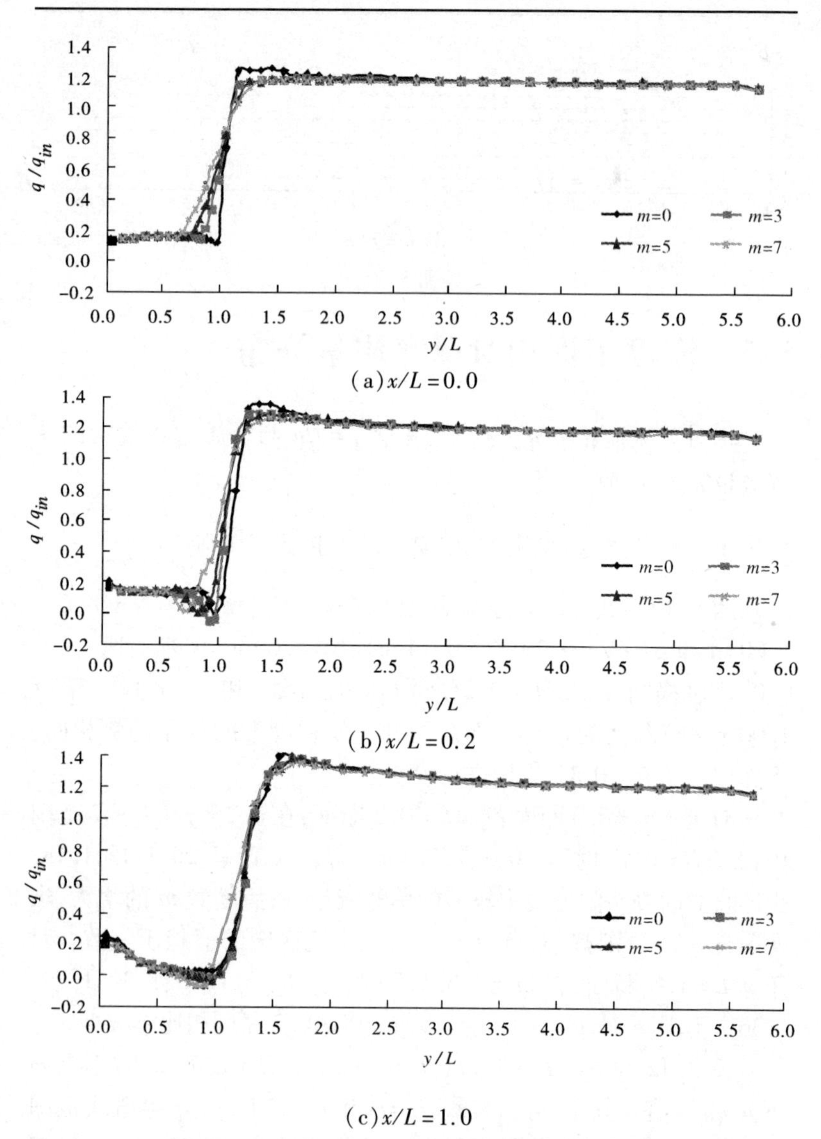

(a) $x/L=0.0$

(b) $x/L=0.2$

(c) $x/L=1.0$

图 5.40　$\Delta H/H=0.17(H=0.12\ \mathrm{m})$、$L=1.00\ \mathrm{m}$ 不同 m 时 q/q_{in} 的横向分布

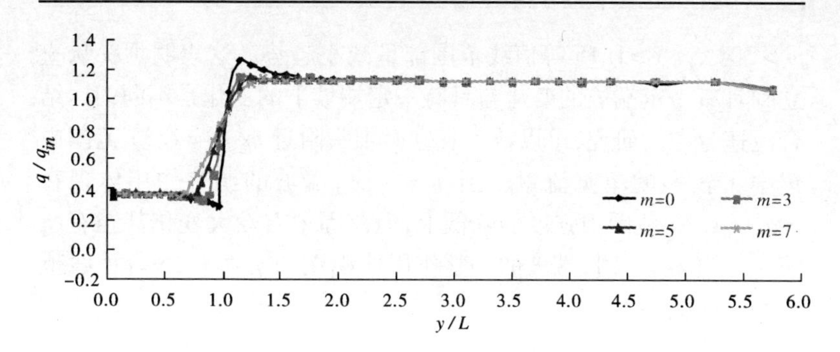

(a) $x/L=0.0$

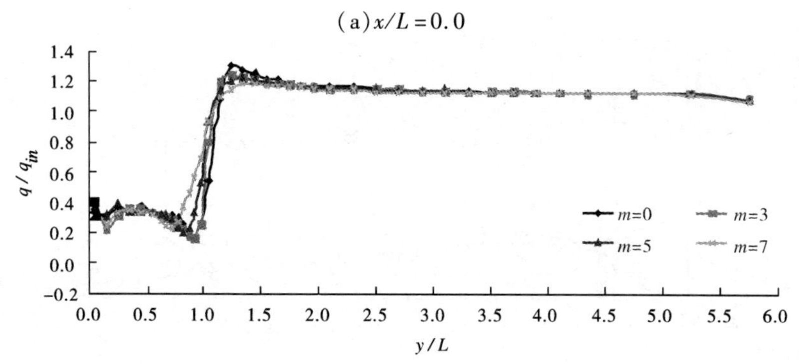

(b) $x/L=0.2$

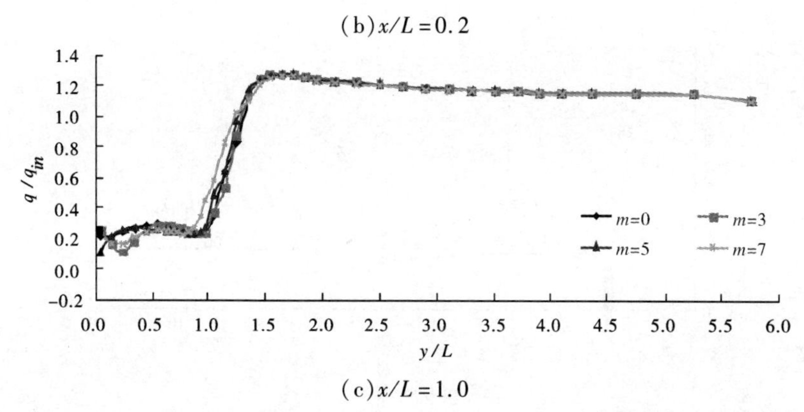

(c) $x/L=1.0$

图 5.41　$\Delta H/H=0.29$($H=0.14$ m)、$L=1.00$ m 不同 m 时横断面 q/q_{in} 分布

$m>3$时 $q/q_{in} \geqslant 1.15$ 等值线范围都呈减小趋势。这表明坝头从直立到具有一定端坡的变化与具有一定端坡下的变化是不同的。结合流速分布的研究,可以认为直立时坝头附近 $q/q_{in}=1.35$ 范围内集中了较多的单宽流量。当 $m=3$ 时,端坡的调整作用体现在 $q/q_{in}=1.35$ 范围内强度的降低上,但范围未有较大变化甚至有所缩小。当 $m>3$ 时,端坡的调整作用体现在 $q/q_{in} \geqslant 1.15$ 等值线范围的逐渐减小上。

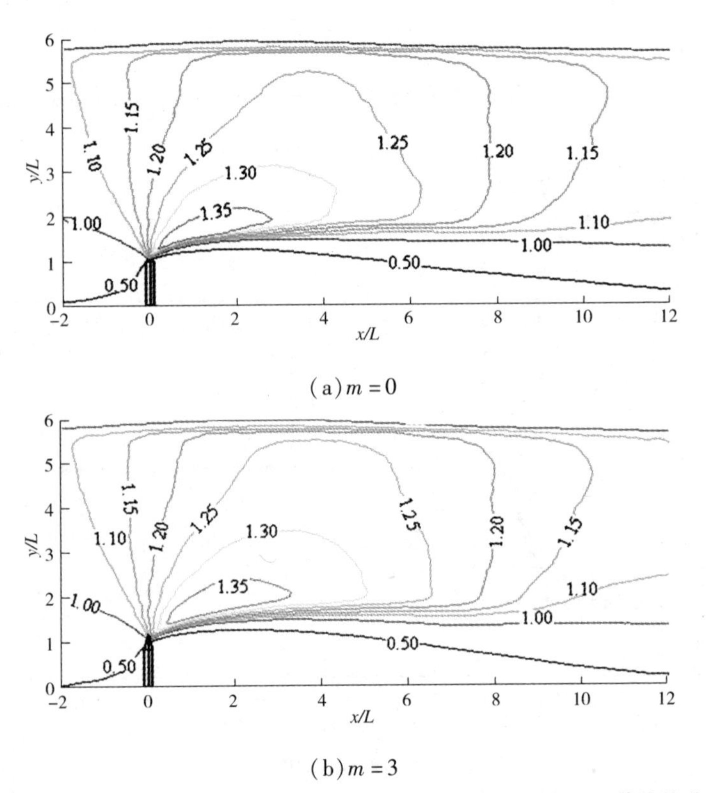

图 5.42 $\Delta H/H=0.17$($H=0.12$ m)、$L=1.00$ m 不同 m 时 q/q_{in}等值线分布

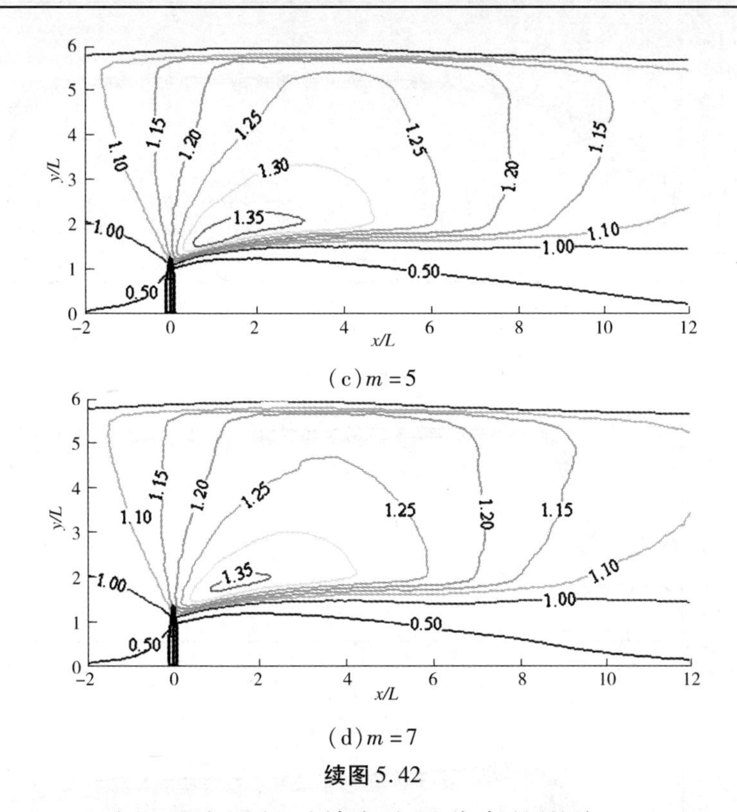

(c) $m=5$

(d) $m=7$

续图5.42

5.5.2　淹没程度对相对单宽流量分布的影响

图5.43为 $m=5$、$L=1.00$ m时丁坝附近 q/q_{in} 在不同 $\Delta H/H$ 下的分布。随着 $\Delta H/H$ 增加，L 以内的 q/q_{in} 值增加，主流区内的 q/q_{in} 值减小，在 $m=0$、3、5、7时 $x/L=0.0$、$y/L=4.0$ 处 $q/q_{in}=1.17$、1.13、1.11、1.09。

图5.44为 $m=5$、$L=1.00$ m时丁坝附近 q/q_{in} 在不同 $\Delta H/H$ 下的等值线分布。可以看出，随着 $\Delta H/H$ 的增加，丁坝阻挡区内 $q/q_{in}\leqslant 0.5$ 和主流区内 $q/q_{in}\geqslant 1.2$ 的范围逐渐减小。q/q_{in} 在丁坝附近的分布随着 $\Delta H/H$ 的增加也变得更为均匀。

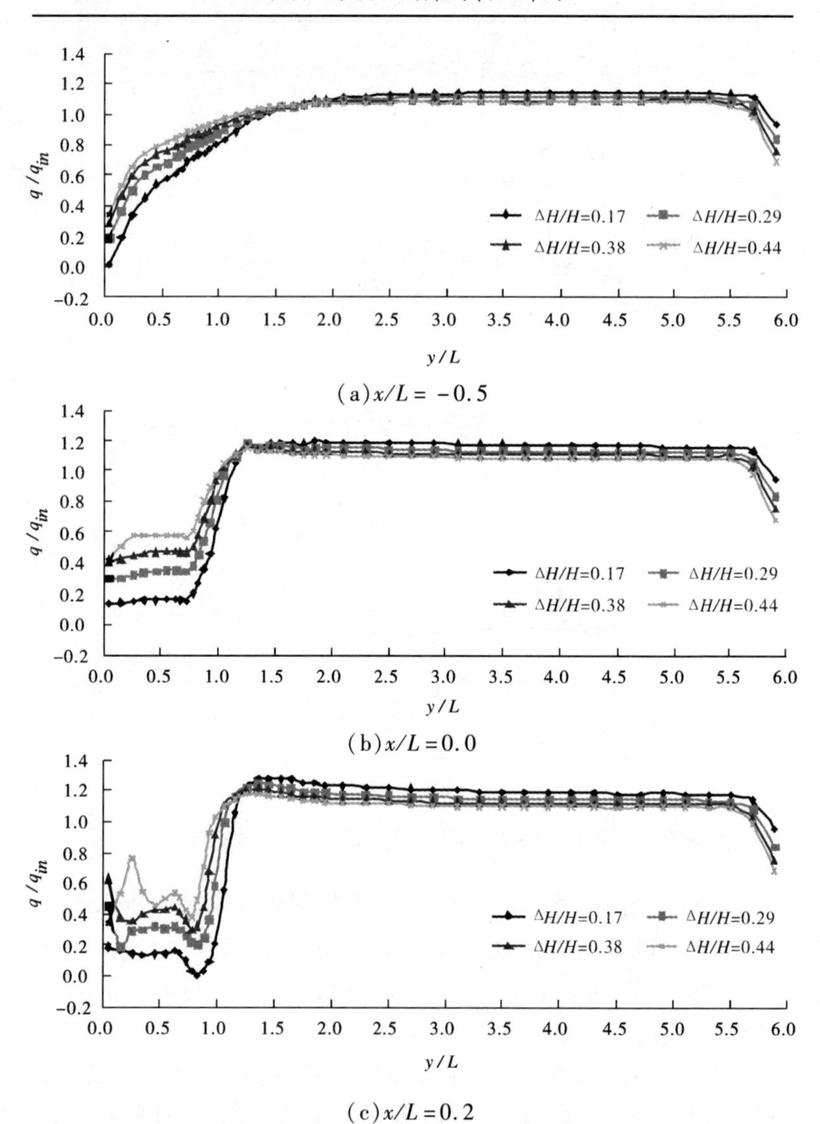

(a) $x/L=-0.5$

(b) $x/L=0.0$

(c) $x/L=0.2$

图 5.43　$m=5$、$L=1.00$ m 丁坝附近横断面不同 $\Delta H/H$ 下 q/q_{in} 分布

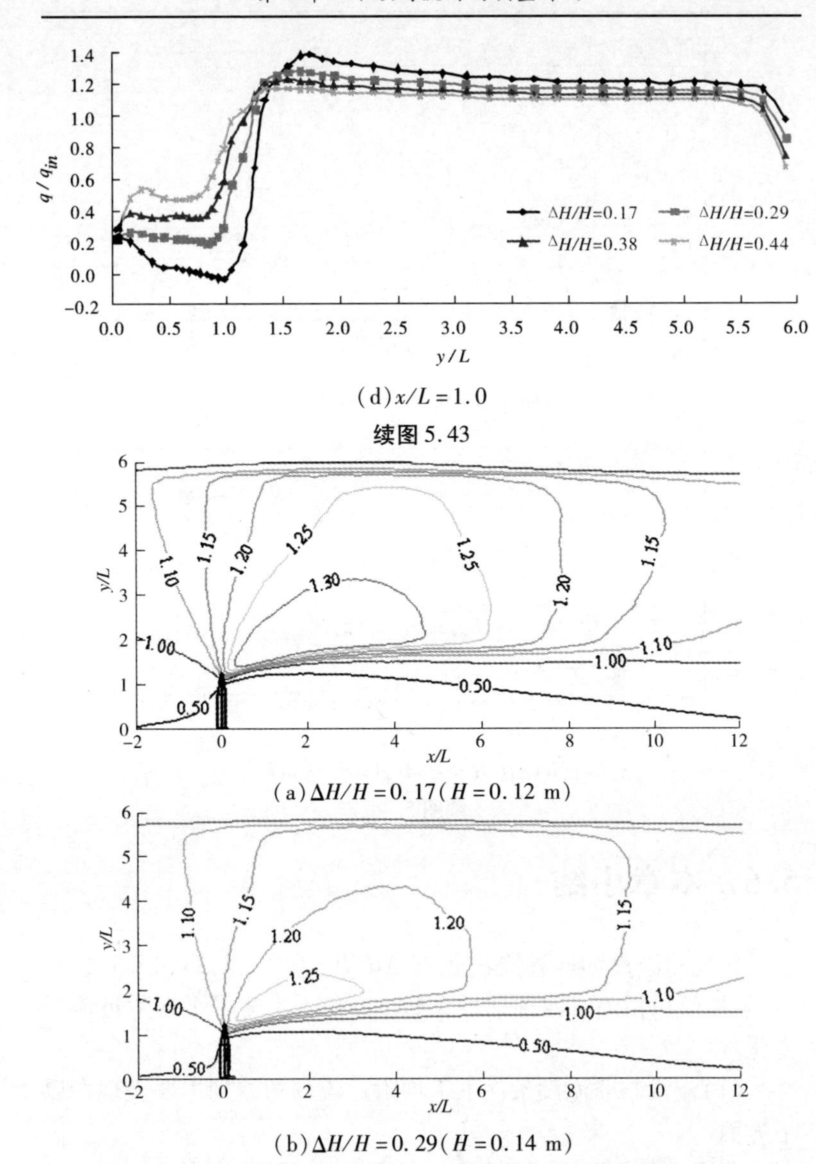

(d) $x/L = 1.0$

续图 5.43

(a) $\Delta H/H = 0.17$ ($H = 0.12$ m)

(b) $\Delta H/H = 0.29$ ($H = 0.14$ m)

图 5.44 $m = 5$、$L = 1.00$ m 时 q/q_{in} 在不同 $\Delta H/H$ 下的等值线分布

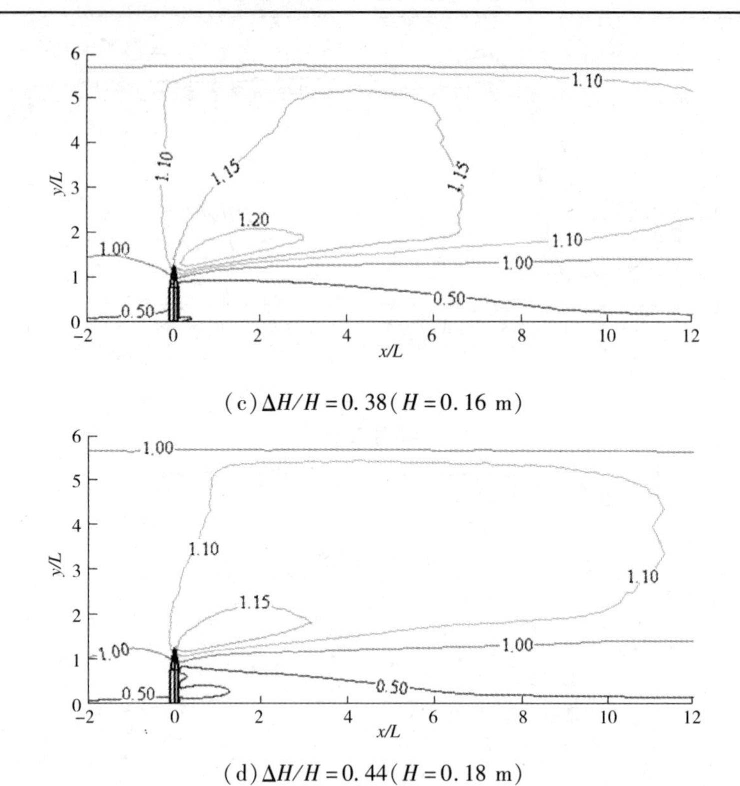

续图 5.44

5.6　本章小结

研究非淹没和四种淹没程度 $\Delta H/H = 0.17$、0.29、0.38、0.44 下,阻挡面积相等时四种端坡系数 $m = 0$、3、5、7 下丁坝附近流场变化。

(1)淹没与非淹没条件下丁坝附近流场的差别主要表现在以下方面:

非淹没条件下,丁坝下游出现回流区。淹没条件下 $\Delta H/H =$

0. 17 时，丁坝下游仍出现回流区，但受坝顶过流影响；$\Delta H/H=0.29$时，回流区消失。淹没条件下，坝轴断面上坝头附近横向流速较非淹没时减弱，横向流动的影响范围（大于 $0.2V_0$）约为坝头以外 $2.0L$，也比非淹没时的 $2.5L$ 小。

丁坝下游收缩断面处，非淹没时的二次流出现在距丁坝侧岸壁 $(1.5\sim3.5)L$ 范围内，淹没时范围明显缩小，出现在 $(1.4\sim1.8)L$ 范围内。在受坝体阻挡的纵剖面上，淹没时坝顶以上及其下游附近表层纵向流速为 $(1.1\sim1.7)V_0$，下游出现横轴环流。

收缩断面 $x/L=2.7$ 上 $y/L=0.5$、1.0、1.5、2.0 处相对纵向流速 u/V_0 的垂向分布表明，淹没时 u/V_0 的垂向分布较非淹没时均匀，且在 $y/L=1.0$、1.5 处除临近底床外 u/V_0 沿垂向几乎不变。在 $y/L=0.5$、1.0、1.5 处淹没时的流速值均大于非淹没时的流速值，而在主流区 $y/L=2.0$ 处小于非淹没时的流速值。

收缩断面上，丁坝下游回流区内，淹没时 k 值垂线分布比非淹没时更为均匀；在主流区内，淹没时 k 值大于非淹没时。

（2）$\Delta H/H$ 对丁坝附近流场的影响表现在坝顶过流能力和横向水流影响范围上。

垂向位于坝顶以下平面（$z/D=0.9$）的纵向流速的横向分布表明，淹没丁坝对低于坝顶的水流仍起一定的调整作用，这种作用随着 $\Delta H/H$ 的增加而减弱。$x/L=0.0$、$y/L=4.0$ 处纵向流速在 $\Delta H/H=0.17$、0.29、0.38、0.44 时分别为 $1.29V_0$、$1.20V_0$、$1.17V_0$、$1.11V_0$。

$\Delta H/H=0.17$ 时，丁坝下游仍出现回流区。$\Delta H/H=0.29$、0.38、0.44 时，下游回流区消失，且原回流区内的流速随着 $\Delta H/H$ 的增加而增大。坝顶以上和坝头附近水流的流向偏角随着 $\Delta H/H$ 的增加而减小，其中 $y/L=1.0$ 处的流向偏角在四种 $\Delta H/H$ 下分别为 61°、48°、34°和 26°。

坝轴断面上坝顶以上和坝头以外附近区域内的横向流速随着

$\Delta H/H$ 的增加明显减小。坝头直立时横向水流相对影响范围 b_t/L 在四种淹没程度下分为坝头以外 2.0、1.2、0.8 和 0.4，随 $\Delta H/H$ 的变化的经验关系式为 $\frac{b_t}{L} = -5.80\frac{\Delta H}{H} + 2.96$。

(3)推导出非淹没和淹没时不同 m 下丁坝阻挡流量计算公式。考虑端坡对局部水头损失的影响建立非淹没时下游回流区长度计算公式；结合坝顶过流对坝轴断面主流区平均流速的影响建立 $\Delta H/H$ 较小时丁坝下游回流区长度公式。

非淹没条件下，下游回流区相对回流长度 l/L 和相对回流宽度 b/L 都随着 m 的增加而减小。在 $m=0$、3、5、7 时，l/L 和 b/L 分别为 7.43、7.14、6.85、6.55 和 1.65、1.55、1.46、1.36。

$m=3$ 时，底层平面($z/D=0.2$)$V/V_0=1.40$、1.50 等值线范围比 $m=0$ 时明显缩小，且随着 m 的增加进一步减小，至 $m=7$ 时，$V/V_0=1.50$ 等值线范围几乎消失。

$m=3$ 时，相对底床切应力 $\tau_b/\tau_0=4.00$ 等值线范围与 $m=0$ 时相比基本消失，$\tau_b/\tau_0=3.50$ 等值线范围明显缩小。$m=5$、7 时，$\tau_b/\tau_0=3.50$ 等值线范围基本消失，$\tau_b/\tau_0=3.00$ 等值线范围明显缩小。最大相对底床切应力 $\tau_{b\max}/\tau_0$ 由 $m=0$ 时的 4.40 减小至 $m=7$时的 3.68。

淹没条件下，m 对丁坝附近流场的影响与非淹没时有所不同。

$\Delta H/H=0.17$ 时，l/L 从坝头直立时的 7.81 增至 $m=1$ 时的 9.56，然后随 m 的增加逐渐减小至 $m=7$ 时的 8.16。坝轴断面上，$y/L=1.0$ 处流向偏角在 $m=0$ 时为 61°，至 $m=0.5$ 增加为 67°，然后随 m 的增加逐渐减小，至 $m=7$ 时为 32°。

在 $m=0$ 时，底层平面($z/D=0.2$)$V/V_0=1.40$ 等值线范围仍较大，$m=3$、5 和 $m=7$ 时已不存在。值得注意的是，$V/V_0=1.30$ 等值线范围在 $m=0$ 与 $m=3$ 时差别并不大。在 $m>3$ 时，$V/V_0=1.30$ 等值线范围随着 m 的增加也呈减小趋势，至 $m=7$ 时范围已明显减小。

与 $m=0$ 时相比，$m=3$ 时 $\tau_b/\tau_0=3.50$、4.00 等值线范围基本消失。$\tau_b/\tau_0=2.50$ 等值线范围在 $m=3$ 时与 $m=0$ 时没有明显变化。$m>3$ 时，$\tau_b/\tau_0=2.50$ 等值线范围明显缩小。最大相对底床切应力 τ_{bmax}/τ_0 随着 m 的增加呈减小趋势，在 $0<m<3$ 范围内减小很快，在 $m>3$ 时减小得很缓慢，至 $m=7$ 时已基本稳定在 $\tau_{bmax}/\tau_0=2.90$。

端坡系数 m 对 q/q_{in} 的影响主要表现在以下三个方面：

①在丁坝附近横断面上，当 $m=0$，也即坝头为直立时，坝轴断面 q/q_{in} 在坝头处明显集中，$\Delta H/H=0.17$ 和 $m=0$、3、5、7 时 $q_{max}/q_{in}=1.26$、1.20、1.19 和 1.18；当 m 逐渐增大至 7 时，坝头处的 q/q_{in} 逐渐减小并与主流区中的趋于一致。

②坝头从直立到具有一定的端坡对 q/q_{in} 的影响与 m 逐渐增大的影响有所不同。与 $m=0$ 时相比，当 $m=3$ 时，端坡的调整作用体现在 $q/q_{in}=1.35$ 范围内强度的降低上，但范围未有较大变化甚至有所缩小。当 $m>3$ 时，端坡的调整作用体现在 $q/q_{in}\geqslant 1.15$ 等值线范围的逐渐减小上。

$\Delta H/H$ 对 q/q_{in} 的影响主要表现在，随着 $\Delta H/H$ 的增加，q/q_{in} 沿丁坝附近横断面的分布和在丁坝附近区域的分布变得越来越均匀。

端坡的存在阻挡了纵向水流流动，引起底层横向水流绕流距离增加和横向流速减小，抑制坝头下沉水流的发展，使得下沉水流和旋涡系不能直接作用于坝头的河床。另外，端坡的存在和 m 的增加能明显减小底层较强流速分布范围、较强底床切应力分布范围和最大底床切应力，还能够对直立情况下在坝头富集的流量进行调整。这对限制坝头局部冲刷和将更多的流量分配到主流区都是有利的。

第 6 章　丁坝对河床的调整作用

6.1　模型试验研究内容

为研究丁坝群对河床的调整过程,进行了专门的水槽试验。试验内容包括三个部分:平底动床试验,不对称河床动床试验,天然宽浅河床变态概化试验。试验组次及试验条件见表 6.1。表中试验除宽浅河床概化试验外均为非淹没条件。

实际工程中丁坝一般都是有护底的,早期的护底措施是采用柴排和梢料,近年的整治工程中护底形式多种多样,施工方式也越来越科学、合理,能很好地起到坝头附近河床不被冲刷或减小冲刷的作用。在长江口深水航道整治工程中大量采用了在加筋复合土工布上敷设混凝土连锁块或沙肋的软体排作为护底[144]。

护底形式的改进对整治段河床调整有着重大的影响,鉴于护底对河床演变的重要作用,在本次试验中所有的动床试验均对坝头和坝身采取了与原型设计相类似的模拟软体排护底。充分考虑与实际情况的相似性,在动床地形上首先铺设护底,然后在护底之上铺设斜坡堤形式的丁坝。丁坝的迎、背水边坡均为 1,端坡如不作特殊要求均为直立。在研究坝头冲刷时护底较短,以不危及坝身稳定性为宜,在丁坝群试验中,护底形式稍长。

在以上试验组次的安排中,坝头端坡坡度试验考虑到试验的可比较性,丁坝的阻挡流量是相同的,在矩形水槽条件下,也就是丁坝的阻挡面积是一致的,所以丁坝长度是不相同的。

表 6.1　丁坝对河床调整作用试验组次及试验条件

试验项目	试验组次	丁坝数目	丁坝长度(m)	河床形态	流量(L/s)	水深(cm)	端坡m
丁坝群对河床的调整过程	1	1	1.0	动床平底	80	10	0
	2	1	1.5	动床平底	100	10	0
	3	3	1.5	动床平底	80	10	0
	4	3	2.0	不对称河床	80	10	0
	5	3	2.0	不对称河床	80	10	0
	6	6	1.0	不对称河床	80	10	0
坝头结构形式对局部冲刷的影响	1	1	1.6	动床平底	50	10	0
	2	1	1.7	动床平底	50	10	2
	3	1	1.8	动床平底	50	10	4
	4	1	1.9	动床平底	50	10	6
往复流	2	1	1.0	动床平底	流量过程	潮位过程	0
	4	6	1.5	不对称河床	流量过程	潮位过程	0
宽浅河床	1~8	9		北槽原始地形	流量过程	潮位过程	1

6.2　单丁坝作用下的河床调整过程

在丁坝水流结构的分析中,对丁坝在平底水槽中的流速分布的研究结果进行了定性和定量的阐述。但是在自然界不可能存在矩形平底河床,也不可能存在不动的床面。所以,研究丁坝作用下变化之后的河床和与之相对应的流场显得更为重要。一系列的动床试验也表明,河床变化对丁坝周围的水流结构有明显的影响。

与定床试验相比，回流区的形态和范围、坝头的流速，以及相应断面的流速分布都有比较大的区别。

置于水流中的任何具有固定形态的物体都会引起流场的改变，在近壁边界层以外的一定范围内，侧向流速的绝对值都将增加，其增量与壁面法向距离成反比。无论是现场观测还是室内试验乃至数值模拟计算，都可以观察到靠近丁坝坝头流速增加的比例大，远离坝头流速增加的比例小。由于丁坝作用，河床冲刷，过水面积增大，随后流速降低，坝头附近流速降低的比例也最大。

6.2.1　回流区长度变化

目前，已有的丁坝回流区长度的试验结果都是在定床情况下得到的。而在天然河床上筑丁坝之后，河床会产生调整，尤其是丁坝头部由于水流过分集中，调整会更剧烈，出现局部冲刷坑。这种河床的调整会对回流尺度产生显著的影响。图 6.1 和图 6.2 为同一丁坝在试验开始和冲刷坑基本平衡之后的流场图。从图中可以清楚的看到回流区末端位置的变化，从试验开始的 10 m 左右减小到试验结束的 5 m 左右。不同的丁坝长度试验都得到了类似的结果，也就是说，丁坝的回流区域在河床调整的过程中有非常大的变化。而图 6.2 的流场条件是坝头冲刷坑基本平衡，而此时河床的调整还远未达到平衡。如果以丁坝的回流域的大小反映丁坝对河床的作用，那么采用何时的回流域更合适值得探讨，对于具体问题应该充分认识到河床调整对丁坝作用的影响。

在天然情况下，坝田由于流速降低会产生淤积，为了研究淤积地形对回流长度的影响，又在丁坝下游回流区侧 2 m 范围内人为布置了新月形的淤积体，淤积体平均高出原动床试验河床 3 ~ 5 cm，试验条件不变。图 6.3 为布置坝田淤积体后的流场图，与图 6.1相比回流长度也明显减小。

以上的论述仍然是从试验的角度对回流长度差异产生的原因

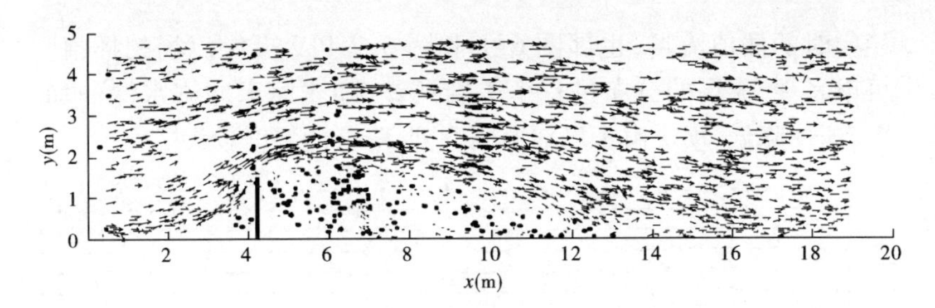

图6.1　试验开始时的PIV摄像流场

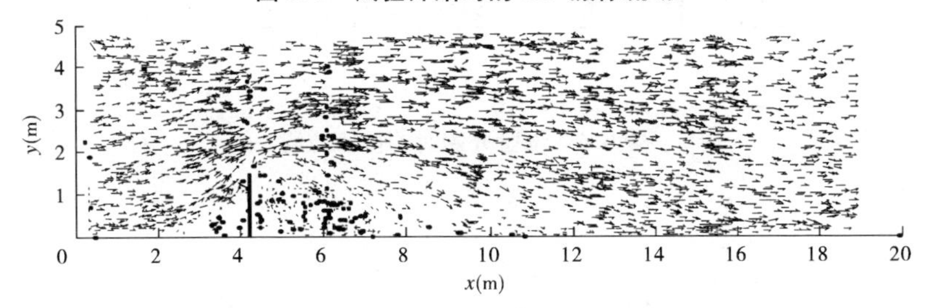

图6.2　坝头冲刷坑基本稳定时的PIV摄像流场

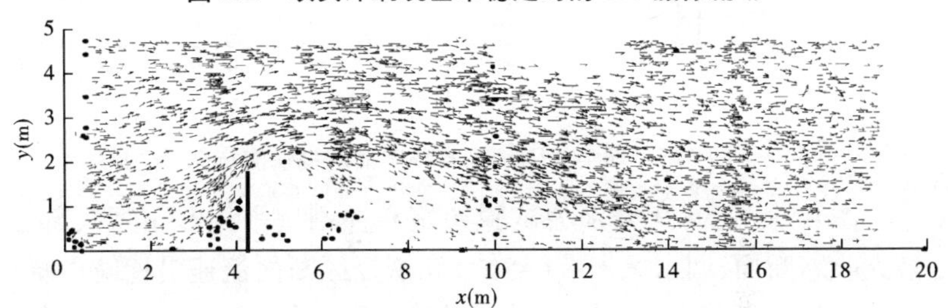

图6.3　布置坝田淤积体后的PIV摄像流场

进行了一定的分析,是否具有普遍性,还需要更多条件的试验和实际的检验。进一步分析差异产生的原因,将有利于研究成果更好地应用在工程中。

6.2.2　流场的变化

图6.4和图6.5分别为单丁坝试验开始时和坝头冲刷坑基本

稳定时的插值流场,也即图 6.1 和图 6.2 PIV 摄像流场的插值。可以发现,流场的分布进行了重新调整,随着河床冲刷水深的加大,流速降低,坝头由于局部冲刷剧烈,降低的幅度较大。

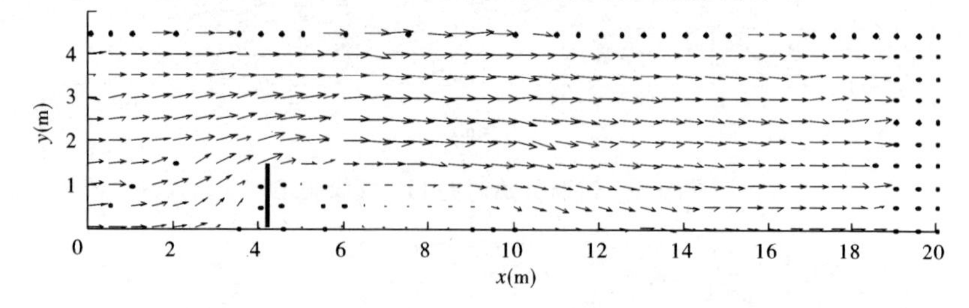

图 6.4　试验开始时的插值流场

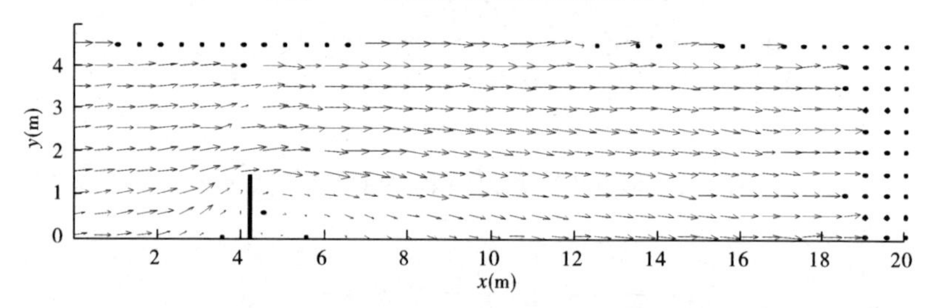

图 6.5　坝头冲刷坑基本稳定时的插值流场

图 6.6 ~ 图 6.9 分别为试验初始和冲刷坑平衡时丁坝头部、最大收缩断面、回水区末端(初始)和恢复区断面流速沿槽宽的横向分布。可以看出,经过河床的调整,试验结束时流速分布与开始时差别很明显。由于局部冲刷坑达到相对平衡时间比河床冲刷达到平衡的时间短得多,所以在实际的丁坝工程中更应该关心的是局部冲刷坑发展到一定程度的流场分布。

通过对坝轴断面沿槽宽不同位置处断面流速数据(见表 6.2)的统计分析,得出了在试验初始状态和稳定状态时比流速 U/U_0 大小与 y/b 的关系式:

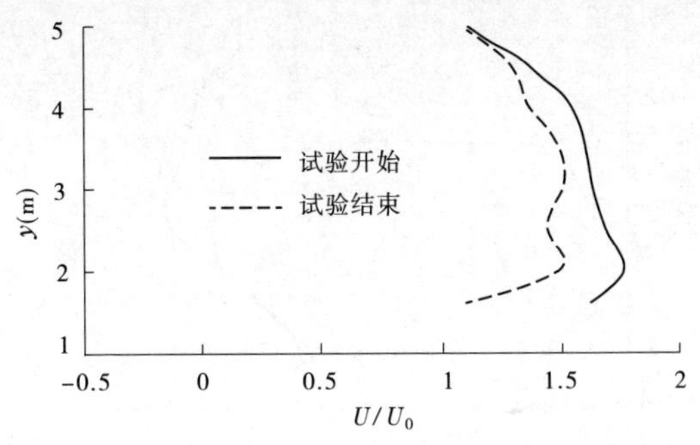

图 6.6　坝轴断面($x = 4.20$ m)流速横向分布变化

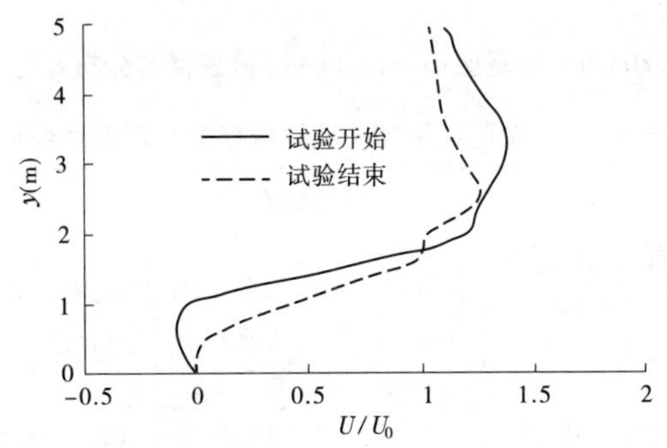

图 6.7　最大收缩断面($x = 6.00$ m)流速横向分布变化

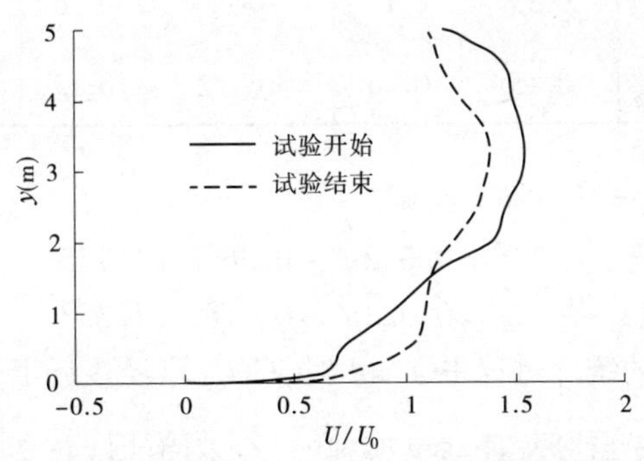

图 6.8　回水区末端($x = 12.00$ m)流速横向分布变化

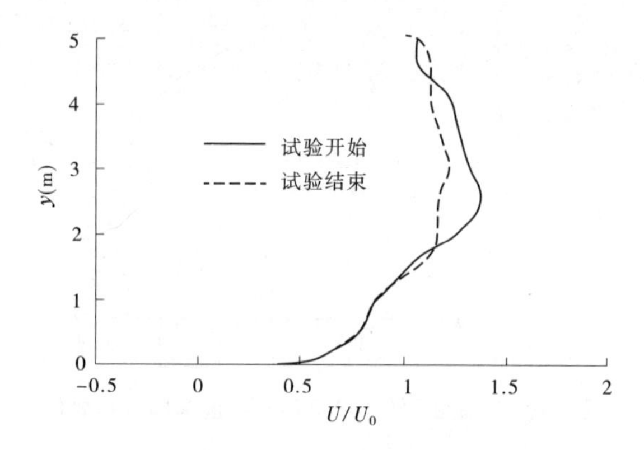

图 6.9　恢复区($x=15.00$ m)流速横向分布变化

表 6.2　坝轴断面沿槽宽不同位置处断面流速变化

断面横向位置(m)	无丁坝(cm/s)	初始状态		稳定状态	
		流速(cm/s)	增大百分比(%)	流速(cm/s)	增大百分比(%)
2	0.15	0.20	33.3	0.17	13.3
3	0.15	0.17	13.3	0.16	6.7
4	0.15	0.16	6.7	0.15	0

令 $U/U_0=U'$，$y/b=n$，则

初始状态　　$U'=0.048n^2-0.369n+1.775$

稳定状态　　$U'=0.023n^2-0.178n+1.353$

在上式的统计过程中，$n=4$ 时，U/U_0 已经接近于1，其中的系数是根据本次试验统计结果得到的，在不同的试验条件下与$\frac{Q_b}{Q}$和断面形态有关。上式不仅表示丁坝断面的流速分布，还说明了在

河床调整之后,断面流速进行了重新分配。

6.2.3　河床的调整

单丁坝作用下河床的调整过程包括坝头局部冲刷以及丁坝作用范围内其他部分河床的调整。

在矩形水槽的丁坝断面上,丁坝坝头流速的明显增大导致了坝头的局部冲刷:在冲刷初期,坝头附近床面被冲起的泥沙往下游挟运,在水流分离区附近形成淤积。初期的淤积体比较狭长,其位置相当于定床情况下丁坝下游主回流分界线内侧,随着坝头冲刷量逐渐增加,坝下游的淤积体逐渐向下延伸变宽。由于泥沙淤积,淤积体顶部水深变小,流速增大,绕过丁坝的水流,漫过淤积体表面向下游扩散。一方面,由于扩散水流的方向是折向坝后的回流区,导致原坝后的回流区趋近岸边,并使回流尺度减小,形成一条狭长的回流带。另一方面,由于发散水流在离开淤积体之后,水深的增大导致流速减小,形成一片缓流区。而这正是淤积体朝侧向展宽的有利条件。

由于坝头分离旋涡的作用,泥沙从冲刷坑内输运到坑外时呈螺旋上升,其中一部分被带向主流区,另一部分被输运到淤积体表面,从冲刷坑内的泥沙运动轨迹可以清楚地观察到这种现象。当泥沙从冲刷坑内被搬运到淤积体表面时,由于淤积体表面流速较大,刚淤下的泥沙又被输运到淤积体后缘的缓流区,使淤积体不断向下游延伸增大,同时淤积体表面高程也不断抬高。随着淤积体的逐渐发育,淤积体表面的水深逐渐减小,最后导致阻力增大和局部输沙能力增强,淤积渐趋缓慢,冲刷坑逐渐增深后,内部形态的调整略有滞后,最后丁坝的局部冲刷与坝下游回流区边缘的局部淤积同时达到相对稳定。

图6.10为单丁坝坝头冲刷坑相对稳定时的河床形态。应该指出的是,由于水槽试验只考虑了底沙的冲刷,没有考虑悬沙的淤

积,所以冲刷坑形态图中的淤积区与实际坝田的淤积形态有一定的区别。

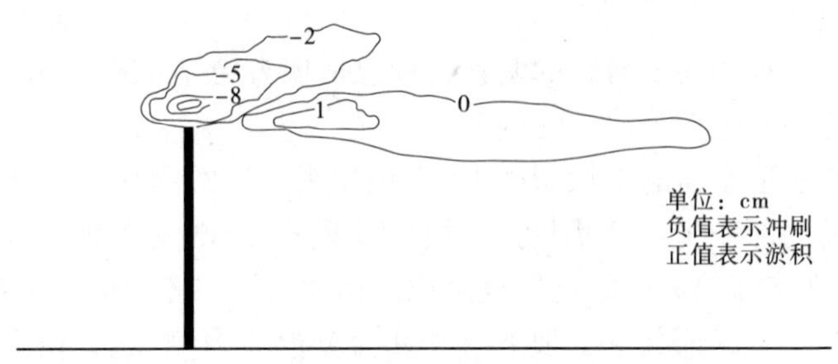

图 6.10　坝头冲刷坑相对稳定时的河床形态

在一定的来水来沙条件下,坝头冲刷坑首先达到平衡,在坝头冲刷的同时,流速增加区的河床也在冲刷,只是冲刷达到平衡的时间要长得多。图 6.11 是冲刷坑和相对回流长度发展过程,在冲刷坑发展相对平衡的时间段内,最大冲刷深度处大约经过 20% 的时间就达到了 80% 的冲刷量。

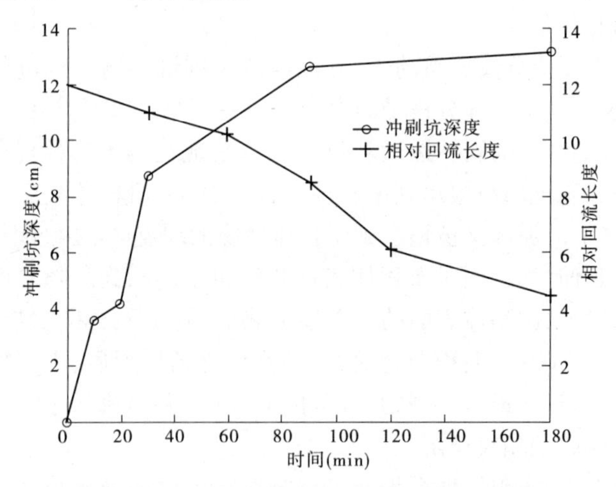

图 6.11　冲刷坑和相对回流长度随时间的变化

丁坝的作用使水流结构发生改变,水流结构的改变导致坝头局部冲刷和河床的普遍冲刷,河床的调整又对水流结构产生影响。河床的调整使水流条件发生三方面的变化:①压缩断面及沿程流速分布和流向发生了显著改变;②丁坝轴线断面的水深加大,过水面积增大,丁坝的压缩比变小;③河床形态发生改变后,水流阻力逐渐减小。

这三方面的变化均导致回流长度减小,这在丁坝作用下流场的变化过程中已进行了分析。图 6.11 也反映了回流长度随冲刷坑发展的变化关系,进一步表明冲刷过程中回流长度随冲刷坑冲深和断面扩大而减小的变化规律。放水初期,冲刷坑深度发展很快,但平面尺度不大,对回流长度影响不大;中期,冲刷坑深度增大缓慢,平面尺度扩大迅速,L/b 迅速减小;后期,冲刷坑趋于稳定,深度和面积不再变化,回流长度趋于稳定。

6.2.4　端坡对局部冲刷的影响

目前,关于坝头局部冲刷的机制尚存在许多认识上的差异。一般认为,坝头局部冲刷是坝头下沉水流和绕坝水流以及它们相互作用所产生的旋涡系综合作用的结果。

端坡对流场的研究表明,其存在阻挡了纵向水流流动,并引起底层横向水流绕流距离增加和横向流速减小,较大底床切应力的范围和最大底床切应力的减小。另外,端坡体本身的存在还起到类似护底的作用,抑制坝头下沉水流的发展,并使得下沉水流和旋涡系不能直接作用于坝头的河床。水流扩散后在丁坝及其护底外缘形成的冲刷的深度和范围明显减小。第 5 章关于不同 m 下丁坝坝头附近底层相对流速等值线分布(见图 5.20)的研究表明,存在一定端坡时,近底床处较强平面流速值等值线分布范围与坝头直立时相比明显减小,并随着 m 的增大而减小。这会明显改变动床条件下坝头局部冲刷深度和形态。

图 6.12 和表 6.3 分别为不同 m 下坝头附近冲刷坑形态和最大冲刷深度。当 $m=0$（见图 6.12(a)），即坝头直立时，坝头冲刷深度最大，但冲刷坑的范围并不是最大的。当丁坝头部有一定坡度时，冲刷坑范围扩大，冲刷深度减小，冲刷坑中心也向下游移动。至 $m=6$ 时，最大冲刷深度已经不是出现在正对坝头的断面上，而是位于丁坝下游一定距离处。

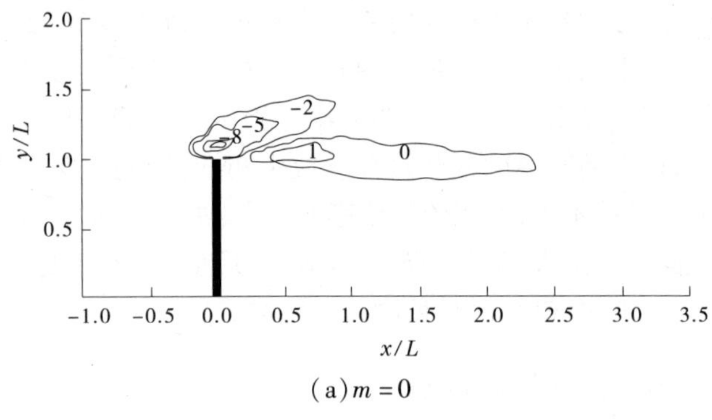

(a) $m=0$

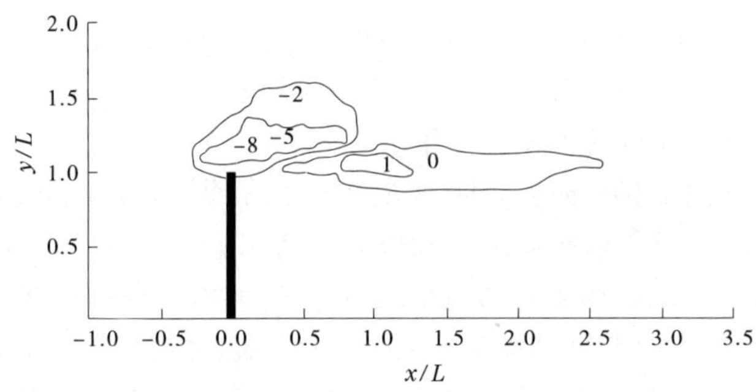

(b) $m=2$

图 6.12 不同 m 下坝头附近冲刷坑形态

（粗直线表示丁坝，其长度表示丁坝总长度；
负值表示冲刷，正值表示淤积，单位 cm）

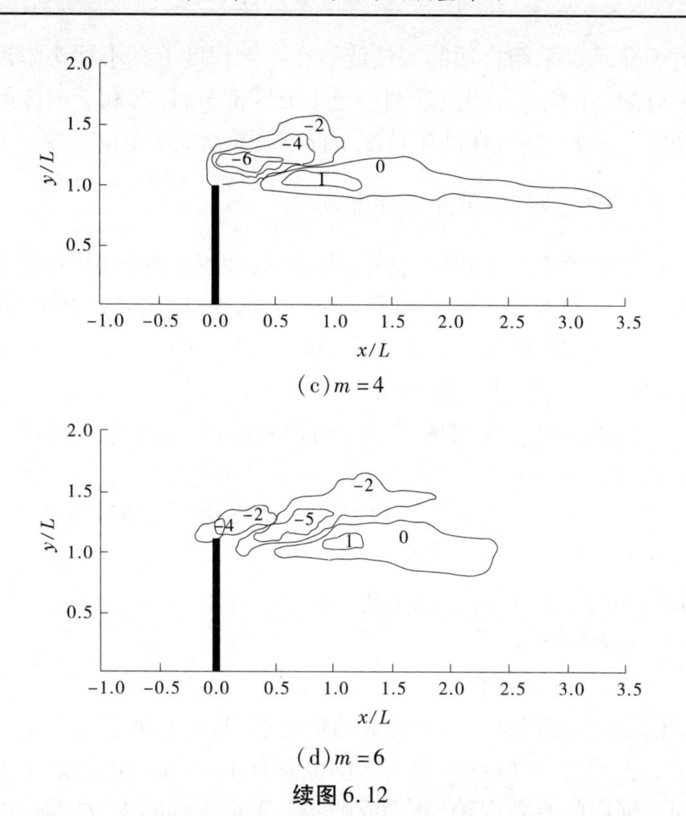

(c) $m=4$

(d) $m=6$

续图 6.12

表 6.3　不同 m 下的最大冲刷深度[42]

端坡系数 m	最大冲刷深度(m)
0	0.109
2	0.086
4	0.065
6	0.043

端坡的存在改变了单宽流量在坝头附近过分集中的现象。前面的定床试验研究表明，q/q_{in} 沿横断面的分布随 m 的增加而趋于均匀。对于动床，由于局部冲刷坑的出现，单宽流量在坝头附近集

中更为显著。采用合适的端坡能够在一定程度上减小坝头附近的流量分配,并将多余的流量调整至主流区部分,以有利于河床的普遍冲刷。因此,端坡在动床情况下能发挥更大的作用。

6.2.5　护底对局部冲刷的影响

在早期的丁坝工程中,常采用一些软的材料进行护底,如柴排和梢料等。在现代的航道整治工程中,有效的护底形式多种多样,土工布结合其他措施是最常用的护底形式。在长江口深水航道整治工程中,对整治建筑物周围的局部冲刷进行了大量的试验研究[145],针对具体情况采取了不同的护底形式,并在施工过程中进行了适当的调整。

长江口深水航道整治工程建筑物局部冲刷试验研究发现,坝头不采取防护时,天然情况下 N3 和 S3 丁坝的最大冲刷深度分别为 12.6 m 和 11.3 m,二期工程采用护底后的最大冲刷深度分别为 4.8 m 和 3.5 m。

长江口深水航道一期工程及完善段工程完成后,由于采取了合理的端坡坡度($m=5$)和有效的护底形式,只有个别丁坝附近出现了较大的局部冲刷坑,最大深度也只有 4 ~5 m。正是由于护底对坝头河床的有效保护,减少或削弱了丁坝头部的无效冲刷,增加了有效冲刷,使得整治工程实施后河床调整基本上是均匀的。在一期工程结束后,二期工程尚未实施时,导堤堤头的超前护底起到了很好的固滩防冲作用,减少了北槽下段航道淤积。

6.3　丁坝群作用下的河床调整过程

6.3.1　流场的变化

丁坝群试验共进行了 4 组,第一组试验为动床平底,其余三组是在不对称河床地形中进行的,不对称河床的剖面形态见图6.13。丁坝群布置形式如图6.14所示。

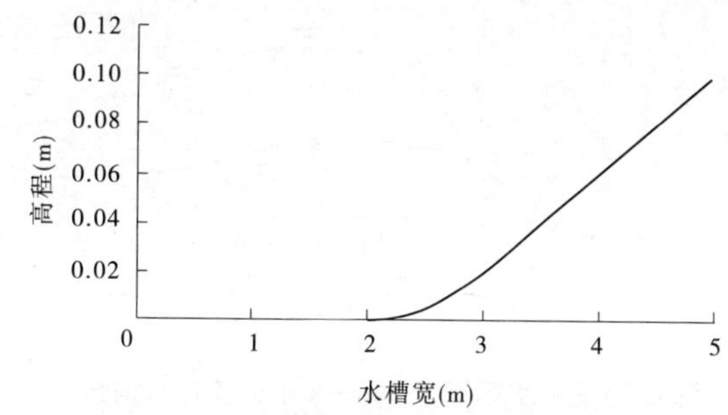

图6.13　丁坝群试验不对称河床剖面形态

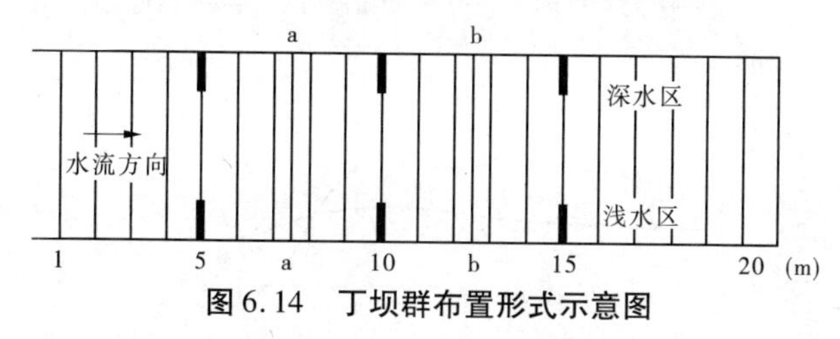

图6.14　丁坝群布置形式示意图

不对称河床试验中,前两组为单侧丁坝试验,丁坝长2 m,分别布置在浅水区和深水区;第三组为双侧丁坝试验,丁坝长1 m。由于原始河床是不对称的,所以流场沿水槽横向分布也是不均匀的,在靠近深水区一侧流速较大,浅水区一侧流速稍小。在实施不同组合的丁坝工程后,丁坝群对流场的作用首先反映在单宽流量增大后,流速沿横向的重新分布。图6.15~图6.17为图6.14中所示a—a断面不同组次丁坝冲刷初始和结束时流场的横向分布。

丁坝群引起的河床调整过程中流场的变化过程与单丁坝是一致的。在单丁坝流场变化过程的分析中已经指出河床调整之后流场的分布会重新调整,具体的分布与丁坝的初始流场密切相关,在几组非对称河床的试验中,在丁坝长度相同的情况下(治导线宽度相同),会得到不同的初始流场分布,也就会得到不同的河床调

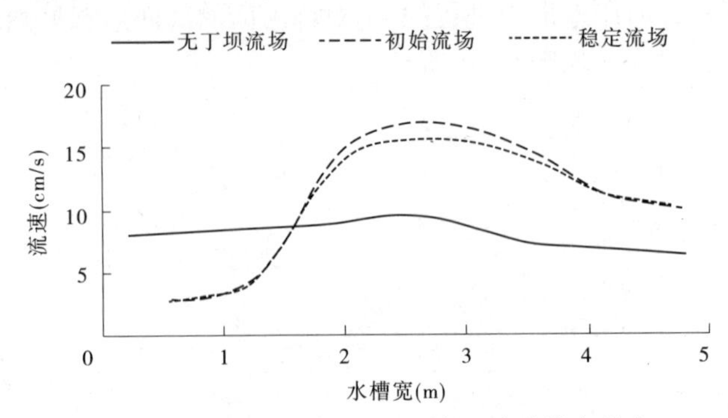

图 6.15　深水区丁坝群 a—a 断面流速横向分布

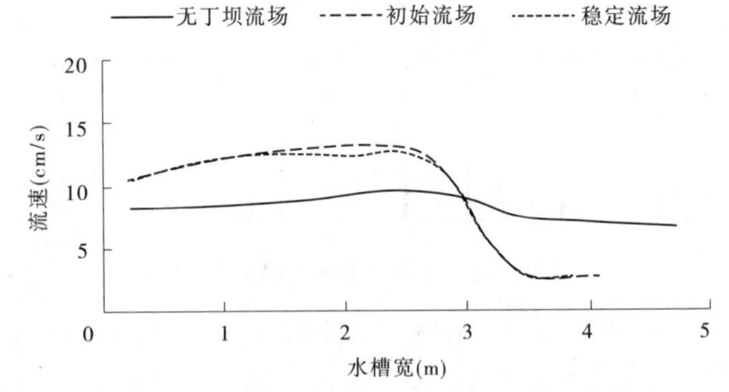

图 6.16　浅水区丁坝群 a—a 断面流速横向分布

整结果。在冲刷相对平衡之后,流场结构又有了新的调整。

在航道整治工程中,确定了整治要素之后,适当调整丁坝群的平面分布会得到更合理的流场分布。

6.3.2　河床的调整

在丁坝群的作用下,如果丁坝间距合适,往往在丁坝头部连线处形成连贯的冲刷槽,冲刷槽的形成也是比河床的普遍调整要迅速得多。在航道整治工程中,往往希望河床普遍均匀调整。在本次试验中,由于前面所叙述的原因,丁坝前皆有护底,所以无论是

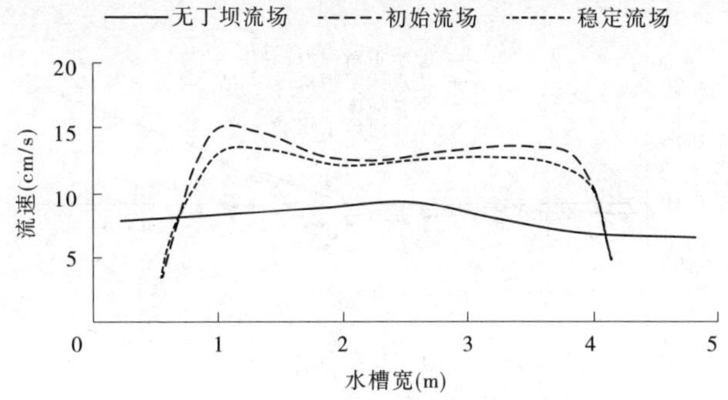

图 6.17　双侧丁坝群 a—a 断面流速横向分布

单侧丁坝群试验还是双侧丁坝群试验,除第一组丁坝头部略有冲刷外,其他丁坝群作用范围河床调整皆比较均匀,没有产生过分的局部冲刷。平底河床丁坝群调整试验结果是在靠近坝头一侧冲刷剧烈,见图 6.18。图 6.19 为平底河床丁坝群试验和浅水区丁坝群试验河床的变化,从图中可以看出,在同样的丁坝长度下,河床的调整是不同的。浅水区丁坝虽然长度不变,但由于丁坝阻挡流量的减小,河床调整较少。

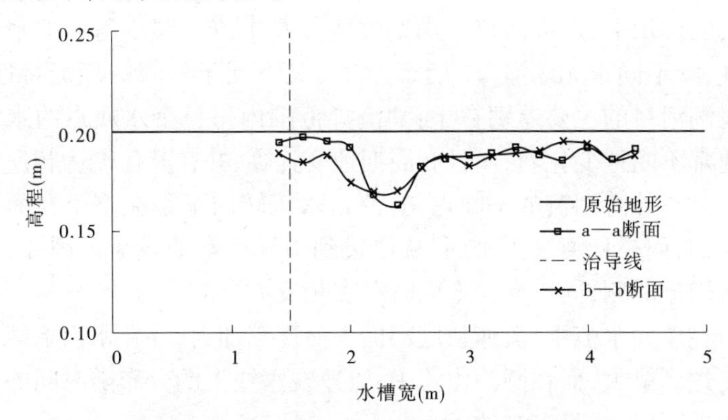

图 6.18　平底河床丁坝群作用下的断面形态

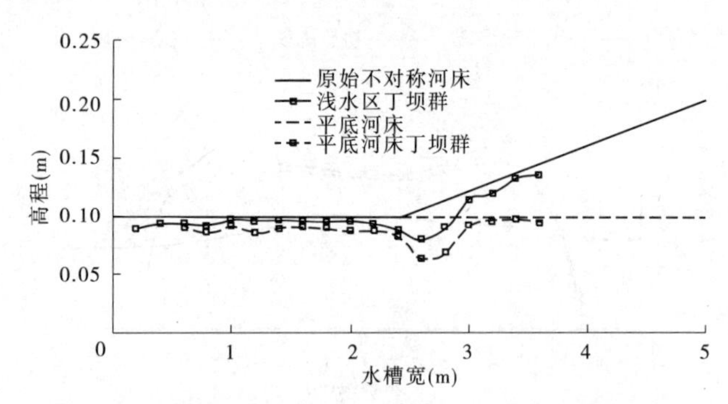

图 6.19　平底河床和不对称河床丁坝群作用下的断面形态

6.4　潮汐往复流条件下丁坝群的作用

6.4.1　潮汐河口水流特点

河流汇入海洋,受外海潮汐影响具有涨潮流的河段,直至河口拦门沙滩顶,称为潮汐河口的河口段。河口段在径流和潮流两种因素的作用下,形成河口区周期性的往复水流。潮汐河口的水流特性,既不同于无潮河口的水流特性,又不同于外海的潮流特性。与无潮河口的主要差别在于:潮流界范围内每一个水质点的水流流速都不断地变化着,而且有周期地变为零,并在其后变为相反的方向。与外海潮流的不同点是:河口水流转向不是在整个断面上发生的,而是从河底到水面,从岸边到中泓逐渐地发生。因此,在转流附近时刻,同一断面上同时存在相反方向的水流。

在单向水流中,流速从底部向表面逐渐加大,并在水面下某个深度达到最大,而在潮汐水流中,流速在垂线上的分布随时间的变化而异,其形式是多样的。

流速在时间上的变化,特别是涨落潮流最大流速和转流出现的时刻取决于潮波特性和反射波的作用。纯粹的驻波,涨落潮最大流速出现在中潮位,高、低潮位时为憩流时刻;纯粹的前进波,涨潮最大流速出现在高潮位,落潮最大流速出现在低潮位,中潮位为憩流时刻。由于河床底摩擦及岛屿与堤岸的部分反射作用,一般情况下河口区潮波是以前进波为主的混合潮波,涨潮最大流速在中潮位与高潮位间出现,落潮最大流速在中潮位与低潮位之间出现,涨潮流转流时刻在高潮位后一段时间,落潮流转流时刻在低潮位后一段时间。整个涨、落潮过程一般可以分为四个时段:涨潮落潮流、涨潮涨潮流、落潮涨潮流和落潮落潮流。在整个涨落潮过程中,由于加速度和减速度的作用,水流流速与水面比降有时并不一致。如在落潮涨潮流的时段,水面比降已倾向下游,而水流仍向上游推进。

在潮汐河口地区,通常采用潮流量的概念。当断面上同时出现两种相反方向的水流时,潮流量应是指单位时间内两种相反方向水流流过断面的流量之差。河口段潮流量的大小由以下因素决定:潮差大小、径流量的大小以及河槽容积的大小。

河口泥沙的来源一方面是从河流上游随径流下泄的流域来沙,另一方面是近岸浅滩受风浪掀起或随涨潮流侵入河口的海域来沙。由于潮流的周期性变化和海水盐度的影响,河口的泥沙运动远比河流泥沙运动复杂得多。

在河口地区,受两种动力的作用,既有河川径流的影响,又有潮汐往复流运动;河口类型不同,流动的形态也有差别;随着潮区界的远近以及河床形态的变化,潮波的性质亦有差别。因此,河口段的整治更多地要考虑潮流的作用。河口航道整治根据河口的类型有不同的整治方法。

河口地区都存在着一定范围的拦门沙浅滩,这对大型船舶来说是碍航区段。19世纪以来,随着经济的发展和对交通运输的要求,各国都力图采取各种工程措施对拦门沙航道进行整治,以增加通航水深,且都获得了成功,有许多的宝贵经验可供借鉴。对河口拦门沙的航道治理,多数河口采用整治和疏浚相结合的方法达到了增深航道的目的,有少数泥沙来源较少的河口用疏浚方法也能取得较为稳定的深水航道。

6.4.2 局部冲刷坑的平面形态

往复流作用下单丁坝局部冲刷坑的平面形态与单向流时有很大的不同:丁坝两侧均出现冲刷,其形状的对称性和最深点的位置取决于涨落潮流强弱的对比。图6.20中所示的冲刷坑形态是在落潮流强于涨潮流的动力条件下形成的。由于落潮流较强,冲刷坑形态与单向流相比在丁坝两侧表现出明显的不对称性,无论是从最大冲刷深度还是冲刷范围,下游侧较上游侧剧烈,这也是符合潮汐河口的一般实际情况的。与单向流情况下冲刷坑形态的另一个差异是回流区淤积体不明显,并且冲刷坑的范围加大。

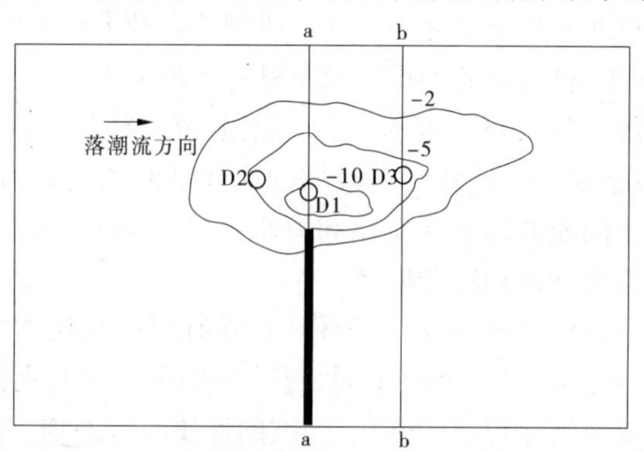

图6.20 往复流作用下的局部冲刷坑形态

在实际的整治工程中,丁坝局部冲刷坑的形态与丁坝的形状和布置位置密切相关,研究丁坝的局部冲刷坑的平面形态对于在工程实际中护底范围的确定有一定的指导意义。

6.4.3 最大冲刷深度

丁坝局部冲刷坑的最大冲刷深度是由一定的水流条件和一定

的底质因素所决定的,在局部冲刷模型试验中底质条件只与模型沙的性质有关,而影响冲刷的水流条件除取决于总体流场的强弱外,还与丁坝坝头形式密切相关,包括一定的护底形式。

比较单向流和往复流条件下的最大冲刷坑深度的不同,动力条件的选取是很关键的,由于往复流是周期性变化的,是选择其最大动力条件还是平均动力条件作为与单向流的对比,得出的结果会有很大的不同。在此次单丁坝试验中,涨落急流速不相等,落急流速大于涨急流速。试验结果最大冲刷深度为 12.1 cm,略大于与落急流速相同的恒定流试验结果 11.7 cm。由于动床试验本身的误差,这一试验结果不足以说明最大冲刷深度在量值上的差别。

在实际的感潮河段,往复流作用下局部冲刷坑的发展就更复杂。在对长江口丁坝坝头冲刷坑调查中指出,冲刷坑的形态与涨落潮流的强弱有关,涨潮流强则冲刷坑在丁坝上游,落潮流强则冲刷坑在丁坝下游。经过对 23 条丁坝冲刷坑实测资料统计[146],得到丁坝冲刷坑最大冲刷深度为建坝前河床原始水深的 1.5 ~ 2.0 倍。实际冲刷坑的发展在潮汐河口与滩、槽的变化密切相关。

总之,往复流作用下丁坝的局部冲刷与单向流作用下的局部冲刷有着一定的联系和明显的不同,前面给出的往复流作用下丁坝的局部冲刷的特点也只是初步探讨。有关这方面的深入的研究还需要进一步的试验研究和更多现场观测资料的支持。

6.4.4　河床调整过程

丁坝周围局部水流条件的改变导致了丁坝周围的局部冲刷。引起河床冲刷主要有两种水流结构:一是迎水面的下沉流下切河床,二是马蹄形旋涡和尾流旋涡形成的旋涡体系淘刷河床。

在单向流作用下,当流速大于床沙起动流速时,坝头首先冲刷,然后向下游扩展,并逐渐刷深,范围扩大。由于分离旋涡的作用,泥沙从冲刷坑内被搬运到坑外时呈螺旋形上升,一部分泥沙被带向丁坝背流面回流区的缓流带内形成沙埂淤积体，一部分泥沙则被水流带走。冲刷坑在初期发展较快。

在潮汐往复流作用下，涨潮时当流速大于床沙起动流速时，丁坝前沿及上游侧冲刷，冲刷的泥沙一部分被带向背流面回流区的缓流带内形成沙埂淤积体，一部分泥沙则被水流带走。落潮过程的冲刷与涨潮过程相似，但冲刷和淤积的方向相反。冲刷或淤积的程度与涨落潮流的强度有关。与单向流作用下丁坝的局部冲刷过程相比，在一个潮周期内有相当长的小流速和憩流时间，所以潮汐往复流作用下河床冲刷达到平衡需要更长的时间。

无论在单向流还是往复流作用下，最大冲刷坑出现的地方总是更容易达到平衡。表 6.4 为冲刷坑不同位置平衡发展过程比较，表中三个点所在位置见图 6.20，冲刷深度为模型冲刷深度，百分比为各阶段冲刷深度与 25 h 后冲刷深度的比值。从表 6.4 中可以看出，断面 1 是最大冲刷深度出现的地方，两个循环之后就达到了最大冲刷深度的 80% 左右，而断面 2 在丁坝前沿，两个循环之后却只达到了 40% 左右。断面 3 处在桥墩下游侧前沿，在一个潮周期内落潮冲刷后，涨潮还略有回淤，但总体上呈冲刷趋势。图 6.21 和图 6.22 为图 6.20 中 a—a 断面和 b—b 断面的冲刷发展过程。从图中可以看到，在冲刷坑的发展过程中，冲刷坑在垂直方向上发展迅速，而冲刷坑平面尺度的扩大速度则比较均匀。

表 6.4　冲刷坑不同位置平衡发展过程比较

试验时间(h)	D1(丁坝轴线)		D2(丁坝上游)		D3(丁坝下游)	
	冲刷深度(cm)	百分比(%)	冲刷深度(cm)	百分比(%)	冲刷深度(cm)	百分比(%)
2.5	7.43	64	1.48	24	2.86	49
5	8.92	77	2.42	39	3.98	68
7.5	10.8	93	4.17	68	4.73	80
25	11.6	100	6.16	100	5.89	100

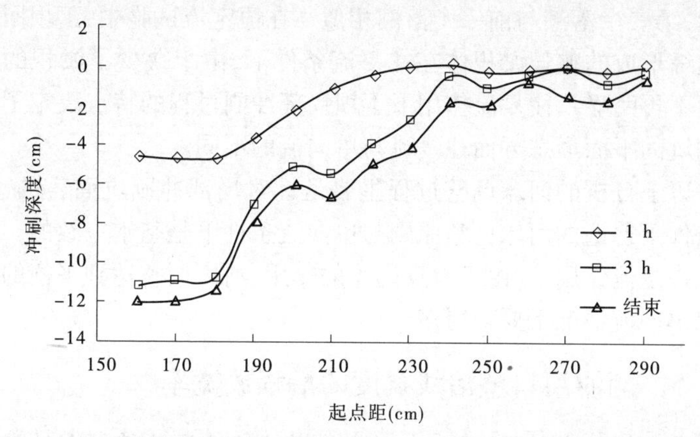

图6.21　潮汐往复流条件下局部冲刷坑 a—a 断面冲刷深度变化过程

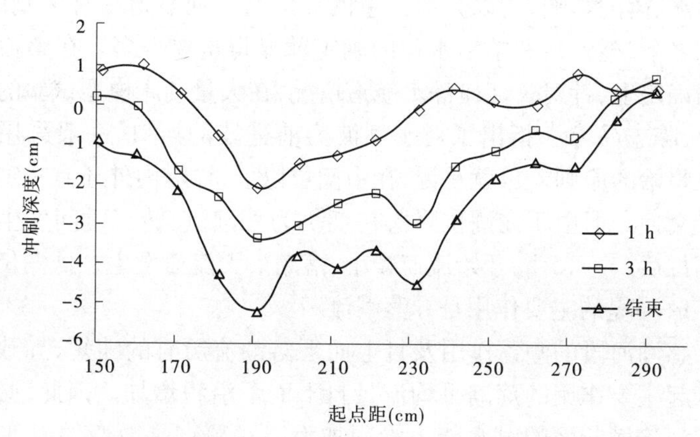

图6.22　潮汐往复流条件下局部冲刷坑 b—b 断面冲刷深度变化过程

在单向流的作用下,冲刷基本上是一个持续的过程,只要来流速度大于床沙的起动流速,冲刷的过程总是会继续的。而在往复流的作用下,情况就会有所不同。涨潮时丁坝头部及丁坝上游侧首先冲刷,冲刷的泥沙向上游搬运。涨潮过后落潮过程中丁坝的另一侧冲刷(下游),丁坝头部继续冲刷,但是冲刷的泥沙向下游搬运,第二个落潮与前一个落潮相似。在恒定流试验中,丁坝回流区边缘形成的狭长淤积体在往复流条件下,由于缺少了淤积的环境而不再明显。往复流作用下丁坝局部冲刷过程的特点决定了在冲刷坑的平面形态方面往复流与单向流的不同。

以上分析的河床调整过程主要是针对局部冲刷坑而言的,潮流条件下普遍的河床调整原则与单向流条件下是基本一致的。只是在往复流作用下,由于有反向流的作用,河床调整达到平衡的时间比单向流情况下要长得多。

6.4.5　潮汐河口整治线宽度的沿程放宽率

在河口航道的整治中,由于影响通航的水深条件更多的是受潮汐涨、落的影响,所以整治流量的概念与内河航道是有区别的。相比之下,整治线和整治水位的确定就显得重要得多。在整治水位的确定上,针对长江口深水航道情况,在大量动床模型试验的基础上,陈志昌等[3]指出了对于潮波为前进波的河口,一般采用中潮位整治的原则。也就是说,在中潮位以上,导堤内外还有一定的水量交换。但由于在潮位降落初期仍为涨潮流,转流时间发生在高潮位后1~1.5 h,开始流速较小,落潮最大流速发生在低潮位前约2 h,导堤的主要作用是导落潮流。

感潮河段的潮蓄作用及自上而下落潮流历时的缩短,导致对造床起主要作用的落潮平均流量自上而下沿程增加。因此,必然要求河流横断面的过水能力沿程加大。对顺直或微弯的U形河槽而言,通常表现为断面面积或河宽的增加,而对于滩槽相间的W形河槽而言,各槽纵剖面的差别将使潮波性质发生变异,情况要复杂得多。

陈志昌曾在“八五”国家重点科技攻关项目“长江口拦门沙深水通海航道模型试验研究”成果中导出假定条件下感潮河段治导线宽度沿程变化表达式

$$B = B_0 e^{\frac{-\Delta h}{q\Delta t}x} \tag{6.1}$$

式中：B 为与起始断面相距 x 的断面宽度，m；B_0 为形状基本规则、水深条件符合航道尺度要求及相对稳定性较好的起始断面宽度，m；Δh 为落潮流时段的潮位差 m；q 为平均单宽落潮流量，m^2/s；Δt 为落潮流历时，s；x 为纵向距离，m。

因为落潮潮位差 $\Delta h < 0$，则 $e^{-\frac{\Delta h}{q\Delta t}} > 1$，所以 $B > B_0$。

由式(6.1)可以判断，对于潮波为前进波的水道(如大洋或开敞海区岛屿间的海峡)，落潮流时段的潮位差 $\Delta h \to 0$，从潮流动力学方面判断，此类潮汐水道不需要放宽率；对于潮波为驻波的水道(如潮汐海湾、上游径流量相对较小的河口或闸门不经常开启的挡潮闸下游河道)，需要较大的放宽率；而对于以前进波为主的混合潮波的水道(如长江口等大多数潮汐河口)，在感潮河段内自上而下断面面积或断面宽度沿程增加既是普遍现象，又是一般规律。

以上表达式揭示了影响放宽率的主要因素及其相互关系。由于导出该关系式的假定条件与实际情况有一定的差异，因此用式(6.1)计算航道整治线放宽率的结果，可以作为初始参考值。具体数值的采用，必须通过试验研究加以分析论证后再确定，同时应当为工程实施阶段留有一定的调整余地。

若定义放宽率为

$$\eta = \frac{1}{x}(B - B_0) \tag{6.2}$$

则由式(6.1)可以得到

$$\eta = \frac{B_0}{x}\left(e^{\frac{-\Delta h}{q\Delta t}x} - 1\right) \tag{6.3}$$

令 $k = \frac{\Delta h}{q\Delta t}$(接近常数)，则式(6.3)可写为

$$\eta = \frac{B_0}{x}(e^{-kx} - 1)$$

将该式对 x 求导数,得到治导线放宽率的沿程变化

$$\frac{\mathrm{d}\eta}{\mathrm{d}x}=\frac{B_0}{x}\mathrm{e}^{-kx}(-k)-B_0(\mathrm{e}^{-kx}-1)\frac{1}{x^2}=-\frac{B_0}{x^2}[\mathrm{e}^{-kx}(kx+1)-1]$$

当$\frac{\mathrm{d}\eta}{\mathrm{d}x}\leqslant 0$ 时,得到 $q\geqslant\frac{-\Delta h}{\Delta t}x$;当$\frac{\mathrm{d}\eta}{\mathrm{d}x}>0$ 时,得到 $q<\frac{-\Delta h}{\Delta t}x$。这表明,治导线的放宽率沿程相等或递减,将使单宽流量加大;反之,治导线的放宽率沿程递增,将能减小单宽流量。因此,在潮汐河口航道整治中,应当根据整治段的水流、泥沙、河床形态、河床物质组成及船舶航行条件等因素,在合理选择起始断面宽度和基本维持总放宽率的原则下,通过适当改变放宽率的沿程变化,使整治段的动力条件、泥沙输送、河床的相对稳定性及船舶安全航行等各种因素获得综合平衡。另外,在上述公式的推导过程中,没有考虑丁坝坝田还有一定的纳潮量,在落潮过程中这部分水量归槽,因此在实际确定航道治导线时也需要在计算的基础上进行一定的调整。

长江河口出崇明、横沙向东进入开阔水域,涨潮水流漫滩,落潮水流大部分归槽。虽然滩槽分明,但已无河岸约束。长江口深水航道就是借助工程建筑物(堤顶高程为吴淞基面 +2 m)使北槽形成一条准有岸河槽。因此,整治工程的治导线也需要有一定的放宽率。在长江口深水航道治理工程中正是依据这一原则,通过模型试验确定了合理的治导线沿程放宽率,为达到整治效果,减小河床纵向倒比降发挥了明显的作用。

6.5 丁坝群在调整宽浅河床地形中的作用

前面开展的丁坝群造床作用的研究,都是在人为的规则河床上进行的,旨在阐明丁坝群造床作用的基本原理。除这种规则的河床地形外,天然河道中的河床通常呈宽浅形态。结合长江口北槽深水航道整治建筑物的不同布置,在潮汐往复流水槽中进行若

干组概化试验,研究丁坝群在调整宽浅河床地形中的作用。阐明丁坝群对宽浅河床作用的基本特征,归纳出一些针对不同河床条件下丁坝群运用的基本思路,进而通过相对定量比较,进一步论证合理调整丁坝群布置的效果。试验过程中考虑了地形、潮汐水流条件、丁坝的结构形式、护底、治导线放宽率等的综合影响,并结合丁坝工程的实例对丁坝的造床作用进行了综合分析。

6.5.1　试验条件和方案

6.5.1.1　试验条件

试验采用2002年2月长江口北槽下段(W3以下)的实测地形。在南北导堤轴线范围内,航道北侧较深,南侧较浅,相当于一条深水区偏于北侧的不对称直线河槽(见图6.23)。

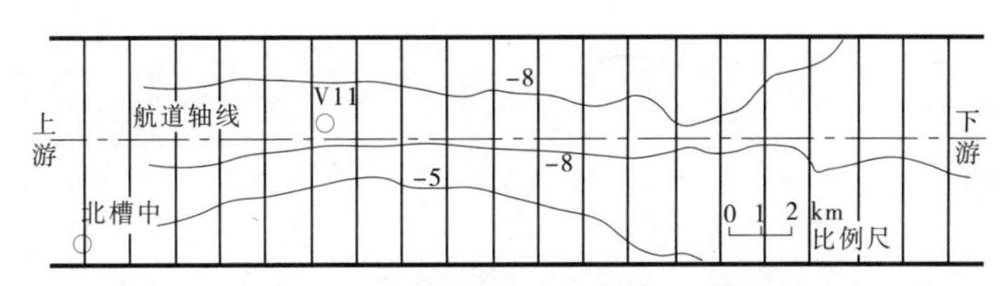

图6.23　宽浅河床水槽试验原始地形

根据长江口的潮波特性,水槽中必须模拟以前进波为主的混合潮波。水文条件采用1998年2月的水文测量资料北槽中站的潮位和相应时段V11测点流速,潮位过程和流速过程见图6.24和图6.25,与此相对应的横沙站潮差为2.85 m。

由于用水槽边壁代替了半淹没的南北导堤,涨潮过程中的部分越堤水流不完全相似,但槽内测流点的涨落潮过程的相似性尚属良好。考虑到整治工程实施后落潮流为主要造床动力的实际情况,这样的概化对于研究丁坝群在调整宽浅河床地形中的作用原理是可行的。在第5章介绍的水槽试验中,丁坝均为非淹没丁坝,在本章的概化试验中,与实际情况一致,丁坝为半淹没丁坝。

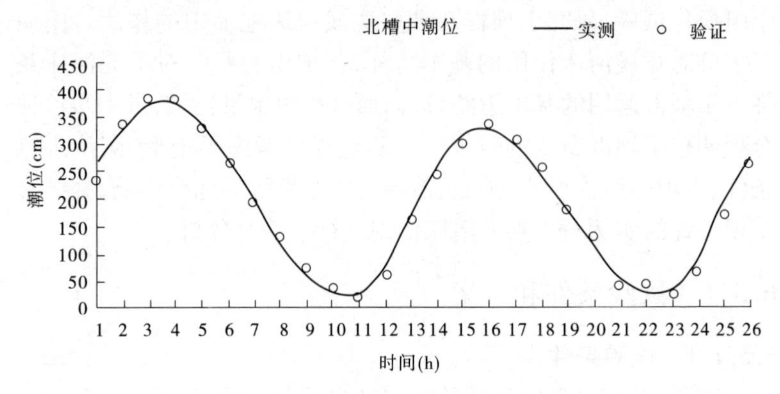

图 6.24　宽浅河床水槽试验潮位验证

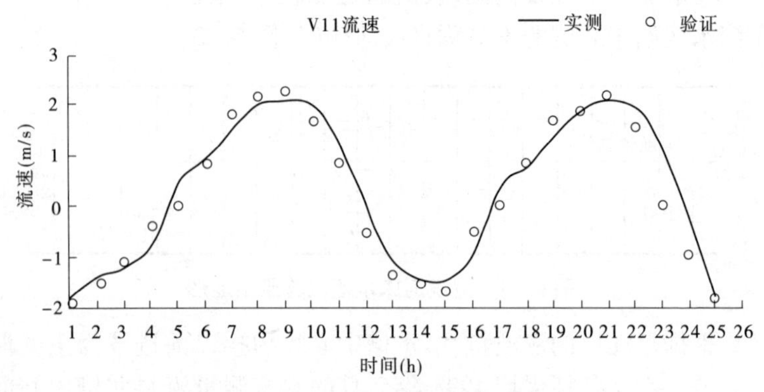

图 6.25　宽浅河床水槽试验流速验证

6.5.1.2　模型比尺

由于河口地区河床宽浅,在现有水槽条件下不可能进行正态试验,所以模型采用的水平比尺和垂直比尺不相同,变率为 10,主要的相似比尺如下:

平面比尺　　　　$\lambda_L = 1\ 500$

垂直比尺　　　　$\lambda_H = 150$

流速比尺　　　　$\lambda_V = 12.25$

水流时间比尺　　$\lambda_{t_1}=122.45$

6.5.1.3　试验方案

试验以长江口深水航道治理二期工程北槽中、下段丁坝布置为基础,在相当于二期整治工程丁坝位置处布置 11 条丁坝。其中,深水区 6 条,浅水区 5 条,丁坝的编号、长度以及试验组次的安排见表 6.5。

第一组试验为浅水区短丁坝群,第二组试验为浅水区长丁坝群。二者相比,S1 的长度完全相等;S2 丁坝长了 537 m,增加了 34.4%;以下增加幅度逐渐减小,到 S5 丁坝长了 438 m,相对增加了 22.3%。

第三组试验为深水区短丁坝群,第四组试验为深水区长丁坝群。二者相比,N1 的长度几乎相等;N2 丁坝长了 507 m,增加了 39%;N3 丁坝长了 681 m,增加了 68.1%;以下增加幅度逐渐减小,到 N6 丁坝长了 425 m,相对增加了 42.5%。

第五组和第六组试验为双侧丁坝群试验,目的是比较在丁坝总长度基本相同的情况下,不同的丁坝群布置的河床调整效果。

第七、八两组是不同放宽率的试验,都是在深水区丁坝群不变的情况下,浅水区 S1 丁坝长度维持原来长度,调整 S2 ~ S5 的长度来改变治导线的放宽率。

在方案试验过程中对丁坝坝身和坝头模拟软体排护底,坝头端坡为 $m=1$。

6.5.2　单侧丁坝群作用

6.5.2.1　浅水区丁坝群

图 6.26 为浅水区短丁坝群实施后水下地形。从图中可以看出,尽管除起始处的 S1 与 N1 丁坝外,S2 的长度是 N2 的 1.2 倍,S5 的长度是 N5 和 N6 的 1.96 倍,但由于航道浅水区涨落潮动力相对较弱,原来水深较浅,这组丁坝群对河床调整的作用相当缓和。主

表 6.5　宽浅河床水槽试验组次安排

试验组次	原型丁坝长度(m)						放宽率 η(%)
	S1	S2	S3	S4	S5		
一、浅水区短丁坝群	1 600	1 563	1 696	1 829	1 962		
二、浅水区长丁坝群	1 600	2 100	2 200	2 300	2 400		
	N1	N2	N3	N4	N5	N6	
三、深水区短丁坝群	2 050	1 300	1 000	1 000	1 000	1 000	
四、深水区长丁坝群	2 055	1 807	1 681	1 583	1 500	1 425	
五、双侧丁坝群 1	N1	N2	N3	N4	N5	N6	2.7
	2 055	1 807	1 681	1 583	1 500	1 425	
	S1	S2	S3	S4	S5		
	1 600	1 563	1 696	1 829	1 962		
六、双侧丁坝群 2	N1	N2	N3	N4	N5	N6	2.5
	2 050	1 300	1 000	1 000	1 000	1 000	
	S1	S2	S3	S4	S5		
	1 600	2 100	2 200	2 300	2 400		
七、双侧丁坝群 3	N1	N2	N3	N4	N5	N6	5.0
	2 050	1 300	1 000	1 000	1 000	1 000	
	S1	S2	S3	S4	S5		
	1 600	2 220	2 055	1 875	1 650		
八、双侧丁坝群 4	N1	N2	N3	N4	N5	N6	7.5
	2 050	1 300	1 000	1 000	1 000	1 000	
	S1	S2	S3	S4	S5		
	1 600	1 875	1 710	1 500	1 200		

要表现为－8 m槽展宽,少数断面上深水区展宽的横向宽度比浅水区大。大部分断面上都是浅水区展宽的幅度大于深水区。此外,在航道轴线附近只出现几个不连续的－10 m深槽。

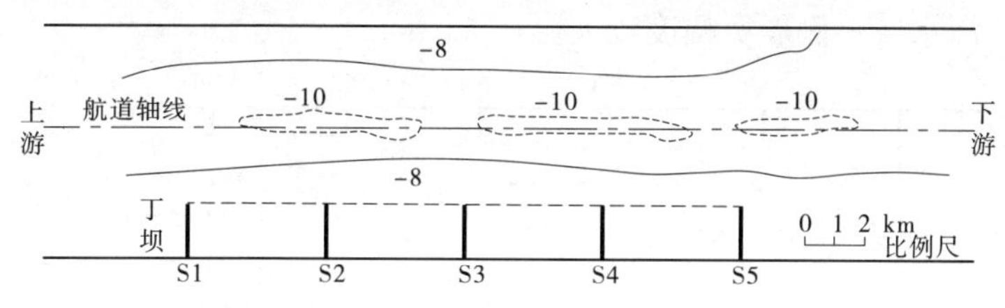

图6.26　浅水区短丁坝实施后水下地形

图6.27为浅水区丁坝群加长实施后水下地形。－8 m槽进一步展宽,仍然是浅水区一侧的展宽比深水区一侧大,与短丁坝群试验相比,浅水区的－8 m等深线也已贴近坝头。深水区的－8 m等深线展宽幅度甚小。与此同时,在航道轴线附近出现了连续的－10 m深槽,而且航道靠浅水区一侧的范围还略大一些。

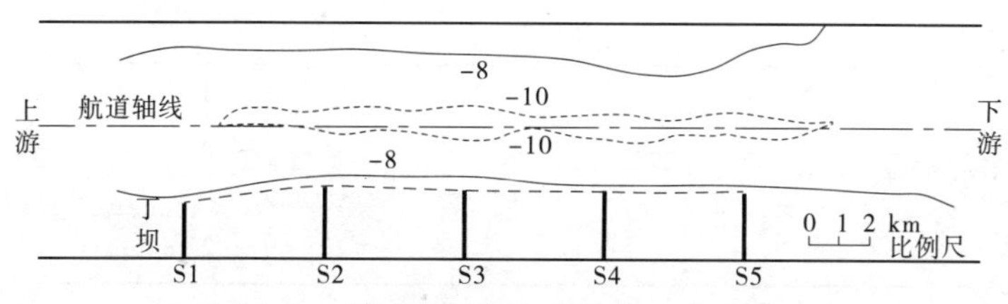

图6.27　浅水区丁坝加长实施后水下地形

这两组试验－8 m槽和－10 m深槽形成的趋势完全相同,都是在有丁坝群布置一侧调整的幅度较大。

6.5.2.2　深水区丁坝群

图6.28为深水区短丁坝群实施后水下地形。从图中可以看出,由于航道深水区一侧涨落潮动力较强,原来的－8 m槽就偏于深水区。做了丁坝以后,－8 m槽展宽,丁坝群所在的深水区一侧的－8 m等深线已贴近坝头,航道另一侧浅水区的－8 m等深线虽

然也有所展宽,但幅度明显较小。尽管在深水区只做了短丁坝群,但 - 10 m等深线已全线贯通,出现了一条平均宽度约 500 m 的 - 10 m深槽。从横向形态的变化看,浅水区一侧的展宽幅度较小,深水区一侧展宽幅度较大。

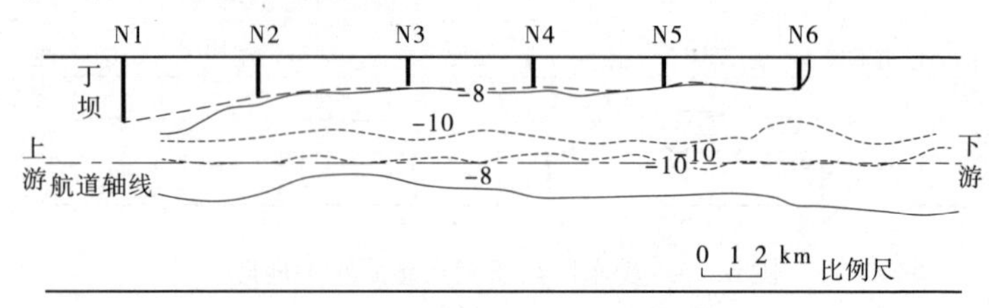

图 6.28　深水区短丁坝群实施后水下地形

图 6.29 为深水区丁坝群加长实施后水下地形。主要表现为 - 10 m 深槽大幅度展宽,平均宽度约 1 500 m。深水区的 - 10 m 等深线展宽较多,已接近丁坝的坝头,浅水区的 - 10 m 等深线展宽较少。可见,深水区丁坝群对河床调整作用的敏感性较强。

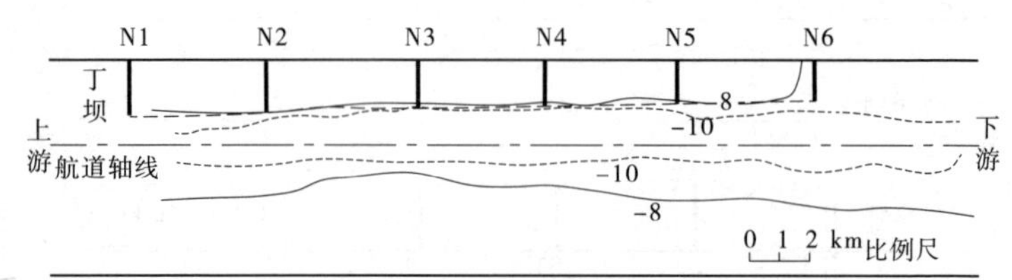

图 6.29　深水区丁坝群加长实施后水下地形

6.5.2.3　单侧丁坝群作用对比

第一至四组单侧丁坝的试验结果表明,丁坝头部连线附近河床冲刷幅度最大,在丁坝轴线上,河床冲刷幅度与丁坝头部的距离成反比;延长丁坝的结果,使坝头附近冲刷加剧,冲刷幅度沿丁坝轴线的分布性质与短丁坝情况一致;丁坝群对河床地形的调整作用与水深关系密切。深水区丁坝的作用较大,浅水区丁坝的作用相对较小。也就是说,水深不同时相同长度的丁坝所起的作用会有较大差别,可见,为了达到相同的航道整治效果,浅水区的丁坝稍长,深水区的丁坝则宜适当短些。由于在断面流速分布上水深侧流强,故在深水区布置丁坝应谨慎。在流量不变的情况下,无论浅水区还是深水区,长丁坝的作用更有效,造成的断面总冲刷量大于短丁坝。

6.5.3　双侧丁坝群作用

6.5.3.1　**双侧丁坝群1试验**

“双侧丁坝群1试验”,深水区的丁坝总长较长(6条丁坝的总长度为10 051 m,平均每一条长约1 675 m);浅水区的丁坝总长较短(5条丁坝的总长度为8 650 m,平均每一条长1 730 m)。

图6.30为方案实施后水下地形,由此可以看出,虽然 -10 m深槽达到了一定的规模,但平面位置明显偏深水区,深水区 -10 m等深线紧靠丁坝头部,边坡很陡;浅水区 -10 m等深线就在航道边线附近,-8 m等深线距丁坝头部还有一定距离。可见,河床断面两侧不对称,与现有的断面形态类似,并加剧了不对称的程度。

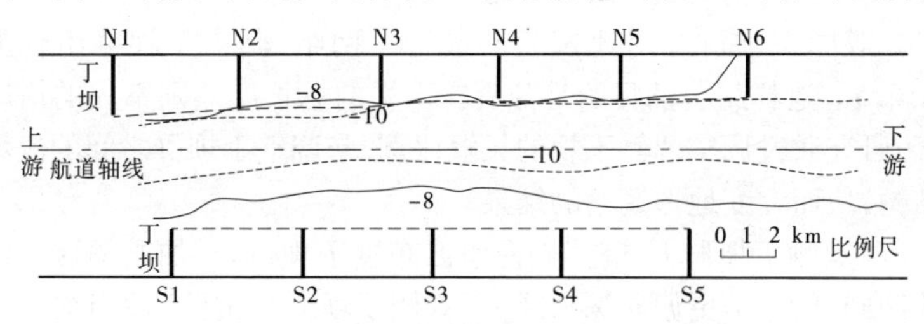

图6.30　双侧丁坝群1实施后水下地形

6.5.3.2　**双侧丁坝群2试验**

“双侧丁坝群2试验”与其他方案相比,深水区的丁坝总长较短(6条丁坝的总长度为7 350 m,平均每条长1 225 m);浅水区的丁坝总长较长(5条丁坝的总长度为10 600 m,平均每条长2 120 m)。

图 6.31 为方案实施后水下地形。由此可以看出,与"双侧丁坝群 1 试验"相比, -10 m 深槽的宽度自上而下都比较接近,成槽规模相当,但其横向位置具有很大的差别。 -10 m 等深线沿航道轴线基本分列均匀,与各自一侧 -8 m 等深线之间的距离也较均匀,说明该方案较大地改善了过水断面形态,将原来不对称的断面改造成了基本对称的断面。在这样的深槽内开挖和维护深水航道,可不必担心某一侧浅滩逼近航道边缘而需要设法采取工程措施,深槽居中的槽型还具有进一步调整航道轴线的可能。

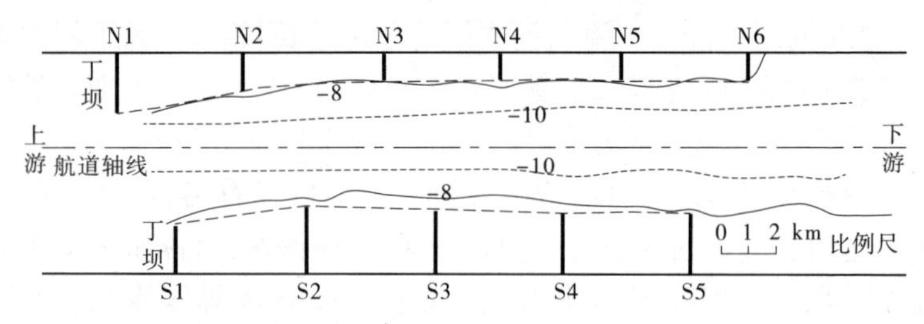

图 6.31　双侧丁坝群 2 实施后水下地形(治导线放宽率 2.5%)

6.5.3.3　双侧丁坝群试验对比

双侧丁坝群的对比试验共进行了两组,其中丁坝群组合见表 6.5。这样组合的目的是分析在丁坝的总长度差别不大的情况下,研究通过调整两侧丁坝的长短比例,来调整丁坝群之间的流场结构,从而改变地形调整的结果。

"双侧丁坝群 1 试验"在深水区布置丁坝过长,加剧了这一侧的冲刷,使主槽更偏向深水区。"双侧丁坝群 2 试验"适当缩短了深水区丁坝的长度,加长了浅水区丁坝的长度,削弱了深水区河床的冲刷,加强了浅水区河床的冲刷,有效地改善了断面冲刷的不均匀性。

图 6.30 和图 6.31 是两组双侧丁坝群实施后水下地形,从图中可以看出,"双侧丁坝群 2 试验"的深槽与航道轴线位置比较一致,整治效果更为合理。

6.5.4　不同放宽率试验

在前文中曾指出潮汐河口航道治导线宽度要有一定的沿程放宽率。为了进一步阐明感潮河段航道整治中治导线放宽率对横断面沿程变化的影响，进行了三组不同放宽率的对比试验（见表 6.6）。在“双侧丁坝群 2”试验的基础上，保持深水区丁坝群长度及进口处 S1 丁坝长度不变的条件下，循序改变南侧 S2 ~ S5 丁坝的长度，以实现治导线放宽率的变化。

表 6.6　宽浅河床不同放宽率试验组次

试验组次	放宽率（%）	说明
六	2.5	双侧丁坝群 2
七	5.0	双侧丁坝群 3
八	7.5	双侧丁坝群 4

图 6.31 ~ 图 6.33 为 3 组不同治导线放宽率的双侧丁坝群试验结果。在河道地形图中，某一等深线的横向宽度是该深度以下断面面积大小的表征之一。表 6.7 列出了上述 3 组试验上（S1）、中（S3）、下（S5）断面 −8 m 和 −10 m 等深线的变化。

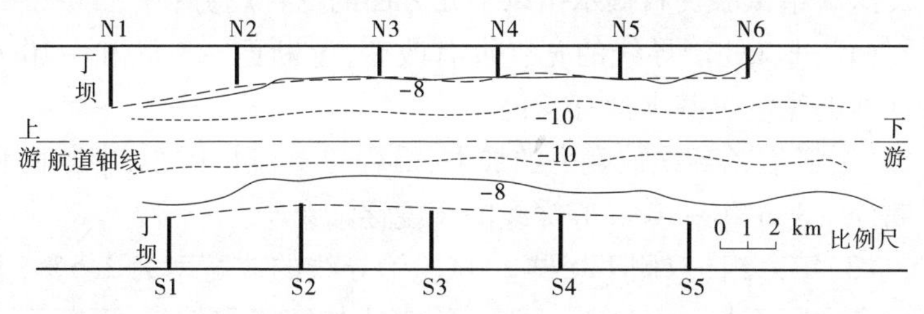

图 6.32　双侧丁坝群 3 实施后水下地形（治导线放宽率 5.0%）

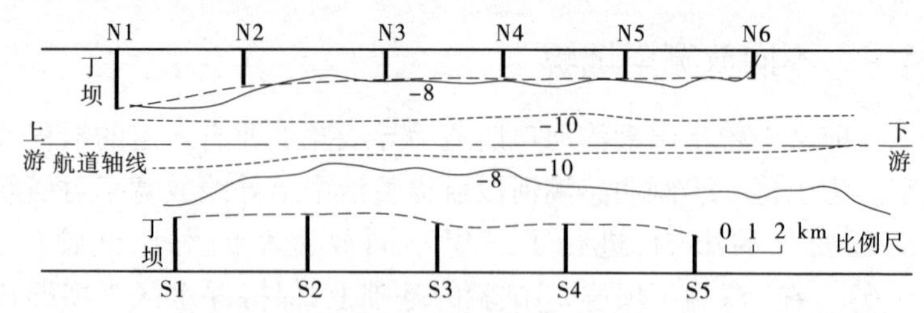

图 6.33　双侧丁坝群 4 实施后水下地形(治导线放宽率 7.5%)

表 6.7　宽浅河床不同治导线放宽率下 -8 m 和 -10 m 等深线宽度的变化

(单位:m)

试验组次		六、双侧丁坝群 2	七、双侧丁坝群 3	八、双侧丁坝群 4
治导线放宽率(%)		2.5	5.0	7.5
上断面(S1)	-8 m 等深线	3 403	3 332	3 329
	-10 m 等深线	1 739	1 616	1 629
中断面(S3)	-8 m 等深线	3 780	3 296	3 102
	-10 m 等深线	1 786	1 509	1 213
下断面(S5)	-8 m 等深线	4 148	3 926	3 703
	-10 m 等深线	2 044	1 452	1 048

这 3 组试验资料揭示出以下几方面的变化趋势:

(1)进口处治导线的宽度没有改变,上断面 -8 m 和 -10 m 等深线的宽度也基本没有变化。

(2)随着治导线放宽率的加大,沿程单宽流量减小,中断面和下断面 -8 m 和 -10 m 等深线的宽度逐渐束窄。

(3)第六组(双侧丁坝群 2)试验治导线的放宽率为 2.5%,上断面和中断面处 -8 m 和 -10 m 等深线的宽度很接近,下断面比中断面有明显增加,因此可以判断,河床纵剖面基本均匀,接近外口为正比降。

(4)第七组(双侧丁坝群3)试验治导线的放宽率为5.0%,由于放宽率加大,在等深线的宽度逐渐束窄的同时,自上而下-8 m等深线的宽度还基本均匀。而-10 m等深线的宽度出现了上宽下窄的现象,可见-10 m深槽已经呈现倒比降趋势。

(5)如果再加大放宽率,即第八组(双侧丁坝群4)试验治导线的放宽率为7.5%,等深线的宽度继续束窄,自上而下-8 m等深线宽度的变化相对比较缓和,然而中、下断面-10 m等深线宽度的束窄则极为迅速。以各组方案相比,中断面-10 m等深线的宽度由1 786 m先束窄到1 509 m,后又束窄到1 213 m;下断面-10 m等深线的宽度由2 044 m先束窄到1 452 m,后又束窄到1 048 m。这组试验-10 m等深线上宽下窄的现象更为严重,在-10 m深槽内的倒比降已十分明显。

6.6　本章小结

单丁坝作用下河床的调整会对水流结构产生明显的反馈影响。压缩断面及沿程流速分布和流向发生了显著改变。丁坝轴线断面的水深加大,过水面积增大,丁坝的压缩比变小,流速降低,坝头附近降低幅度最大。河床形态发生改变后,水流阻力逐渐减小。这导致回流范围、回流流速和回流强度明显减小。在一定条件下,坝头冲刷坑首先达到平衡,流速增加区冲刷达到平衡的时间要长得多。端坡和护底对丁坝局部冲刷产生显著影响。坝头直立时,坝头冲刷深度最大,但冲刷坑的范围并不是最大的。当丁坝头部有一定坡度时,冲刷坑范围扩大,冲刷深度减小,冲刷坑中心也向下游移动。护底对坝头河床的有效保护,能够减少或削弱丁坝头部的无效冲刷,增加有效冲刷,使整治工程实施后河床调整基本上是均匀的。

丁坝群引起的河床调整过程中流场的变化过程与单丁坝是一

致的。河床调整之后流场的分布会重新调整，具体的分布与丁坝的初始流场密切相关。在丁坝群的作用下，如果丁坝间距合适，往往在丁坝头部连线处形成连贯的冲刷槽，冲刷槽的形成也是比河床的普遍调整要迅速得多。

潮汐往复流作用下单丁坝局部冲刷坑的平面形态与单向流时有很大的不同：丁坝两侧均出现冲刷，其形状的对称性和最深点的位置取决于涨落潮流强弱的对比。涨潮时丁坝头部及丁坝上游侧首先冲刷，冲刷的泥沙向上游搬运。落潮时丁坝的另一侧冲刷（下游），丁坝头部继续冲刷，但是冲刷的泥沙向下游搬运。在一个潮周期内有相当长的小流速和憩流时间，与单向流相比，潮汐往复流作用下河床冲刷达到平衡需要更长的时间。在潮汐河口航道整治中，应当根据整治段的水流、泥沙、河床形态、河床物质组成及船舶航行条件等因素，通过适当改变放宽率的沿程变化，使整治段的动力条件、泥沙输送、河床的相对稳定性及船舶安全航行等各种因素获得综合平衡。

丁坝群在调整宽浅河床地形中的作用十分明显。单侧丁坝群对河床调整的作用具有如下特征：①丁坝头部连线附近河床冲刷幅度最大，在丁坝轴线上，河床冲刷幅度与丁坝头部的距离成反比；②延长丁坝的结果，使坝头附近冲刷加剧，冲刷幅度沿丁坝轴线的分布性质与短丁坝情况一致；③深水区丁坝的作用比浅水区丁坝作用强烈。双侧丁坝群的联合作用能够调整深水区的平面位置，适当增加浅水区丁坝群的长度、缩短深水区丁坝群的长度，可以使深槽位置向浅水区平移。丁坝群头部连线（治导线）的放宽率将影响整治段河床的纵向形态，合理选择放宽率能够有效地调整深槽线平均水深的沿程变化，这在潮汐河口航道整治中是一个不可忽视的重要因素。

第7章　结　论

本书采用水槽试验和三维数学模型相结合的方法，研究了具有迎水边坡和背水边坡的丁坝在不同淹没程度 $\Delta H/H$ 和不同端坡系数 m 下对附近水流结构的调整作用。另外，采用动床模型试验研究单丁坝、丁坝群对河床调整过程，潮汐往复流条件下丁坝群的作用以及丁坝在调整宽浅河床地形中的作用。考虑到与实际工程中的相似，动床模型试验中的丁坝还铺设一定的护底。

（1）建立了基于平面三角形网格和垂向 σ 坐标系下的三维浅水紊流模型。平面三角形网格有利于淹没丁坝的表示和丁坝附近的局部加密。垂向 σ 坐标变换能够很好地拟合地形起伏和处理自由表面的变化。法向数值通量求解采用基于 Riemann 间断解的 Roe 格式。紊流模拟采用较为精细的标准 k-ε 模型。σ 坐标系下水平扩散项的形式变得复杂。考虑变换因子 H 的存在，推导了浅水方程中水平扩散项的守恒形式扩散模型。

（2）非淹没和淹没条件下有边坡或端坡丁坝水流模拟中，存在三维动边界、陡坡、高程间断和边壁阻力的模拟等问题。

三维动边界处理关键在于保证动边界附近质量守恒和计算的稳定性。在动量方程中采用与水深相关的计算糙率代替底摩阻项和垂向界面动量扩散项以确定底床阻力和控制体界面阻力，以保证计算的稳定性。

陡坡处理关键在于准确计算动量方程中的静水压力项。水位积分平衡法在假定高程和水深在控制体内线性分布和控制体界面上连续分布的基础上，将静水压力项沿控制体界面进行积分得到准确的积分表达式。另外，水位积分平衡法采用斜底模型逼近实际的丁坝边坡或端坡，不存在高程离散误差。

高程间断可分为两类：间断面两侧高程沿界面分别是固定不变的和间断面一侧或两侧的高程沿界面是变化的。前者如淹没直立丁坝，可以通过双 σ 坐标系进行处理。后者如淹没有迎水边坡或背水边坡而坝头为直立的丁坝，提出三维阶梯流水力模型进行近似处理。该模型考虑到界面两侧分层必须存在物理意义上的对应性，从而在界面处也应该是间断的，将界面通量分为左行通量和右行通量分别求解。

边壁阻力的处理通过与底床附近阻力处理的类比转化为求解边界水平扩散通量。在求解边壁单元流速水平梯度而进行边壁节点处流速重构时，引入部分滑移系数，这样将边壁阻力的影响转化为边壁扩散通量的求解。这种方法简单易行，非常适合非结构网格上边壁阻力的模拟。

(3) 分别对 Holtz 丁坝水槽试验、Muneta 丁坝水槽试验和 Tominaga丁坝水槽试验进行验证，研究非淹没丁坝下游回流区、上游和下游小回流区、垂向二次流及淹没直立丁坝附近的流态。

考虑自由水面变化和采用较为精细的紊流模型能够较为准确地模拟非淹没丁坝下游回流区长度；考虑边壁阻力的影响对模拟非淹没丁坝上游小回流区和下游小回流区非常重要。引入部分滑移系数较好地处理了非结构网格边壁阻力模拟问题，能够模拟出这两个小回流区。采用标准 k-ε 紊流模型能够模拟出非淹没丁坝和淹没丁坝附近垂向二次流。

(4)研究非淹没和四种淹没程度 $\Delta H/H=0.17$、0.29、0.38、0.44下丁坝附近平面流场、丁坝横断面横向流速分布和纵剖面流场。

淹没与非淹没条件下丁坝附近流场差别主要表现在坝顶过流的影响上。$\Delta H/H=0.17$ 时，丁坝下游仍出现回流区；$\Delta H/H=$ 0.29、0.38、0.44 时，回流区消失。淹没条件下坝头附近横向流速较非淹没时减弱。在受坝体阻挡的纵剖面上,淹没时坝顶部的表层纵向流速为$(1.1\sim1.7)V_0$,且在下游出现横轴环流。

收缩断面$x/L=2.7$相对纵向流速u/V_0的垂向分布表明,淹没时u/V_0的垂向分布较非淹没时均匀,且在$y/L=1.0$、1.5处除临近底床外u/V_0沿垂向几乎不变。收缩断面上,丁坝下游回流区内,淹没时k值垂线分布比非淹没时更为均匀。

$\Delta H/H$对丁坝附近流场的影响主要表现在横向流动的变化上。淹没丁坝对低于坝顶的水流仍起一定的调整作用,这种调整作用随着$\Delta H/H$的增加而减弱。坝顶以上和坝头附近水流的流向偏角和横向流速随着$\Delta H/H$的增加而减小。坝头直立时横向水流的相对影响范围b_t/L随$\Delta H/H$的变化关系式为$\frac{b_t}{L}=-5.80\frac{\Delta H}{H}+2.96$。

(5)研究了相同阻挡面积情况下四种端坡系数$m=0$、3、5、7下坝头附近平面流场、坝横断面横向流速分布和纵剖面流场。

推导出非淹没和淹没时不同m下丁坝阻挡流量计算公式。考虑端坡对局部水头损失的影响建立非淹没时下游回流区长度计算公式;结合坝顶过流对坝轴断面主流区平均流速的影响建立$\Delta H/H$较小时丁坝下游回流区长度公式。

非淹没条件下,相对回流长度l/L和相对回流宽度b/L都随m的增加而减小。底层平面相对流速$V/V_0\geqslant1.40$和相对底床切应力$\tau_b/\tau_0\geqslant3.00$等值线范围随$m$的增加明显减小。最大相对底床切应力$\tau_{b\max}/\tau_0$由$m=0$时的4.40减小至$m=7$时的3.68。

$\Delta H/H=0.17$时,l/L在坝头从直立$m=0$到$m=1$时,由7.81增至9.56,然后随m增加逐渐减小至$m=7$时为8.16。坝轴断面上,$y/L=1.0$处流向偏角在$m=0$时为61°,至$m=0.5$时增加为67°,然后随m的增加逐渐减小,至$m=7$时为32°。这种变化趋势与非淹没时的不同。底层平面$V/V_0\geqslant1.30$和$\tau_b/\tau_0\geqslant2.50$等值

线范围随着 m 的增加而减小，τ_{bmax}/τ_0 至 $m=7$ 时已基本稳定为 2.90。

(6)研究 m 和 $\Delta H/H$ 对单宽流量的调整作用以及在航道整治工程中的意义。

在相同的阻挡面积下，在丁坝附近横断面上，当 $m=0$ 时，坝轴断面 q/q_{in} 在坝头处明显集中，当 m 逐渐增大至 7 时，坝头处的 q/q_{in} 逐渐减小并与主流区中的趋于一致。

坝头从直立到具有一定的端坡对 q/q_{in} 的影响与 m 逐渐增大的影响有所不同。与 $m=0$ 时相比，$m=3$ 时端坡的调整作用体现在 $q/q_{in}=1.35$ 范围内强度的降低上，但范围没有较大变化甚至有所缩小。当 $m>3$ 时，端坡的调整作用体现在 $q/q_{in}\geqslant 1.15$ 等值线范围的逐渐减小上。

$\Delta H/H$ 的增加使得坝顶 q/q_{in} 增加和主流区 q/q_{in} 减小，丁坝对水流的调节作用减弱，单宽流量的分布趋于均匀。

存在端坡时，底层平面 $V/V_0\geqslant 1.30$ 等值线范围、$\tau_b/\tau_0\geqslant 2.50$ 等值线范围、τ_{bmax}/τ_0 和 q/q_{in} 的集中程度等都比坝头直立时大为缩小。另外，端坡的存在还能抑制下沉水流发展，使得下沉水流和旋涡系不能直接作用于坝头的河床。这些影响对限制坝头局部冲刷和将更多的流量分配到主流区都是有利的。至 $m=7$ 时端坡能够有效地调整坝头附近较强的底部流速分布、底床切应力分布、最大底床切应力和富集的单宽流量分布。

(7)单丁坝作用下河床的调整会对水流结构产生明显的反馈影响。回流范围、回流流速和回流强度明显减小。坝头冲刷坑首先达到平衡，流速增加区冲刷达到平衡的时间要长得多。端坡和护底对坝头河床的有效保护，能够减少或削弱丁坝头部的无效冲刷，增加有效冲刷，使得整治工程实施后河床调整基本上是均匀的。

丁坝群引起的河床调整过程中流场的变化过程与单丁坝是一

致的。河床调整之后流场的分布会重新调整,具体的分布与丁坝的初始流场密切相关。在丁坝群的作用下,如果丁坝间距合适,往往在丁坝头部连线处形成连贯的冲刷槽,冲刷槽的形成也是比河床的普遍调整要迅速得多。

潮汐往复流作用下丁坝两侧均出现冲刷,其形状的对称性和最深点的位置取决于涨落潮流强弱的对比。涨潮时丁坝头部及丁坝上游侧首先冲刷,冲刷的泥沙向上游搬运。落潮时丁坝的另一侧冲刷,丁坝头部继续冲刷,但是冲刷的泥沙向下游搬运。与单向流相比,潮汐往复流作用下河床冲刷达到平衡需要更长的时间。在潮汐河口航道整治中,应当根据整治段的水流、泥沙、河床形态、河床物质组成及船舶航行条件等因素,通过适当改变放宽率的沿程变化,使整治段的动力条件、泥沙输送、河床的相对稳定性及船舶安全航行等各种因素获得综合平衡。

丁坝群在调整宽浅河床地形中的作用十分明显。单侧丁坝群对河床调整的作用具有如下特征:①丁坝头部连线附近河床冲刷幅度最大,在丁坝轴线上,河床冲刷幅度与丁坝头部的距离成反比;②延长丁坝的结果,使坝头附近冲刷加剧,冲刷幅度沿丁坝轴线的分布性质与短丁坝情况一致;③深水区丁坝的作用比浅水区丁坝作用强烈。双侧丁坝群的联合作用能够调整深水区的平面位置,适当增加浅水区丁坝群的长度、缩短深水区丁坝群的长度,可以使深槽位置移向浅水区。丁坝群头部连线的放宽率将影响整治段河床的纵向形态,合理选择放宽率能够有效地调整深槽线平均水深的沿程变化,这在潮汐河口航道整治中是一个不可忽视的重要因素。

参考文献

[1] 王益良，李旺生. 丁坝在航道整治中的应用[J]. 水道港口，1991，3：40-47.

[2] 马颖，江恩惠，李军华，等. 丁坝在莱茵河整治中的作用[J]. 人民长江，2008，39(5)：77-79.

[3] 陈志昌，乐嘉钻. 长江口深水航道整治原理[J]. 水利水运工程学报，2005，1：1-7.

[4] 窦国仁. 窦国仁论文集[C]. 北京：中国水利水电出版社，2003.

[5] 程年生，李昌华. 有边坡丁坝回流试验研究[J]. 水利水运科学研究，1991，2：123-132.

[6] 冯永忠. 错口丁坝回流尺度的研究[J]. 河海大学学报，1995，23(4)：69-76.

[7] 乐培九，李旺生，杨细根. 丁坝回流长度[J]. 水道港口，1999，2：3-9.

[8] 李国斌，韩信，傅津先. 非淹没丁坝下游回流长度及最大回流宽度研究[J]. 泥沙研究，2001，3：68-73.

[9] 孔祥柏，胡美英，吴济难，等. 丁坝对水流影响的试验研究[J]. 水利水运科学研究，1983，68-78.

[10] Lu Y J, Zhou Y T. Flow mechanism and velocity field near groin-like structures [J]. Journal of China Ocean Engineering, 1989, 3(2): 203-216.

[11] 应强，孔祥柏. 非等长淹没丁坝群局部水头损失的计算[J]. 水科学进展，1994，5(3)：214-220.

[12] 孔祥柏，程年生. 丁、潜坝局部水头损失的试验研究[J]. 水利水运科学研究，1992，4：387-395.

[13] Azinfar H, Kells J A. Backwater effect due to a single spur dike [J]. Can. J. Civ. Eng., 2007, 34: 107-115.

[14] Muto Y, Baba Y, Aya S. Velocity measurements in open channel flow with rectangular embayments formed by spur dikes [J]. Annuals of Disas.

Prev. Inst., 2002, 45(B2): 449-457.

[15] Wu B S, Wang G Q, Ma J M, et al. Case study: river training and its effects on fluvial processes in the Lower Yellow River, China [J]. Journal of Hydraulic Engineering, 2005, 131(2): 85-97.

[16] Anlanger C, Sukhodolov A, Schnauder I, et al. Impact of submerged groynes on the flow field results from a field experiment at the river Spree, Germany [C]. EGU General Assembly, Vienna, Austria, 2008.

[17] 陈稚聪，黑鹏飞，丁翔. 丁坝回流区水流紊动强度试验[J]. 清华大学学报:自然科学版，2008，48(12)：2053-2056.

[18] 彭静，河原能久. 丁坝群近体流动结构的可视化实验研究[J]. 水利学报，2000，3：42-47.

[19] 陈志昌，罗小峰. 长江口深水航道治理工程物理模型试验研究成果综述[J]. 水运工程，2006，12：134-140.

[20] Chen F Y, Ikeda S. Horizontal separation flows in shallow open channels with spur dikes [J]. J. Hydrosci. & Hydaul. Eng., JSCE, 1997, 15(2): 15-30.

[21] 应强，焦志斌. 丁坝水力学[M]. 北京:海洋出版社，2004.

[22] 程年生. 丁坝有效影响范围与合理布设[J]. 水运工程，1991，4：28-31.

[23] 杨元平. 透水丁坝坝后回流区长度研究[J]. 水运工程，2005，2：18-21.

[24] 韩玉芳，陈志昌. 丁坝回流长度的变化[J]. 水利水运工程学报，2004，3：33-36.

[25] 曹艳敏，张华庆，蒋昌波，等. 丁坝冲刷坑及下游回流区流场和紊动特性试验研究[J]. 水动力学研究与进展:A辑，2008，23(5)：560-570.

[26] Ho J, Yeo H K, Coonrod J, et al. Numerical modeling study for flow pattern changes induced by single groyne [C]. 32nd Congress of IAHR, Venice, Italy, CD-ROM, 2007.

[27] Molinas A, Kheireldin K, Wu B S. Shear stress around vertical wall abutments [J]. Journal of Hydraulic Engineering, 1998, 124(8): 822-830.

[28] Muneta N, Shimizu Y, Hojo K. Experimental study of river flows with

spur-dikes [C]. 48th Proceedings of Hokkaido Branch, 1992.

[29] Rajaratnam N, Nwachukwu B A. Flow near groin-like structures [J]. Journal of Hydraulic Engineering, 1983, 109(3): 463-480.

[30] Chen F Y, Ikeda S. Horizontal separation flows in shallow open channels with spur dikes [J]. Journal of Hydroscience and Hydraulic Engineering, JSCE, 1997, 15(2): 15-30.

[31] Zhang H, Nakagawa H. Inverstigation on morphological consequences of spur dyke with experimental and numerical methods [C]. Proc. 8th Int. Conf. on H · rosci & Eng., Nagoya.

[32] Osman M A, Salih A M, Ebrahim A A. Flow pattern around groynes [J]. Sudan Engineering Society Journal, 2001, 47(39): 29-36.

[33] 高桂景. 丁坝水力特性及冲刷机理研究[D]. 重庆:重庆交通大学, 2006.

[34] Johnson P A, Dock D A. Probabilistic bridge scour estimate [J]. Journal of Hydraulic Engineering, 1998, 124(7): 750-754.

[35] Yasi M. Uncertainties in the simulation of bed evolution in recirculation flow area behind groynes [J]. Iranian Journal of Science & Technology B, Engineering, 30(B1): 69-84.

[36] Prohaska S, Jancke T, Westrich B. Model based estimation of sediment erosion in groyne fields along the River Elbe [C]. XXIVth Conference of the Danubian Countries, IOP Conf. Series: Earth and Environmental Science, 2008.

[37] Coleman S E, Lauchlan C S, Melville B W. Clear-water scour development at bridge abutments [J]. J. Hydraul. Res., 2003, 41(5): 521-531.

[38] Dey S, Barbhuiya A K. Time variation of scour at abutments [J]. Journal of Hydraulic Engineering, 2005, 131(1): 11-24.

[39] Nasrollahi A, Ghodsian M, Neyshabouri S A A S. Local scour at permeable spur dikes [J]. Journal of Applied Sciences, 2008: 1-9.

[40] Melville B W. Local scour at bridge abutments [J]. J. Hydraul. Eng., 1992, 118(4): 615-631.

[41] Rahman M M, Haque M A. Local scour at sloped-wall spur-dike-like struc-

tures in alluvial rivers [J]. Journal of Hydraulic Engineering, 2004, 130(1): 70-75.

[42] 韩玉芳. 丁坝的造床作用研究[D]. 南京:南京水利科学研究院, 2003.

[43] 应强. 淹没丁坝附近的水流流态[J]. 河海大学学报, 1995, 23(4): 62-68.

[44] 方达宪, 王军. 漫水丁坝上游面边坡陡度对冲深影响的试验研究[J]. 华东公路, 1989, 5: 57-59.

[45] 张义青, 田伟平, 赵殿英. 漫水丁坝和丁坝群防护的试验研究[J]. 西安公路交通大学学报, 1999, 19(4): 63-65.

[46] 汪德胜. 漫水丁坝局部冲刷的研究[J]. 水动力学研究与进展:A辑, 1988, 3(2): 60-69.

[47] Elawady E, Michiue M, Hinokidani O. Experimental study of flow behavior around submerged spur-dike on rigid bed [J]. Annual Journal of Hydraulic Engineering, JSCE, 2000, 44: 539-544.

[48] B A 培什金. 河道整治[M]. 谢鉴衡, 胡孝渊,译. 北京:中国工业出版社, 1965.

[49] 李国斌. 淹没丁坝水流试验研究及三维数值计算[R]. 南京:南京水利科学研究院,1989.

[50] Kuhnle R A, Jia Y F, Alonso C V. Measured and Simulated Flow near a Submerged Spur Dike [J]. J. Hydraul. Eng., 2008, 134(7): 916-924.

[51] Zhang H, Nakagawa H, Muto Yasunori, et al. Bed deformation around groins in a river restoration project [J]. Annual Journal of Hydraulic Engineering, JSCE, 2007, 51: 127-132.

[52] 赵连白. 淹没丁坝群水力计算的试验研究[J]. 水科学进展, 1994, 5(3):221-228.

[53] 汪德胜. 漫水丁坝若干水力学问题试验研究[D]. 合肥: 合肥工业大学, 1988.

[54] 陈国祥, 张锦琦, 陈耀庭. 淹没丁坝壅水规律试验研究[J]. 河海大学学报, 1991, 19(5): 88-93.

[55] 应强, 孔祥柏. 淹没丁坝群壅水试验研究[J]. 水利水运科学研究,

1995, 1: 13-21.

[56] Kuhnle R A, Alonso C V, Jr. F D S. Geometry of scour holes associated with 90° spur dikes [J]. Journal of Hydraulic Engineering, 1999, 125(9):972-978.

[57] Kuhnle R A, Alonso C V, Jr. F D S. Local scour associated with angled spur dikes [J]. Journal of Hydraulic Engineering, 2002, 128(12): 1087-1093.

[58] Komura S. Equilibrium depth of scour in long constrictions [J]. Journal of the Hydraulics Division, ASCE, 1996, 92(HY5): 17-37.

[59] Komura, S. River-bed variation at long constrictions [C]. Proceedings of 14th IAHR, Paris,1971.

[60] Gill M A. Bed erosion in rectangular long constrictions [J]. Journal of the Hydraulics Division, ASCE, 1981, 107(HY3): 273-284.

[61] Laursen E M. Scour at bridge crossing [J]. Transactions of ASCE, 1962, 127: 166-181.

[62] Laursen E M, Alawi J. The effects of velocity on Scour [C]. Proceedings of the International Symposium on Sediment Transport Modeling, 1989.

[63] Lim S Y, Cheng N S. Scouring in long contractions [J]. Journal of Irrigation Drainage Engineering, ASCE, 1998, 124(5): 258-261.

[64] 孔祥柏. 整治建筑物作用下河床演变规律及其对洪水位影响的实验研究[R]. 南京:南京水利科学研究院, 1990.

[65] 程年生, 李昌华. 丁坝绕流的 k-ε 紊流模型数值解[J]. 水利水运科学研究, 1989, 3: 11-23.

[66] 陆永军, 徐成伟. 用 k-ε 紊流模型模拟丁坝绕流[J]. 水利学报, 1991, 3: 67-73.

[67] Molls T, Chaudhry M H, Khan K W. Numerical simulation of two-dimensional flow near a spur-dike [J]. Advances in Water Resources, 1995, 18(4):227-236.

[68] 李中伟, 余明辉, 段文忠, 等. 丁坝附近局部流场的数值模拟[J]. 武汉水利电力大学学报, 2000, 33(3): 18-22.

[69] 潘军峰, 冯民权, 郑邦民, 等. 丁坝绕流及局部冲刷坑二维数值模拟

[J]. 四川大学学报:工程科学版, 2005, 37(1): 15-18.

[70] Molinas A, Hafez Y I. Finite element surface model for flow around vertical wall abutments [J]. Journal of Fluids and Structures, 2000, 14: 711-733.

[71] 黄文典, 李嘉, 李志勤. 淹没丁坝平面二维水流数值模拟研究[J]. 四川大学学报:工程科学版, 2005, 37(1): 19-23.

[72] 李浩麟, 项有法. 河口航道二维潮流的单元积分解法[J]. 水利学报, 1984, 11: 66-72.

[73] 夏云峰, 孙梅秀, 李昌华. 用水深平均 k-ε 紊流模型计算淹没丁坝流场[J]. 水利水运科学研究, 1993, 2: 109-118.

[74] 李国斌, 李昌华. 天然河道淹没丁坝群水流计算平面二维流带模型[J]. 泥沙研究, 1994, 4: 40-49.

[75] 李国斌, 韩信. 天然河道淹没丁坝群水深平均平面二维数学模型研究[J]. 水动力学研究与进展:A 辑, 2001, 16(2): 230-237.

[76] Tingsanchali T, Maheswaran S. 2-D depth-averaged flow computation near groyne [J]. Journal of Hydraulic Engineering, 1990, 116(1): 71-86.

[77] Muneta N, Shimizu Y. Nuemrical analysis model with spur-dikes considering the vertical flow velocity distribution [J]. Journal of Hydraulic, Coastal & Environmetal Engineering, JSCE, 1994, 497(28): 31-39.

[78] 彭静, 河源能久, 玉井信行. 线性与非线性紊流模型及其在丁坝绕流中的应用[J]. 水动力学研究与进展:A 辑, 2003, 18(5): 589-594.

[79] 崔占峰, 张小峰. 三维紊流模型在丁坝中的应用[J]. 武汉大学学报:工学版, 2006, 39(1): 15-20.

[80] 马福喜, 田景环. 丁坝群三维水流数值研究[J]. 应用基础与工程科学学报, 1995, 3(2): 188-193.

[81] 李志勤, 李洪, 李嘉, 等. 溢流丁坝附近自由水面的实验研究与数值模拟[J]. 水利学报, 2003, 8: 53-57.

[82] Ouillon S, Dartus D. Three-dimensional computation of flow around groyne [J]. Journal of Hydraulic Engineering, 1997, 123(11): 962-970.

[83] 假冬冬, 邵学军, 周刚. 大系数法与壁函数结合在丁坝绕流三维数值模拟中的应用[J]. 水利水运工程学报, 2008, 1: 72-77.

[84] Nagata N, Hosoda T, Nakato T, et al. Three-dimensional numerical model for flow and bed deformation around river hydraulic structures [J]. Journal of Hydraulic Engineering, 2005, 131(12): 1074-1088.

[85] Akahori R, Schmeeckle M. Numerical analysis of secondary-flow around a spur dike using a three-dimensional free water surface LES model [C]. River, Coastal and Estuarine Morphodynamics: RCEM 2005.

[86] Mayerle R, Toro F M, Wang S S Y. Verification of a three-dimensional numerical model simulation of the flow in the vicinity of spur dikes [J]. J. Hydraul. Res., 1995, 33(2):243-255.

[87] 陆永军, 赵连白, 袁美琦. 航槽三维流动的数学模型[J]. 水道港口, 1995, 4: 24-31.

[88] 胡德超, 张红武, 钟德钰. C-D 无结构网格上的三维自由水面非静水压力流动模型 I :算法[J]. 水利学报, 2009, 40(8): 948-955.

[89] 胡德超, 张红武, 钟德钰. C-D 无结构网格上的三维自由水面非静水压力流动模型 Ⅱ :验证[J]. 水利学报, 2009, 40(9): 1077-1084.

[90] 吕彪, 金生, 艾丛芳. 基于非结构化网格上的三维微幅自由表面流动非静压数值模型[J]. 水动力学研究与进展:A 辑, 2009, 24(3): 350-357.

[91] Zhang H, Nakagawa H, Ishigaki T, et al. A RANS solver using a 3D unstructured FVM Procedure [J]. Annuals of Disas. Prev. Res. Inst., 2005, 48B: 691-707.

[92] 林秀维, 陈阳. Prandtl 混合长紊流模型模拟丁坝绕流[J]. 水道港口, 1998, 2: 47-49.

[93] 周宜林. 淹没丁坝附近三维水流运动大涡数值模拟[J]. 长江科学院院报, 2001, 18(5): 28-32.

[94] Spalding B D, Svensson U. The development and erosion of the thermocline [B]. Heat transfer and turbulent buoyant convection, studies and applications, for natural environment, buildings, engineering systems, D B Spalding and N Afgon, eds., Hemisphere, Washionton, D. C.

[95] Ye J, Dou G R. A new turbulence model: The K-Gj-S model [C]. Proc., Int. Symp. on Sediment Transport Modeling, ASCE, 1989, New Orleans,

184-189.

[96] 叶坚，窦国仁. 一种新的紊流模型 K-e-S 模型[J]. 水利水运科学研究，1990，3：1-10.

[97] Lu Y J, Wang Z Y. 3D numerical simulation for water flows and sediment deposition in dam areas of the Three Gorges Project [J]. Journal of Hydraulic Engineering, 2009, 135(9): 755-769.

[98] Mellor G L, Blumberg A F. Modeling vertical and horizontal diffusivities with the sigma coordinate system [J]. Monthly Weather Review, 1985, 113(8): 1379-1383.

[99] Huang W, Spaulding M. Modeling horizontal diffusion with sigma coordinate system [J]. Journal of Hydraulic Engineering, 1996, 122(6): 349-352.

[100] Haney R L. On the pressure gradient force over stee Ptopography in sigma coordinate ocean models [J]. Journal of Physics Oceanography, 1991, 21: 610-619.

[101] Huang W, Spaulding M. Reducing horizontal diffusion errors in σ-coordinate coastal ocean models with a second-order Lagrangian-interpolation finite-difference scheme [J]. Ocean Engineering, 2002, 29(5): 495-512.

[102] 张景新，刘桦. σ 坐标系下水平扩散项的有限差分计算[J]. 力学季刊，2006，27(3)：377-386.

[103] 谭维炎，胡四一. 计算浅水动力学的新方向[J]. 水科学进展，1992，3(4)：310-318.

[104] Alcrudo F, Garcia-Navarro P. A high-resolution Godunov-type scheme in finite volumes for the 2D Shallow-Water Equations [J]. International Journal for Numerical Methods in Fluids, 1993, 16: 489-505.

[105] Mingham C G, Causon D M. High-resolution finite-volume method for shallow water flows [J]. Journal of Hydraulic Engineering, 1998, 124(6): 605-614.

[106] 胡四一，施勇，王银堂，等. 长江中下游河湖洪水演进的数值模拟[J]. 水科学进展，2002，13(3)：278-286.

[107] 谭维炎，胡四一，韩曾萃，等. 钱塘江口涌潮的二维数值模拟[J]. 水科学进展，1995，6(2)：83-93.

[108] 李未，张长宽，王如云. 基于无结构网格有限体积法的风暴潮数值预报模式[J]. 热带海洋学报，2007，26(2)：9-14.

[109] 刘臻，史宏达，黄燕. 一种基于Roe格式的有限体积法在二维溃坝问题中的应用[J]. 中国海洋大学学报，2007，37(2)：323-327.

[110] 张大伟，张超，王兴奎. 具有实际地形的溃堤水流数值模拟[J]. 清华大学学报:自然科学版，2007，47(12)：2127-2130.

[111] 王志力，耿艳芬，金生. 二维洪水演进数值模拟[J]. 计算力学学报，2007，24(4)：533-538.

[112] 褚克坚，华祖林，王惠民. 二维浅水水流的一种新型三角形网格FVM计算格式[J]. 河海大学学报:自然科学版，2003，31(4)：370-373.

[113] 孔俊，宋志尧，张红贵. 非结构型浅水方程数值模式的建立及应用[J]. 河海大学学报:自然科学版，2006，34(4)：456-459.

[114] 赵棣华，戚晨，庾维德，等. 平面二维水流-水质有限体积法及黎曼近似解模型[J]. 水科学进展，2000，11(4)：368-374.

[115] 施勇，胡四一. 无结构网格上平面二维水沙模拟的有限体积法[J]. 水科学进展，2002，13(4)：409-415.

[116] 李绍武，卢丽锋，时钟. 河口准三维涌潮数学模型研究[J]. 水动力学研究与进展:A辑，2004，19(4)：407-415.

[117] 赖锡军，曲卓杰，周杰，等. 非结构网格上的三维浅水流动数值模型[J]. 水科学进展，2006，17(5)：693-699.

[118] 胡四一，谭维炎. 无结构网格上二维浅水流动的数值模拟[J]. 水科学进展，1995，6(1)：1-9.

[119] 谭维炎，胡四一. 浅水流动计算中一阶有限体积法Osher格式的实现[J]. 水科学进展，1994，5(4)：262-270.

[120] LeVeque R J. Balancing source terms and flux gradients in high-resolution Godunov methods: the quasi-steady wave-propagation algorithm [J]. Journal of Computational Physics, 1998, 146: 346-365.

[121] Hubbard M E, Garcia-Navarro P. Flux difference splitting and the balan-

cing of source terms and flux gradients [J]. Journal of Computational Physics, 2000, 165: 89-125.

[122] Zhou J G, Causon D M, Mingham C G, et al. The surface gradient method for the treatment of source terms in the Shallow-Water Equations [J]. Journal of Computational Physics, 2001, 168: 1-25.

[123] Rogers B D, Borthwick A G L, Taylor P H. Mathematical balancing of flux gradient and source terms prior to using roe's approximate riemann solver [J]. Journal of Computational Physics, 2003, 192: 422-451.

[124] 潘存鸿. 三角形网格下求解二维浅水方程的和谐 Godunov 格式[J]. 水科学进展, 2007, 18(2): 204-209.

[125] Komaei S. An improved robust implicit solution for the two-dimensional shallow water equations on unstructured grids [C]. Proc. 2nd Int. Conf. on Fluvial Hydraulics, M. Greco, ed., 2004.

[126] 艾丛芳, 金生. 基于三角形网格求解二维浅水方程的改进的 HLL 方法[J]. 水动力学研究与进展:A 辑, 2007, 22(6): 723-729.

[127] 于守兵. 计算二维浅水方程中静水压力项与底坡项的积分平衡法[J]. 水利水电科技进展, 2009, 29(4): 32-35.

[128] Holtz K P. Numerical simulation of recirculating flow at groynes [C]. Computer methonds in water resources, Brebbia C A, Ouazar D, Sari D B, eds., Vol. 2, NO. 2, Springer Verlag, New York, Inc., 1991.

[129] Engelund F. Flow and bed topography in channel bends [J]. Journal of the Hydraulics Division, 1974, 100: 1631-1648.

[130] Zhu J, Shih T H. Calculations of turbulent separated flows with two-equation turbulence models [J]. Computational Fluid Dynamics, 1994, 3: 343-354.

[131] Kawahara Y, Peng J. Three-dimensional numerical simulation of flood flows around groins [C]. Proc. 2nd Asian Computational Fluid Dynamics Conference, 1996.

[132] Shih T H, Zhu J, Lumley J L. A new reynolds stress algebraic equation model [J]. Comput. Methods Appl. Mech. Eng., 1995, 125: 287-302.

[133] McCoy A, Constantinescu G, Weber L J. Numerical investigation of flow

hydrodynamics in a channel with a series of groynes [J]. Journal of Hydraulic Engineering, 2008, 134(2): 157-173.

[134] 宋志尧, 薛鸿超, 严以新. 线边界法在潮流模拟中的应用[J]. 海洋工程, 2000, 18(4): 49-54.

[135] 朱德军, 陈永灿, 刘昭伟. 处理二维浅水流动中动边界问题的淹没节点法[J]. 水动力学研究与进展:A 辑, 2006, 21(1): 102-106.

[136] Akanbi A A, Katopodes N D. Model for flood propogation on initially dry land [J]. Journal of Hydraulic Engineering, 1987, 114(15): 689-706.

[137] 毛献忠, 潘存鸿. 移动边界浅水问题的数值研究[J]. 水动力学研究与进展:A 辑, 2002, 17(4): 507-513.

[138] 何少苓, 陆吉康. 三维动边界破开算子法不恒定流模拟研究[J]. 水利学报, 1998, 8: 8-13.

[139] 孙英兰, 张越美. 胶州湾三维变动边界的潮流数值模拟[J]. 海洋与湖沼, 2001, 32(4): 355-362.

[140] Tominaga A, Chiba S. Flow structure around a submerged spur dike [C]. Proc. of Annual Meeting of Japan Society of Fluid Mechanics, 1996.

[141] Han Y F, Chen Z C. Experimental study on local scour around bridge piers in tidal current [J]. China Ocean Engineering, 2004, 18(4): 669-676.

[142] 朱伯荣, 陈志昌, 罗小峰. 长江口河工模型试验中的仪器设备[J]. 水利水运工程学报, 2005, 1: 63-66.

[143] 王兴奎, 庞东明,等. 图像处理技术在河工模型试验流场测量中的应用[J]. 泥沙研究,1996, 4: 21-26.

[144] 吴兴元,程玉来. 长江口深水航道治理工程一期北导堤试验段护底软体排施工介绍[J]. 水运工程,1999(1): 31-35.

[145] 赵晓冬, 吴丽华, 陈志昌,等. 河口整治工程建筑物局部冲刷试验研究[J]. 海洋工程, 2005, 23(1): 47-52.

[146] 恽才兴,虞志英. 长江口丁坝坝头冲刷坑调查与分析[R]. 上海:华东师范大学, 2001.